Les transitions agroécologiques en France

Enjeux, conditions et modalités du changement

Maison des Sciences de l'Homme
4 rue Ledru –TSA 70402 – 63001 CLERMONT FERRAND Cedex 1
Tel. 04 73 34 68 09
hhttp://pubp.univ-bpclermont.fr
contact.pubp@uca.fr
Diffusion en librairie : FMSH Diffusion (CID) – en ligne : www.lcdpu.fr

Collection Territoires

Graphisme et maquette de couverture : F. Van Celst (UMR Territoires)
Illustrations de la couverture (de gauche à droite et de haut en bas :
1 – *Coccinelle* (https://pixabay.com/fr/photos/coccinelle-de-petits-insectes-4344164) ; 2 – *Vaches en Estrémadure* (https://cdn.pixabay.com/photo/2017/08/08/23/37/extremadura-spain-2613084__480.jpg) ; 3 – *Vigne* (pxhere. com) ; 4 – *Mariana et sa « horta » agroécologique* (Vanucce Evaristo et Héloïse Prévost, laboratoire LISST, Univ. Toulouse J.-Jaurès) ; 5 – *Bacs de plantation au Danemark* (2019 ; Sophie Valleix, Centre de documentation Abiodoc, VetAgroSup) ; 6 – *Gros plan de pissenlit* (2008, Vercors, Benoit Croisel, Centre de documentation Abiodoc, VetAgroSup).

ISBN 978-2-84516-640-0
ISSN 2607-3250
Dépôt légal : avril 2020

Sous la direction de Christel Bosc et Mehdi Arrignon

Les transitions agroécologiques en France

Enjeux, conditions et modalités du changement

Christel BOSC est Maîtresse de Conférences en Science Politique, chercheuse associée à l'UMR Territoires. Elle enseigne à VetAgroSup, Clermont-Ferrand. Ses travaux portent sur l'analyse et l'évaluation des politiques publiques. Elle a publié comme ouvrage : *Faire carrière dans l'écologie*, L'Harmattan éd., collection Logiques Politiques, 2013.

Mehdi ARRIGNON est Maître de Conférences en Science Politique, chercheur associé au laboratoire PACTE. Il a enseigné notamment à AgroParisTech Clermont-Ferrand et Paris, à l'Université Internationale de Rabat au Maroc, à Lyon et à Grenoble. Ses travaux portent sur l'analyse et la comparaison des politiques publiques. Il a publié les livres suivants : *Gouverner par les incitations* aux PUG en 2016 et *Sociologie et Politiques Urbaines* chez Bréal en 2019.

Cet ouvrage réunit des contributions proposées dans le cadre de l'appel à contribution lancé par C. Bosc et M. Arrignon en mai-juin 2018.

La publication a été réalisée sous la responsabilité scientifique de C. Bosc et de M. Arrignon dans le cadre d'une recherche autofinancée.

Nous remercions très sincèrement celles et ceux qui ont accordé un peu de leur temps pour contribuer à l'expertise scientifique des textes :
- *Olivier Aznar*
- *Rémi Barbier*
- *Claude Compagnone*
- *Christophe Déprès*
- *Pierre Dupraz*
- *Lucie Dupré*
- *Cécile Ferrieux*
- *Amandine Gautier*
- *Renaud Gay*
- *Sébastien Gardon*
- *Philippe Jeanneaux*
- *Laurent Rieutort*
- *Elodie Rouvière*
- *Jean-Michel Salles*
- *Dominique Vollet*

Introduction

Mehdi Arrignon* et Christel Bosc**

La transition agroécologique à la française, que nous avons choisi, dans le titre de cet ouvrage, de décliner au pluriel à cause de la diversité persistante de ses acceptions et usages, apparaît aujourd'hui comme une tentative relativement récente pour impulser un changement d'orientation des politiques et pratiques agricoles. Initié en France en 2012, dès les débuts du mandat de François Hollande, par Stéphane Le Foll alors ministre de l'agriculture, ce vaste projet qui reste encore aujourd'hui inscrit à l'agenda politique, est destiné à relancer la compétitivité et la performance agricoles par le recours à l'optimisation des écosystèmes, la diminution des intrants et la limitation de la consommation en eau et en énergie.

Dès lors, un changement significatif des modes de faire et de penser l'agriculture française serait-il en train de s'opérer ? Ou ne s'agit-il que d'une énième tentative de réconciliation avec l'environnement et de promotion d'une « agriculture qui ne dénaturerait pas la nature » (Aubert et Béjean, 2019) tout en contribuant à lutter contre le réchauffement climatique ?

La prise en compte décloisonnée des enjeux interdépendants d'agroécologie, biodiversité et climat demeure en effet une difficulté à la fois théorique et politique : les modélisations et scénarios prospectifs tendent souvent à ne privilégier que l'un ou l'autre enjeu (Aubert et Béjean, 2019) tandis que se pose avec toujours plus d'acuité la question de la cohérence et de l'efficacité des politiques éparses de biodiversité (Compagnon *et al.*, 2017) ou de lutte contre le réchauffement climatique et les « mégafeux » qui lui sont pour partie associés (Zaccaï, 2019 ; Zask, 2019).

Le pari pour « refonder une alliance entre l'agriculture, l'environnement, la science et la société » (Doré et Bellon, 2019) reste donc ambitieux, *a fortiori* lorsqu'on s'aperçoit que l'usage des pesticides a augmenté de 25 % en dix ans malgré les efforts déployés par les divers plans « Ecophyto » qui se sont succédés depuis 2008[1]. La mise en œuvre du projet agroécologique, fortement personnalisé

---

1 – Selon les chiffres publiés par le ministère de l'Agriculture le 7 janvier 2020, le NOmbre de Doses Unités (NODU) utilisées pour l'épandage des pesticides agricoles a augmenté en France de 25 % depuis 10 ans et de 24 % en 2018 si l'on se réfère aux résultats obtenus en 2017 (*Le Monde*, « Le recours aux pesticides a connu une hausse spectaculaire en 2018 », 8 janv. 2020).

* Maître de Conférences en Science Politique, chercheur associé au laboratoire PACTE.
**Maîtresse de Conférences en Science Politique, VetAgroSup, Clermont-Ferrand ; chercheuse associée à l'UMR Territoires.

et médiatisé à son origine, ne cesse ainsi de susciter l'intérêt nourri des chercheurs en agronomie et sciences techniques, mais aussi en sciences humaines et sociales comme nous le verrons dans cet ouvrage – sans compter l'effusion de traités, manuels ou ouvrages de vulgarisation qui ont paru ces derniers temps à destination du grand public[2].

Le phénomène suscite d'ailleurs une forte effervescence au sein des mondes agricoles. Au-delà du ministère dont toutes les directions ont été impliquées, on note la parution régulière de sujets consacrés à l'agroécologie au sein de la presse spécialisée. Les institutions de recherche agronomique comme l'INRA ou le CIRAD en font un axe prioritaire d'investigation et d'expérimentation (Duru *et al.*, 2014 ; INRA-CIRAD, 2016 ; Bertrand *et al.*, 2018) dans un contexte de course concurrentielle à l'innovation et à la prospective (scénario Afterres 2050 développé par Solagro, scénario TYFA – *Ten Years for Agroecology in Europe* – proposé par Aubert et Béjean, 2019). On peut noter aussi l'émergence de colloques scientifiques, de rapports officiels, d'enquêtes auprès des agriculteurs mais aussi, ce qui est plus rare, d'études auprès des filières économiques de transformation et de distribution (Epices, Blanzat consulting et ASCA, 2018) ainsi qu'auprès des collectivités territoriales (Guillou, 2013). Des conférences de presse, des sondages[3], des forums internationaux sont montés sur le sujet. L'enjeu est évoqué au Salon de l'agriculture alors que fleurissent ici et là divers débats sur le « retour des paysans » (Perez-Vitoria et Sevilla Guzman, 2008 ; Perez-Vitoria, 2010). Tous ces événements constituent autant d'occasions pour tenter de circonscrire et diffuser un changement agroécologique supposé moderniser une nouvelle fois l'agriculture contemporaine.

L'enjeu ne semble pas anecdotique et, malgré le peu de moyens publics explicitement dédiés, le ministère a pourtant enrôlé dans le processus l'ensemble de ses partenaires habituels : les instances de recherche et d'enseignement, les chambres d'Agriculture, les instituts techniques mandatés pour établir outils, référentiels techniques et accompagnement renouvelé des exploitants. On note aussi la mobilisation émergente des coopératives et Cuma[4], nombre d'entre elles faisant figurer l'agroécologie au rang de leurs nouvelles « reconfigurations stratégiques » (Compère *et al.*, 2013 ; Lucas et Gasselin, 2018). En procédant à une analyse en termes de « risques/opportunités », ces structures collectives ont intégré de nouvelles recherches et expertises et remanié parfois leurs équipes de terrain ou leurs partenariats, identifiant bien l'opportunité offerte pour valoriser de « nouvelles sources de valeur ajoutée » : énergie, chimie verte ou services environnementaux. (Compère *et al.*, 2013).

Pourtant, malgré les efforts consentis face à l'essor des aspirations sociétales en faveur d'une agriculture saine et non polluante, l'intégration des préceptes écolo-

---

2 – À titre d'exemple, le réseau social Babelio qui répertorie et discute de diverses formes de littérature, propose sur son site pas moins de 51 livres classés dans la rubrique « agroécologie ».

3 – Sondage BVA du 30 janvier 2015 sur « La perception de l'agro-écologie par les agriculteurs français » (https://www.bva-group.com/sondages/perception-de-lagro-ecologie-par-les-agriculteurs-francais/).

4 – Coopérative d'utilisation de matériel agricole.

giques dans l'agriculture fait encore figure de chantier ouvert comme en témoigne le dernier plan d'action adopté pour « réduire la dépendance de l'agriculture aux produits phytopharmaceutiques »[5]. Les tergiversations nationales et européennes autour de l'interdiction du glyphosate, ou encore le report à 2025 des objectifs de réduction des pesticides prévus dans le plan Ecophyto 2, suggèrent une saillance rémanente des enjeux et controverses.

Dès lors, l'entrée en politique de l'agroécologie intrigue : ce vocable militant, voire anti-étatique et à portée jusque-là plutôt limitée en Europe, interroge le chercheur sur les modalités et conditions du changement agricole. S'agit-il de trouver une alternative à l'impératif éculé d'agriculture durable et de ré-enchanter une fois de plus les « mondes agricoles » (Hervieu *et al.*, 2010) ? S'agit-il de promouvoir un changement volontariste de référentiel des politiques agricoles ou seulement d'instrumentaliser la biodiversité en optimisant encore les systèmes de production et leur rapport aux écosystèmes (Arrignon et Bosc, 2017 ; Gouju, 2018 ; Guimont *et al.*, 2018) ? De façon plus générale, quelles sont à présent les perceptions, attentes et expérimentations qui forgent les métiers et identités des agriculteurs confrontés au double impératif de durabilité écologique et de productivité ? L'agroécologie serait-elle plus que jamais une nécessité comme le suggère l'actualité récente, submergée par les enjeux de dérèglement climatique (Zaccai, 2019) et de raréfaction exponentielle de la biodiversité ?

Si certains en appellent, dans un contexte d'essor de la « collapsologie » (Cochet, Servigne et Sinaï, 2019) et d'ère de l'Anthropocène (Beau et Larrère, 2018 ; Stengers, 2013), à « décoloniser la nature » afin de la « laisser reprendre son souffle » (Maris, 2019), d'autres au contraire soulignent l'impératif prééminent de sécurité alimentaire et de résilience agricole. On mise alors sur les capacités d'adaptation des exploitants comme le suggère l'usage émergent et concurrent, depuis 2009, de la notion « d'agriculture climato-intelligente » (*Climate Smart Agriculture)*. Cette nouvelle « intention politique » aurait commencé à se diffuser au sein de la FAO (*Food and Agriculture Organization*) afin de tenter de sensibiliser les professionnels agricoles au changement climatique (Fallot, 2016 ; Caron, 2016).

Une comparaison très rapide entre les objectifs de la *Climate Smart Agriculture* (CSA) et de l'agroécologie s'avère éclairante, même si les processus plus ou moins concomitants de mise sur agenda de ces injonctions agricoles s'avèrent bien spécifiques : d'un côté, un processus *top down* impulsé par les organisations internationales de coopération (la FAO mais aussi le CGIAR – *Consultative Group for International Agricultural Research*) ; de l'autre, un processus *bottom up* soutenu à l'origine, dans les pays du Sud et notamment en Amérique latine, par des mouvements à la fois militants et scientifiques.

Pourtant, dans les deux cas, on retrouve un même défi de changement et d'intelligence collective, un appel à l'expérimentation variée de bonnes pratiques, la recherche similaire de systèmes intégrés de production ouvrant un champ vaste d'in-

---

5 – Site alim'agri, 25/04/2018 (https://agriculture.gouv.fr/presentation-du-plan-dactions-pour-reduire-la-dependance-de-lagriculture-aux-produits).

novation. Il est également question, pour ces agricultures d'avenir, de trouver des voies de résilience et d'adaptation : atténuer, certes, les émissions de gaz à effet de serre, ménager la biodiversité, mais aussi, pour la CSA, relancer « l'augmentation durable des productivités » comme l'a rappelé, en 2014, le Sommet des Nations-Unies sur le climat ou renforcer la « triple performance » des exploitations agricoles comme l'a affirmé le plan français de transition agroécologique.

Par ailleurs, on relève aussi que ces nouvelles façons de désigner l'agriculture contemporaine ne sont pas exemptes d'ambiguïté et d'indétermination, embrassant d'un même tenant des objectifs très variés et parfois antagoniques (Fallot, 2016). Ainsi, au Bénin, l'adaptation nécessaire des cultures au changement climatique a conduit à l'adoption de variétés à cycles plus courts, mais elle a aussi favorisé un recours intensif aux engrais chimiques (Vissoh *et al.*, 2012). De même, on relève en agroécologie des luttes et tensions entre militants, scientifiques et institutions publiques pour définir les contours de ce que serait une « bonne agriculture », qu'elle soit paysanne ou « écologiquement intensive » (Compagnone *et al.*, 2018).

Enfin, on pourrait souligner que de tels défis agricoles, climatiques et agroécologiques, relancent inévitablement les enjeux d'accès et de partage des connaissances, de production et d'accès aux savoirs technico-scientifiques, la carence en données utiles, fiables et appropriables étant régulièrement identifiée comme frein au changement. Dans ce contexte concurrentiel « d'écologisation de l'agriculture » (Ollivier et Bellon, 2013 ; Mormont, 2013) où se diffusent et s'affrontent divers modèles de développement agricole (agriculture à haute valeur environnementale, agriculture de conservation ou de précision, permaculture, agriculture paysanne, naturelle, vivrière, traditionnelle ou biologique, agroécologie, agriculture climato-intelligente, éco-agriculture…), quels seraient donc, en France, les modalités et effets du changement agroécologique ?

Bien entendu, il ne sera pas question ici d'épuiser une réflexion aussi vaste, mais seulement de proposer, de façon pluridisciplinaire, divers éclairages pour tenter d'appréhender les évolutions en cours. Sept ans après le lancement d'un programme qui ne fut pas pensé comme une véritable réforme mais plutôt comme une transition progressive, quelles évolutions agricoles sont observables ? Comment l'ambition agroécologique se traduit-elle concrètement dans les politiques publiques, par quels instruments règlementaires, financiers, statistiques ? Quelles initiatives collectives et individuelles ont émergé, avec quels soutiens publics et privés ? Ont-elles débouché sur des formes locales de mobilisation et d'innovation qui pourraient être mutualisables ou transférables ?

Par ailleurs, à l'heure où fleurissent rapports évaluatifs et recommandations d'action destinés à améliorer la légitimité et l'efficacité du projet agroécologique, se posent avec insistance les questions d'enchâssement des échelles, notamment entre État et nouvelles régions (Oréade-Brêche, 2017), entre niveaux européen, national et local.

Se pose aussi le problème d'éparpillement des actions et d'insuffisance des moyens accordés, la politique volontariste destinée à « apprivoiser les acteurs » ne pouvant, semble-t-il, à elle seule « organiser une économie de la transition » et une implication suffisante des professionnels agricoles (Épices, Blezat consulting et ASCA, 2018).

En d'autres termes, la transition agroécologique peut-elle remplir ses promesses ? Et sinon, quels obstacles (technico-scientifiques, économiques, politiques, culturels…) freinent encore l'appropriation sociale du changement ?

Cette réforme agricole, incitative et atypique à plusieurs égards, révèle-t-elle une évolution quant aux processus de structuration et de légitimation des politiques agricoles ? A-t-on affaire à un épiphénomène politique ou bien à une évolution incrémentale et en douceur ? Faut-il se hâter de conclure à un changement de référentiel agricole (Muller, 1984 ; 2009) ? Ou bien n'envisager qu'un tournant dans l'histoire des politiques agricoles, une autre phase des politiques publiques au sein du référentiel classique de modernisation ?

À ces objectifs ambitieux nous tenterons de répondre à partir d'une posture ancrée dans le champ des sciences humaines et sociales, les ouvrages et articles techniques et agronomiques étant déjà nombreux en ce domaine. Nous avons cherché à aborder le changement sous toutes ces formes, dans ses dimensions à la fois individuelles et institutionnelles, matérielles et pratiques, symboliques et cognitives, sociales et politiques sans ignorer les logiques d'engagement et de militantisme, les formes d'adhésion ou de rejet à certaines valeurs et croyances.

Dans la première partie de l'ouvrage, nous chercherons à circonscrire les notions d'agroécologie et de transition qui revêtent, en France, à la faveur de leur mise en politique, une acception bien particulière ; ensuite, dans une seconde partie, nous reviendrons sur les outils, instruments et échelles des politiques agroécologiques. Les contributions présentées dans la dernière partie, quant à elles, analyseront plutôt le rapport que les acteurs agricoles entretiennent avec l'agroécologie : comment évoluent et peuvent évoluer les identités, métiers et savoir-faire agricoles au regard de la transition annoncée ?

Outils, instruments et échelles des politiques agroécologiques

Première partie

Chapitre 1

« Agroécologie » et « transition » à la française, de quoi parle-t-on ?

French Agroecological Transition: What Are We Talking About?

Mehdi Arrignon* et Christel Bosc**

Résumé : L'article s'intéresse au « projet agroécologique pour la France » initié sous le quinquennat de François Hollande. Le projet regroupait une soixantaine de mesures, parmi lesquelles figuraient des initiatives déjà prises sous les précédents gouvernements, mais aussi d'autres mesures plus innovantes. De prime abord, la mise en politique de l'impératif de « transition agroécologique » a de quoi surprendre depuis cette période, il s'agit donc d'en analyser les usages et acceptions. Nous cherchons ainsi à décrypter les processus d'importation en politique des concepts militants « d'agroécologie » et de « transition » avant d'expliquer ensuite comment la reconnaissance et la politisation de cet enjeu agroécologique se sont accompagnées, dans le contexte français, d'un désamorçage de sa charge contestataire.

Abstract : *We focus here on French agroecological project launched under the mandate of François Hollande. This public project put together about sixty measures, some of which were innovative and some other were already taken under previous governments. At first sight, this politicization of the stake of agrocological transition seems surprising, that's why we have to define its political meaning. In this paper, we will try to understand political processes leading to the recognition of the militant terms of "agroecology" and "transition" and, finally, we will explain how the political actors tried to remove their potential subversive reach.*

En 2011-2012, François Hollande s'était engagé, pendant sa campagne présidentielle, à promouvoir « de nouveaux modèles de production » agricoles sans toutefois en préciser davantage le contenu (engagement 06.2 de son programme). Le projet agroécologique pour la France sera présenté en Conseil des ministres le 18 décembre 2012. Quelques mois plus tard, lors du Salon international de l'agriculture, le 25 février 2013, les chercheurs de l'INRA exposeront le fruit de leurs

---

* Maître de Conférences en Science Politique, chercheur associé au laboratoire PACTE.

** Maîtresse de Conférences en Science Politique, VetAgroSup, Clermont-Ferrand ; chercheuse associée à l'UMR Territoires.

recherches en ce domaine[1] et, en mai 2013, Marion Guillou remettra au ministre le rapport qu'il lui avait commandé (Guillou et Guyomard, 2013). Une convocation des experts qui servira classiquement d'appui à la décision publique puisqu'elle préparera la future loi d'avenir pour l'agriculture présentée en Conseil des ministres le 30 octobre 2013. Ladite loi provoquera de vifs débats à l'Assemblée autour précisément de la définition de l'agroécologie inscrite dans le texte. Selon le ministre, il s'agissait « d'intégrer la dimension écologique comme un élément de compétitivité » mais les députés devront quand même rajouter in fine un amendement défendu par les écologistes afin d'introduire « la conversion à une agriculture biologique » comme faisant partie des finalités de la nouvelle politique agricole. Suite à la réunion d'une commission mixte paritaire, la loi d'avenir sur l'agriculture a été finalement adoptée le 10 juillet par les députés, le 21 par les sénateurs. Le vote ultime a été entériné le 11 septembre à l'Assemblée nationale et le texte a été promulgué le 13 octobre 2014.

Que comprend alors le projet agroécologique français ? Le plan d'action gouvernemental regroupe en fait sept plans et une soixantaine de mesures. Parmi les plans, figurent des initiatives déjà prises sous les précédents gouvernements et d'autres plus récentes : Plan Écophyto, Plan Eco-antibio, Plan d'action Semences et agriculture durable, Plan pour le développement durable de l'apiculture (lancé le 8 février 2013), Plan Énergie Méthanisation Autonomie Azote (EMAA) (29 mars 2013), Programme Ambition bio 2017 (31 mai 2013) et Plan protéines végétales (16 décembre 2014). Soixante actions sont aussi déclinées qui concernent à la fois l'enseignement agricole (révision des diplômes, formation des enseignants en lycées agricoles), la recherche et le développement, l'accompagnement technique des agriculteurs et la sensibilisation des agents du ministère. Un chantier visant la mobilisation des filières de distribution et de commercialisation des produits agricoles est lancé, ainsi que certaines aides aux agriculteurs : majoration des aides à l'installation pour les projets en agroécologie, allocation de 2 % des aides directes de la Politique Agricole Commune en faveur de la production de protéines végétales[2]. Les dotations financières pour les jeunes agriculteurs sont relevées lorsqu'ils s'insèrent dans les circuits courts ; des aides à l'investissement en cas de recherche de double performance sont instituées. Par ailleurs, depuis 2015, des MAEC (Mesures Agro-Environnementales et Climatiques) sont mises en place dans le cadre de la nouvelle Politique Agricole Commune ; les Régions, nouvelles entités gestionnaires du FEADER (Fonds Européen Agricole pour le DÉveloppement Rural), en partenariat avec les collectivités infra-régionales, pourront introduire, si elles le souhaitent, des critères agroécologiques. Même si, pour certains militants, cette nouvelle PAC « verdie » ne favoriserait pas véritablement la transition agroécologique en tant que telle : « personne ne sera exclu

---

1 – Les Rencontres de l'INRA au Salon de l'agriculture, « Quelles recherches en agroécologie ? », 25/02/2013, Parc des expositions de Paris.

2 – Interview de G. Brun, chef de projet « agroécologie et développement de l'agriculture », DGPAT, ministère de l'Agriculture, publiée sur http://www.inter-reseaux.org/, 16 avril 2015.

de la PAC sauf pour certaines MAET [Mesures Agro-Environnementales Territorialisées]. En fait, on maintient encore les pratiques existantes sans vraiment faire de l'éco-conditionnalité ! »[3].

Pour faire le lien entre les pratiques locales, l'État a aussi renforcé le soutien au CASDAR (Compte d'Affectation Spéciale Développement Agricole et Rural), programme de recherche appliquée qui vise à capitaliser les actions de développement agricole soutenues par le FEADER, à faire remonter les retours d'expériences et à les diffuser par voie de séminaires et d'informations. Enfin, le plan français soutient la création de Groupements d'Intérêt Économique et Environnemental(-GIEE) – un label qui devrait permettre à des collectifs d'agriculteurs de bénéficier d'aides de manière préférentielle. Ces GIEE ne sont néanmoins basés que sur le volontariat : « l'État mise surtout sur eux pour impulser le changement »[4]. De telles structures peuvent faciliter la constitution de nouvelles structures, mais ils peuvent aussi ne servir qu'à labelliser des regroupements déjà existants d'agriculteurs à condition qu'ils respectent les critères établis pour mesurer la recherche d'une triple performance, économique, environnementale et sociale.[5]

Au terme de cette présentation rapide du projet agroécologique français, l'on peut revenir aux interrogations qui ont fondé la rédaction de cet ouvrage : comment expliquer les dynamiques et enjeux du changement ? Comment décrypter ce soudain engouement pour un concept neuf en politique ? Pour répondre à ces questions, nous avons mobilisé une démarche d'enquête appuyée sur plusieurs sources : lecture et recherche de documentation (littérature scientifique, rapports et sites internet officiels, presse agricole, presse nationale…) ; entretiens semi-directifs réalisés entre mars et avril 2015 auprès d'acteurs locaux (monde associatif et de la recherche, FNSEA) et surtout ministériels[6] ; animation régulière de tables-rondes sur l'agroécologie avec chercheurs et professionnels dans le cadre de nos activités pédagogiques[7].

De prime abord, l'irruption soudaine dans le champ politique français du terme « agroécologie » a en effet de quoi surprendre : pas d'injonctions internationales ou de traité signé dans ce sens ; pas non plus de promesses électorales préalables sans compter la connotation, comme on va le voir, potentiellement subversive du

---

3 – Entretien auprès du Collectif pour le Développement de l'Agroécologie (Ain), 3 avril 2015.

4 – *Idem.*

5 – Ces critères sont précisés dans l'instruction technique diffusée par la DGPAT du ministère de l'Agriculture le 11 septembre 2014.

6 – Au sein de la direction générale des politiques agricoles, alimentaires et des territoires, nous avons interrogé des personnes travaillant dans les services suivants : sous-direction des affaires européennes, bureau des actions territoriales et agro-environnementales, sous-direction de la biomasse et de l'environnement, service de la stratégie agroalimentaire et du développement durable, bureau de la stratégie environnementale, bureau du foncier et de la biodiversité, bureau de la gestion des signes de qualité et de l'agriculture biologique, service de la production agricole.

7 – Ce travail a été autofinancé et réalisé sur notre temps de recherche en tant que Maîtres de conférences en science politique au sein de l'enseignement supérieur agricole.

mot qui incite à dépasser les cloisonnements établis, à promouvoir la collaboration entre disciplines académiques comme entre chercheurs et praticiens. C'est ce que nous verrons dans le premier paragraphe consacré à la politisation inattendue de ce concept militant. Dans un deuxième temps, nous analyserons ensuite ce que peut signifier le recours systématique au vocable de « transition » plutôt qu'à celui de « réforme ». Enfin, dans un troisième temps, nous montrerons en quoi la politisation de l'agroécologie s'est finalement accompagnée, dans le contexte français étudié, d'un désamorçage de sa charge contestataire.

Une politisation inattendue du concept militant d'agroécologie

Le poids des mots, on le sait, n'est pas anodin, particulièrement en politique où les dynamiques contemporaines de forte médiatisation et personnalisation du discours confèrent au langage une performativité bien connue, qu'elle procède du pouvoir évocateur de la sémantique en tant que telle (Austin, 1962 ; Cassin, 2018) ou de la position sociale du locuteur qui lui confère la « garantie de délégation dont il est investi » (Bourdieu, 1982 : 105). Chercher à définir et saisir les spécificités de la transition agroécologique en France, appréhender ses contours et sa portée obligent donc à s'interroger préalablement sur le sens des mots, leurs origines, leurs usages sociaux comme politiques. Nous avons donc tâché de prendre au sérieux les éléments de langage qui sont ici en jeu et servent à afficher et symboliser le tournant des politiques agricoles que nous cherchons à circonscrire. Il ne s'agit nullement de prétendre évaluer ces politiques publiques, de mesurer l'efficacité cognitive du langage politique ou la correspondance entre l'affichage des nouvelles orientations publiques et la réalité de leur mise en œuvre. Il s'agit juste, de façon préliminaire, de partir d'un premier point d'étonnement : la mise en politique de vocables qui jusqu'alors faisaient l'objet d'un usage soit scientifique et/ou militant. Leur politisation, dans un secteur agricole sujet à des crises endémiques, historiquement saturé en réformes, slogans identitaires et mots d'ordre supposés mobilisateurs, pourrait, dès lors, paraître comme une tentative politique pour innover sans braquer les publics-cibles, pour éviter certains termes-tabous qui, pour les professionnels agricoles, font souvent figure de repoussoir et de contrainte réglementaire : l'environnement mais aussi l'idée de plan, de programme ou de réforme.

Ainsi, afin de mieux saisir la logique de mise sur agenda de l'agroécologie, le sens qui lui est à présent conféré et les effets éventuels de déformation-traduction qui ont pu être opérés, un détour par l'histoire et les origines d'un tel vocable s'avère nécessaire, d'autant que, pour la plupart des acteurs interrogés, il n'existerait pas encore de définition véritablement stabilisée. Pourtant, une instruction administrative récente qui se réfère désormais à l'article L.1 du code rural et de la pêche maritime[8] fournirait

---

8 – « Ces systèmes [de production agroécologique] privilégient l'autonomie des exploitations agricoles et l'amélioration de leur compétitivité, en maintenant ou en augmentant la rentabilité économique, en améliorant la valeur ajoutée des productions et en réduisant la consommation d'énergie, d'eau, d'engrais, de produits phytopharmaceutiques et de médica-

bien, selon le ministère de l'Agriculture, la définition de référence. Dans le texte, on insiste sur « l'autonomie des exploitations agricoles », la combinaison entre « rentabilité économique », réduction des intrants et de la consommation énergétique et meilleure utilisation des potentialités offertes par les écosystèmes naturels. Un *corpus* d'objectifs qui ressemble en fait plus à un horizon d'attente qu'à un encadrement rigoureux des pratiques. S'interroger sur la reconnaissance en politique d'un tel mot d'ordre exige donc de poser des jalons chronologiques préalables : l'année 2015 peut-elle être qualifiée, comme l'affirmait l'ancien ministre, d'« An 1 de l'agroécologie » ? L'utilisation par le ministère de l'Agriculture d'un tel vocable semble bien étonnante dans la mesure où ce dernier a longtemps été connoté comme militant, voire anti-étatique. C'est toute l'ambiguïté d'un terme à la fois pensé comme un concept scientifique, engagé et au service de l'action.

L'agroécologie incite à contester les cloisonnements académiques

Plusieurs publications de recherche (Wezel *et al.*, 2009 ; Stassart *et al.*, 2012) trouvent d'abord l'origine du terme dans les écrits d'un agronome russe, Bensin (1928). De la fin des années 1920 jusqu'aux années 1960, Klages (1928), Friederichs (1930) puis Hénin (1967), utiliseront le terme pour appliquer les principes de l'écologie à l'étude de l'organisation et des productions agricoles. En 1965, le terme sera repris par un écologue et zootechnicien allemand (Tischler, 1965) avant de susciter, depuis les années 1970, un intérêt croissant au sein des sciences de la vie (zoologie, agronomie, physiologie des plantes, écologie…)[9], parallèlement à l'essor de mobilisations collectives dénonçant les méfaits de l'intensification agricole dans les pays en développement. Dans les années 1980, des agronomes et écologues en liens étroits avec divers réseaux d'acteurs investis dans une forme alternative de production et de développement local (Altieri, 1983 ; Gliessman, 1981 ; Francis, 1976 ; Vandermeer *et al.*, 1990), notamment en Amérique du Sud (paysans et groupements d'agriculteurs, collectifs de consommateurs, Organisations Non Gouvernementales…), dénonceront la modernisation à marche forcée de l'agriculture en proposant de réviser les politiques agricoles et alimentaires dans un double objectif : préserver l'environnement mais aussi repenser le développement rural en garantissant aux populations une autonomie alimentaire et une valorisation des ressources locales (Van Dam *et al.*, 2012).

Comment se définit alors l'agroécologie[10] ? Au cours des années 1980 et 1990, M. Altieri (1983), biologiste des écosystèmes, et S. Gliessman (1990), écologue

---

ments vétérinaires, en particulier les antibiotiques. Ils sont fondés sur les interactions biologiques et l'utilisation des services écosystémiques et des potentiels offerts par les ressources naturelles, en particulier les ressources en eau, la biodiversité, la photosynthèse, les sols et l'air, en maintenant leur capacité de renouvellement du point de vue qualitatif et quantitatif. Ils contribuent à l'atténuation et à l'adaptation aux effets du changement climatique ».

9 – Voir l'historique dans Centre d'études et de prospective, 2013.

10 – Voir C. David, A. Wezel, S. Bellon, T Doré, E. Malézieux, 2011, « Agroécologie », *Les mots d'agronomie* [Disponible en ligne sur : *mots-agronomie.inra.fr*].

du végétal, proposent des textes en précisant les fondements. L'agroécologie est d'abord définie comme un ensemble de méthodes et de pratiques – le socle d'une révision des liens entre agriculture et écosystèmes – dont le but serait de garantir la préservation des ressources naturelles. L'agroécologie, évoquée dès le début du 20ᵉ siècle par les disciplines agronomiques et biologiques, peut être alors définie comme un ensemble disciplinaire placé au croisement des sciences agronomiques (agronomie, zootechnie), de l'écologie appliquée et des sciences humaines et sociales (sociologie, économie, géographie : Tomich *et al.*, 2011). Des effets d'optimisation sont postulés (en quantité et/ou qualité) par la prise en compte des interactions entre écosystèmes naturels et action culturale : on mise sur le renforcement de la diversité et des interactions biologiques entre tous les segments du système pour renforcer la production, mais aussi pour gérer autrement les risques sanitaires tout en limitant les dommages sur l'environnement considéré non plus comme une contrainte externe mais comme une ressource à part entière. Eau, air, sol, biodiversité sont pris ici dans un sens fonctionnel (Centre d'études et de prospective, 2013).

De fait, le développement de l'agroécologie va de pair avec l'extension de l'échelle d'analyse : au-delà du champ cultivé, l'agroécologie considère l'agroécosystème. Ainsi, l'agroécologie est-elle définie comme « l'application des concepts et principes de l'écologie à la conception et à la gestion d'agroécosystèmes durables » (Thomas et Kevan, 1993). Plusieurs concepts utilisés en écologie (résilience, association, diversité, services écosystémiques) apparaissent en effet dans les travaux d'agronomes dont la référence à l'agroécologie se renforce au cours des années 2000 (Bellon, Ollivier, 2011). Plus qu'une discipline, l'agroécologie, conclut Éric Marshall (2011), se situe au carrefour des disciplines scientifiques qui étudient de larges thématiques relatives à l'agro-écosystème et qui portent soit sur les relations des systèmes de culture avec les ressources naturelles (eau, sol, paysage, biodiversité) au sein des agro-écosystèmes ; soit sur la conception de nouveaux systèmes de culture à part entière. Ces thématiques mobilisent en tout premier lieu l'agronomie et l'écologie, mais aussi d'autres disciplines pour aller soit vers des niveaux plus fins d'analyse qui font appel aux sciences du végétal (gène, plante, interactions) et aux sciences du sol (microbiologie des sols, écologie microbienne, pédologie) ; soit vers des niveaux plus englobants impliquant, par exemple, la climatologie, les sciences de la terre ou des paysages. C'est le caractère multidisciplinaire qui caractériserait l'approche agroécologique : « l'agroécologie n'est plus une discipline mais bien un domaine scientifique » indique Marshall (2011 : 8).

L'agroécologie comme espace d'engagement social

Cette présentation scientifique tend pourtant à masquer le lien consubstantiel de la recherche scientifique avec des expériences pratiques locales, voire des mouvements militants. En effet, l'agroécologie ne peut pas être comprise sans faire la jonction avec les pratiques qui la portent et avec l'engagement des acteurs qui la promeuvent. Pour David *et al.* (2011)[11], l'agroécologie puise d'abord ses fondements dans l'analyse des savoirs traditionnels, issus des pays tropicaux et sub-tropicaux (Arrignon, 1987) où les exploitations familiales valorisent les ressources naturelles locales. Warner (2007) préconise dès lors une combinaison de savoirs empiriques, portés directement par les agriculteurs eux-mêmes. La pratique donne son unité à l'agroécologie : les différentes expériences auraient toutes en commun de s'appuyer sur une nouvelle utilisation des fonctionnalités naturelles pour réduire le recours à l'énergie fossile et à la chimie de synthèse. Si bien que, dans les années 1990, se développe l'hypothèse d'une « Révolution doublement verte » en référence à la Révolution verte née en Inde sur des principes productivistes, mais qui serait « verdie » en améliorant ses performances environnementales et écosystémiques (Conway, 1987). C'est donc une posture doublement critique qui irrigue l'agroécologie : au plan scientifique, en tant qu'approche interdisciplinaire, elle bouscule les cloisonnements académiques ; au plan social, parce qu'elle contredit la vision dominante de l'économie agricole moderne fondée sur l'uniformisation des pratiques, la spécialisation de productions, le recours intensif aux intrants.

Les figures idéal-typiques de cette imbrication entre pratique et engagement sont à trouver d'abord en Amérique latine (Stassart *et al.*, 2012) mais pas exclusivement. Olivier De Schutter, rapporteur spécial aux Nations Unies, incarne aujourd'hui, au niveau mondial, ce lien entre pratique, science et engagement militant. C'est en effet une personnalité impliquée à la fois dans l'univers académique (docteur en droit, professeur à l'Université Catholique de Louvain et membre de la *Global Law School Faculty* de l'Université de New York), mobilisée par le mouvement associatif (il était présent au deuxième Forum Social Européen de 2003) et engagée dans le champ politique (défenseur de l'agrobiologie en tant que rapporteur spécial des Nations Unies)[12].

En France, l'agroécologie a aussi été fortement portée par des associations, notamment *via* l'organisation du colloque international sur l'agroécologie qui s'est tenu à Albi en 2008 à l'initiative de Nature et Progrès, des Amis de la Terre, de la Confédération paysanne et du réseau ÉcoBâtir. On assiste alors à une intégration forte entre exposition de pratiques agricoles alternatives, expériences de terrain et engagement social et politique. Le Collectif pour le Développement de l'Agroécologie qui s'est créé dans l'Ain suggère ainsi le cas typique d'une association formée en 2012, avant même que le ministre ne lance son initiative. Elle regroupe des agriculteurs diplômés (ingénieurs et docteurs) qui insistent sur l'appropriation locale des pratiques et sur une approche qui se veut innovante et collective. En France, la figure la plus médiatique liée à l'agroécologie, Pierre Rabhi, incarne également ce lien fort aux pratiques et à l'engagement. Son cas est intéressant parce qu'il est à la fois un militant à la forte contribution éditoriale (plusieurs livres sur l'agroécologie qui populariseront

---

11 – C. David, A. Wezel, S. Bellon, T Doré, E. Malézieux, « Agroécologie », Les mots d'agronomie, *op. cit.*

12 – De Schutter O., « Notre modèle agricole mondial est à bout de souffle », *Le Monde,* 29 avril 2014.

le concept auprès du grand public) et un acteur issu du milieu associatif par le biais du Mouvement Terre et Humanisme, association qui forme à des pratiques agricoles sans intrants chimiques et sans épandage de fumier, promouvant le non-retournement du sol, l'utilisation de purins végétaux, les associations de cultures…

Dans le champ scientifique, l'agroécologie signifie aussi un mode d'engagement. Aux États-Unis, elle représente un concept alternatif permettant à ceux qui s'en réclament de contester les approches dominantes dans le système agricole, mais aussi dans l'univers académique : « En tant qu'approche scientifique interdisciplinaire, l'agroécologie a une fonction critique : elle procède d'une remise en question du modèle agronomique dominant basé sur l'utilisation intensive d'intrants externes à l'agroécosystème » (Tilman *et al.*, 2002). Ce mouvement sera ainsi amené à critiquer, dans les années quatre-vingt, le rôle des institutions publiques de recherche agronomique dans leur contribution à la Révolution verte (Buttel, 2005). D'après Stassart *et al.* (2012), le concept d'agroécologie se constitue donc avant tout comme un référent alternatif, opposé au modèle biotechnologique qui constituerait l'aboutissement du processus d'industrialisation de l'agriculture.

En France, Stassart *et al.* (2012) reprennent à leur compte ce lien militant : « Nous faisons nôtre un des acquis de cette controverse politico-scientifique : la remise en cause de l'hypothèse productiviste ». Une autre équipe en France déplore plutôt, à l'inverse, le caractère militant lié à l'agroécologie, et croit y voir la source d'une confusion des places et des rôles (Wezel *et al.*, 2009). Wezel *et al.* mettent alors en avant la séparation plus claire entre militantisme et monde savant qui existerait en Allemagne ; pour autant, que ce soit aux USA, en Amérique Latine ou même en France, l'agroécologie a d'abord été portée par des mouvements locaux et des pratiques alternatives de l'agriculture, au prix d'une institutionnalisation très tardive (Bellon et Ollivier, 2001).

L'agroécologie bouscule alors le champ scientifique : par la co-construction et l'hybridation des savoirs profanes et savants que les militants du local mettent en avant ; par un lien complexe entre connaissances vernaculaires et diagnostics d'experts, et par l'appel à en finir avec un conseil agricole tutélaire et une chaine descendante d'expertise qui plaçait l'agriculteur en position de simple exécutant de « paquets techniques ». Ce mouvement bouscule également par l'appel à une solidarité agricole renouvelée : par la constitution de nouveaux collectifs d'agriculteurs pour expérimenter d'autres pratiques, mais aussi par un meilleur dialogue avec firmes et filières de commercialisation, ce qui implique une logique de désectorisation, de re-diversification (Allaire, 2002) et de re-territorialisation de l'agriculture. Autrement dit, il faudrait repenser l'articulation entre politiques agricoles et politiques économiques (Guillou, 2013) ou entre politiques agricoles, politiques rurales et de développement territorial[13].

---

13 – La chargée de mission en agronomie du CET auprès du ministère de l'Agriculture rappelle ainsi, dans sa note, le lien entre production agricole et acteurs non agricoles du territoire : « société civile, parc naturels, professionnels de l'aménagement du territoire, du tourisme, de l'environnement… » (Centre d'études et de prospective, 2013a).

Si l'on revient maintenant à notre propos initial, on peut donc se demander pourquoi ce mouvement social favorable au développement de l'agroécologie, d'abord issu de la critique environnementaliste et opposé au modèle économique et agricole dominant, pourquoi ce savoir scientifique émergent et d'abord minoritaire au sein du champ scientifique, ont-ils été repris, du moins formellement, par l'ancien ministre de l'Agriculture, donnant lieu à un déploiement important de moyens symboliques et matériels ? Certes, un consensus dans certaines fractions du champ scientifique et du secteur agricole au plan national et international était en cours de construction. Agronomes, zootechniciens, écologues mais aussi militants d'agricultures alternatives déploraient déjà, ensemble, l'essoufflement du « modèle agro-industriel » (Centre d'Études et de Prospectives, 2013b) ou « bio-technologique »[14] qui aurait entraîné, pour reprendre l'expression des économistes, de nombreuses « externalités négatives » pour l'environnement (déclin de la biodiversité, de la qualité de l'eau, production accrue de gaz à effet de serre, dépendance aux énergies fossiles, risques pour la santé des agriculteurs). Sans compter les impasses techniques et productives qui commençaient à poindre : résistance aux traitements, chute de la fertilité des sols, course à la mécanisation et à l'endettement qui freine les possibilités de transmission des exploitations (Centre d'études et de prospective, 2013a).

Pourtant ce concept d'agroécologie, à la fois discuté dans le champ scientifique, porté par des figures militantes engagées, voire polémiques dans l'espace public[15], n'était pas forcément le plus fédérateur : pourquoi le ministre s'y est-il donc rallié, et au prix de quels usages, réappropriations, sur la base de quelles définitions concrètes ? C'est le point de perplexité sur lequel nous proposons de porter ici le regard. S'agit-il seulement de réinscrire l'impératif environnemental au cœur de l'agriculture tout en recourant à une stratégie de contournement sémantique ?

La référence à la transition ou l'éloge d'un changement prudent, progressif et acceptable des politiques agricoles

Si, comme on vient de le voir, l'agroécologie apparaît, dans l'espace politique français, comme un terme relativement neutre, certes critique, polysémique mais inédit, on peut aussi s'interroger sur le choix de lui accoler le vocable de « transition » qui, à la réflexion, s'avère charrier un certain nombre d'implicites qui là encore pourraient s'avérer éclairants. Bien entendu, il ne s'agit pas de conférer *ex-post* un surcroît de sens à l'activité politique en présumant avec artifice du contenu des intentions ministérielles ou administratives, mais seulement de questionner, sans certitude aucune, la mise sur agenda d'un terme plutôt qu'un autre. Pourquoi en effet ne pas parler de réforme, de changement ou de révolution agroécologique ?

---

14 – Le terme est employé par Goodman D., Sorj B. et Wilkinson J. (1987) ; il est repris par Pierre Stassart *in* Van Dam D. *et al.*, *précit.*, p. 26.

15 – Sur les critiques à l'égard de Rabhi par exemple, voir : Kindo Y. « Contre Pierre Rabhi », *Médiapart*, 12 juillet 2014.

Plusieurs raisons peuvent être envisagées car la transition demeure, elle aussi, un terme ambigu : utilisée dans le vocabulaire de la recherche comme de l'action, la « transition » constitue à la fois un concept d'analyse pluridisciplinaire et un fait social alimenté par la mobilisation de divers mouvements citoyens échappant au cadre habituel des syndicats ou partis politiques. Se déclarant « apolitiques » et situés hors du champ des luttes de classe, ces « transitionneurs », comme ils se nomment eux-mêmes, forment une arborescence internationale plus ou moins coordonnée de coalitions locales en faveur de modes de vie alternatifs et « résilients », c'est-à-dire aptes à s'adapter aux futurs chocs climatiques, énergétiques ou écologiques.

Parler de transition, une façon d'euphémiser le changement ?

À maints égards, parler en politique de « transition » fait figure de commodité de langage. Assigner d'emblée aux politiques agricoles un « progrès » agroécologique pourrait sembler présomptueux, trop optimiste et normatif tandis que parler de « conversion » rappellerait un peu trop les préceptes de l'agriculture biologique en supposant, au sens littéral, un engagement des agriculteurs reposant sur l'adhésion supposée à un *corpus* de croyances et convictions. Il est d'ailleurs significatif de noter que même la Fédération Nationale de l'Agriculture Biologique (FNAB) incite désormais les collectivités publiques à parler plus de « transition » des pratiques agricoles que de « conversion »[16]. Évoquer par ailleurs une « révolution » agroécologique pourrait prêter à des rappels historiques peu opportuns (la politique de la « table rase » sous la Révolution française, la Révolution verte productiviste des pays en voie de développement) ou rappeler, comme en astronomie, l'idée d'un inéluctable retour au point de départ. L'idée de révolution comporte donc une connotation « négative », « industrielle et productiviste » par contraste avec le terme plus progressif de « transition » (Tassel, 2018).

À l'inverse, raisonner en termes de « transition » permet d'évoquer un ensemble d'évolutions en cours, non pas une rupture, mais plutôt un moment charnière dont, à l'instar des démographes qui observent les transitions générationnelles (Keyfitz, 1995), l'on ne mesure ni ne contrôle encore la portée ou les effets. Une idée de basculement incertain que l'on retrouve aussi dans l'étude des « transitions démocratiques » qui se sont opérées en Europe de l'Est depuis la chute en 1989 du mur de Berlin et qui ont donné lieu à des analyses axées surtout sur la conversion au libéralisme politique ou économique, bref aux conditions de conversion à une économie de marché (Andreff, 2002). Pour boucler ce petit détour lexical, on peut citer enfin la notion de « transition numérique » qui ravive le débat autour de la création de valeur ajoutée par le recours à un surcroît de technicité (Monnoyer-Smith, 2017).

---

16 – Séminaire et ateliers organisés par la FNAB et le réseau Eaux et Bio sur la transition agricole et alimentaire des territoires, janv. 2017 ; l'anecdote sémantique est relatée par Maelle Schmit, *Acteurs publics et acteurs privés : une complémentarité nécessaire pour réussir la transition agroécologique ?*, Mémoire de fin d'études, Master 2 en Analyse des Politiques publiques, IEP de Lyon, Le Naour G. (dir.), 2018-2019, 28-29.

Un gage de modernité résiliente

Si la notion de transition fournit une occasion de revisiter en douceur l'impératif de changement tout en fournissant à l'agriculture une « nouvelle alliance à l'environnement » (Tassel, 2018), elle s'avère aussi popularisée récemment par divers mouvements sociaux attachés à la défense d'une prise de conscience écologique et de formes autonomes d'action et d'engagement citoyen. Depuis moins de dix ans, se multiplient diverses initiatives et expérimentations locales qui se réclament appartenir à un processus social et mondial de « transition », suscitant l'intérêt croissant des médias[17] et universitaires (Bourg *et al.*, 2016 ; Chabot, 2015 ; Coutrot *et al.*, 2010) pour un phénomène encore mal circonscrit : une nébuleuse de projets et d'initiatives citoyennes en faveur d'un appel entêtant à la « transition » qui réunit pêle-mêle, sans prétention exhaustive, des adeptes de la décroissance soutenable, des Locavores, des groupes de *Slow Food* et *Slow Cities* ou encore des défenseurs du *Buen vivir* en Amérique latine.

Ces coalitions à la fois agricoles et environnementales (Cottin-Marx, 2013) puisent pour partie leurs racines et inspiration dans le mouvement originel des « villes en transition » (*transitions towns*) initié en Grande-Bretagne par Rob Hopkins en 2006. Pour cet enseignant agronome, féru de permaculture, il s'agissait d'abord d'expérimenter, avec ses étudiants et à la demande de petites municipalités (Kinsale, Totnes), divers scénarios de « descente énergétique » (Hopkins, 2006 et 2010). Autrement dit, envisager les options permettant d'anticiper la pénurie prévisible d'énergie fossile mais en évitant toute forme de catastrophisme décliniste. L'obtention de résultats probants à l'issue des exercices de simulation prospective favorisera l'engagement militant de ce dernier qui s'évertuera par la suite à internationaliser son mouvement représenté désormais au Canada, aux États-Unis, en France et dans d'autres pays du monde. À la différence de la charte d'Aalborg qui avait promu, dès 1994, le concept de « villes durables », le mouvement des « villes en transition » s'apparente, une décennie plus tard, à une mobilisation là aussi internationale mais à portée citoyenne parce qu'elle concerne, non plus les seuls gestionnaires publics urbains, mais les habitants eux-mêmes. Les préceptes d'action sont pourtant assez proches : faciliter la qualité de vie et le respect de l'environnement, développer des transports sobres et peu énergivores, trouver une autonomie énergétique et alimentaire, favoriser la démocratie participative (*via* les Agendas 21 pour la Charte d'Aalborg ou des pratiques plus autogestionnaires pour les villes en transition).

Fédérées sous la bannière du réseau International, le *Transition Network* qui bénéficie du statut d'Organisation Non Gouvernementale, de telles initiatives ont désormais essaimé, concernant aussi bien les territoires urbains que ruraux qui bénéficient d'un processus labellisé de reconnaissance. Si l'on se réfère aux sites

---

17 – Tels, par exemple, les films ou documentaires suivants : *Cultures en transition* de Nils Aguilar (2011), *Demain* de Cyril Dion et Mélanie Laurent (2015), *Qu'est-ce qu'on attend* de Marie-Monique Robin (2016).

officiels sur internet[18], il y aurait désormais environ 2 000 démarches officielles de Transition recensées dans une cinquantaine de pays avec pas moins de 150 reconnues en France. Les projets et ambitions affichés sont certes éclectiques, mais l'on retrouve deux constantes identitaires : d'une part, des efforts pour relocaliser l'économie et trouver d'autres modalités autosuffisantes d'habiter, consommer, produire, se déplacer (innovations énergétiques pour anticiper la raréfaction du pétrole, création de monnaies locales, gestion circulaire des déchets, agroforesterie, agroécologie, permaculture, usage de micro-organismes efficaces – bactéries pour l'élevage, culture ou régénérescence des sols) ; d'autre part, on note aussi les aspirations fortement démocratiques qui incitent le citoyen à acquérir de nouvelles formes de compétences et d'implication collective, notamment *via* le financement participatif. La création, depuis janvier 2019, de MiiMOSA-Transition, plateforme numérique destinée à récolter des fonds de la part de citoyens ou d'entreprises afin de soutenir des projets agricoles, alimentaires ou énergétiques « éco-responsables » visant à protéger l'environnement, le bien-être animal, à réduire la consommation énergétique ou les émissions polluantes, suggère deux évolutions en cours : l'essor, au nom de l'impératif générique de transition, des partenariats public-privé, mais aussi la quête d'une moralisation des actifs financiers qui cherche à anticiper certaines évolutions réglementaires, notamment en matière de Responsabilité Sociale des Entreprises, car, selon le fondateur de la plateforme, « *demain, ce sera plutôt bien d'avoir des actifs de transition* » (Schmit, 2019 : 55 et suivantes).

La transition agroécologique lancée en 2012 s'inscrit donc dans un contexte d'effervescence sociale autour des enjeux de transition qui se traduit aujourd'hui par une certaine ouverture des mondes agricoles à d'autres acteurs : associations, start-up, industriels, collectifs de citoyens engagés en faveur des circuits courts ou d'une alimentation plus saine. L'appel politique à la « transition » prendrait-il à présent le relai de l'impératif désormais éculé de « développement durable » (Bourg *et al.*, 2019), ce « lieu commun gestionnaire » (Barone *et al.*, 2018) qui « après plus de 30 ans d'existence » ne serait plus « à la hauteur de la crise à laquelle il fait face » (Kraus, 2014) ? Force est de constater que le terme a en tout cas débordé largement l'espace des mobilisations citoyennes pour faire aujourd'hui l'objet d'un intense recyclage institutionnel. Sans prétendre à une analyse en règle des occurrences politiques de ce mot, on peut juste constater les références croissantes dont il fait l'objet. Ainsi, parallèlement à la « transition agroécologique » qui nous intéresse ici, s'opérait aussi, du côté du ministère de l'écologie, une « transition écologique » qui rappelait en miroir l'objectif interministériel de conciliation entre agriculture et environnement. Un Conseil National de la Transition Écologique (CNTE) destiné à renforcer le « dialogue social environnemental »[19] sera même créé le 27 décembre 2012, un peu plus d'une semaine après la présentation du projet de S. Le Foll en Conseil des ministres. Adossé à cette création, a été lancée, depuis 2013, la Stratégie Nationale de Transition Écologique vers un Développement Durable

18 – www.transitionnetwork.org ou encore www.entransition.fr

19 – C'est ainsi que cette nouvelle instance est présentée sur le site officiel www.developpement-durable.gouv.fr

(SNTEDD), qui succède, pour le cap 2015-2020, à la Stratégie nationale pour le développement durable menée de 2010 à 2013. Un léger changement sémantique qui pourrait accréditer l'idée évoquée plus haut de recyclage institutionnel de la norme de développement durable au profit de celle de transition. Plus récemment, on note aussi l'adoption, en 2015, de la loi sur la « transition énergétique », l'élaboration par l'Ademe[20] de scénarios pour 2050 où figure l'enjeu de « transition post-carbone », la parution d'un rapport du CESE[21] sur la « transition écologique et solidaire à l'échelon local » (Duchemin, 2017), la création d'une plateforme citoyenne pour une « transition agricole et alimentaire »[22] (Tassel, 2018) ou encore l'apparition d'un ministère éponyme de la « transition écologique et solidaire » à la place du précédent ministère de l'environnement.

Enfin, pour compléter ce rapide tour d'horizon, on peut rappeler que, lors des dernières élections présidentielles françaises, un éphémère mouvement de transition avait été créé afin, selon son fondateur, d'incarner le changement et de favoriser le renouvellement de l'offre politique[23]. Ce non-parti qui souhaitait se présenter devant les urnes se définissait alors, de façon presque prémonitoire, comme un rassemblement citoyen situé hors de l'axe gauche-droite. Mais faute d'un nombre suffisant de parrainages, « La transition » ne put finalement présenter de candidat autonome (Collado, 2016).

Au-delà de la posture politique affichée de ces transitionneurs, on peut aussi se pencher sur les débats et critiques dont ils ont fait l'objet de la part des chercheurs ou praticiens. Ces mouvements qui se réclament paradoxalement « apolitiques »[24] alors qu'ils espèrent infléchir en profondeur l'organisation de la Cité, suscitent l'intérêt et la controverse. Comme le rappelle Fabrice Flipo (2013), un certain nombre de politistes ont souligné les limites potentielles de telles mobilisations : trop petits pour peser significativement dans les rapports de force, ces transitionneurs perdraient leur temps à réinventer chacun dans leur coin ce que d'autres auraient déjà accompli ailleurs ; ils devraient plutôt s'organiser et se fédérer pour trouver un vrai « débouché politique » au lieu de s'émietter de façon trop locale et parfois communautariste ; pourquoi se contenter de quelques jardins partagés plutôt que de repenser une organisation sociétale qui semble défaillante ?

On leur reproche, en somme, leur façon d'éluder la question politique : en répugnant aux conflits, en ne clarifiant pas suffisamment leur conception de la démocratie (représentative ou participative) ; en refusant un positionnement sur l'axe gauche-droite. Les mouvements de transition fonderaient ainsi leur action sur un pari à la fois volontariste et consensualiste (Jonet et Servigne, 2013) qui ressemble, toutes

---

20 – Agence de l'Environnement et de la Maîtrise de l'Énergie.
21 – Conseil économique, social et environnemental.
22 – Alimagri : https://transition-agrialim.org/qui-sommes-nous/.
23 – Un renouveau tout relatif puisque son fondateur, Claude Posternak, qui gère La Matrice, agence dédiée à mesurer pour les entreprises les fluctuations de l'opinion publique, s'avère aussi être l'ancien conseiller en communication de Martine Aubry.
24 – Il serait en fait plus rigoureux de parler de mouvements « apartisans » mais une telle dénomination aurait toutefois l'inconvénient d'occulter les stratégies de présentation de soi et les revendications identitaires propres à de tels mouvements.

proportions gardées, à la ligne de conduite impulsée par S. Le Foll : changer les choses « par le bas » en arguant du slogan *do ityourself* d'inspiration américaine et plutôt entrepreneuriale (Rowell, 2010) ; rassembler en évitant la conflictualité ; défendre une vision résolument positive et inclusive ; ne pas critiquer mais construire ensemble car le manque de pétrole et les catastrophes climatiques concernent l'ensemble de la population, les partis et syndicats se chargeant déjà de la critique sociale et des revendications de justice et d'égalité. Une posture des « petits pas » que dénoncent d'ailleurs certains partisans de l'agroécologie (Baret et Léger, 2008) qui regrettent, chez Hopkins, le « déficit d'horizon politique et de planification à large échelle » par opposition au modèle défendu par F.W. Geels (2002) qui entraînerait, selon eux, grâce aux innovations et ruptures induites, une nécessaire « reconfiguration du système dominant » de croissance et de production.[25]

Pour conclure, on peut suggérer que la notion de transition, qu'elle soit revendiquée par des mouvements sociaux ou des acteurs politiques, demeure peut-être une sorte d'« utopie concrète », à l'instar du Festival du même nom[26] qui avait réuni pour sa quatrième édition, en 2017, plusieurs milliers de militants en Ile-de-France. Cet oxymore brandi comme un étendard suppose, pour ses partisans, un reflux des idéologies et étiquettes établies (anticapitaliste, écologiste…) au profit d'une intelligence collective et d'un « *empowerment* » des individus (Jonet et Servigne, 2013). Un discours que l'on retrouve aussi dans le plan de transition agroécologique qui mise fortement sur la capacité des agriculteurs à produire et diffuser des connaissances de façon autonome (Compagnone, 2018).

Mais la notion de transition agricole, comme le rappelle Manon Tassel (2018), pourrait également, aussi « verdie » soit-elle, être « galvaudée » car elle figure désormais en bonne place dans les préceptes néo-libéraux du *New Public Management* (Barone *et al.*, 2018), cette approche néo-libérale et anglo-saxonne des politiques publiques qui, depuis les années 1980, promeut, en s'inspirant de la gouvernance d'entreprise, l'impératif central de rentabilité économique.

Politiser la transition et l'agroécologie mais en désamorçant la charge contestataire…

En 2012, les termes d'« agroécologie » et de « transition » représentaient, comme nous venons de l'évoquer, des vocables peu utilisés jusque-là en politique. Ils véhiculent alors une approche ascendante, socialement appropriée mais potentiellement subversive du changement. Agroécologistes, chercheurs ou militants de la transition réclament en effet, à leur manière, l'obtention de droits sociaux (en faveur de communautés autochtones, de paysans ou citoyens engagés) tout en remettant en cause, selon des modalités diverses, le modèle économique d'intensification agricole, de course à la productivité et de dépendance aux énergies fossiles. Une telle connotation, potentiellement revendicative, semble toutefois avoir été évacuée

---

25 – FW Geels enseigne à Manchester la gestion des systèmes innovants et durables.
26 – FUC (Festival des Utopies Concrètes)

lors du processus de mise sur agenda. La politisation du mot d'ordre semble s'être opérée au prix d'une euphémisation de sa charge contestataire : sans remettre en cause le modèle agricole dominant, sans arrimer trop fortement l'agroécologie aux pratiques d'agriculture biologique, sans exclure les agriculteurs conventionnels.

Une reconnaissance tardive de l'objectif de performance « sociale » au sein du projet agroécologique

Le fait que le ministère de l'Agriculture ait tardé à reconnaître, au-delà des performances économiques et environnementales initialement affichées, une dimension sociale à son projet agroécologique révèle en partie les logiques à l'œuvre de réinterprétation et de partielle déformation politiques. La (re)définition des politiques publiques réclame en général la « requalification des objectifs et des pratiques » afin de contribuer à la « production d'un consensus imaginaire » (Lagroye, 2003 : 372). Et ce n'est qu'après la mobilisation critique des associations écologistes[27] mais aussi des Chambres d'agriculture qui souhaitaient voir leur travail de conseil et d'accompagnement agricole reconnu, que S. Le Foll évoquera tardivement, lors d'une nouvelle conférence de presse donnée le 17 juin 2014, deux ans après le lancement de son premier projet, le rajout d'un volet social et l'affirmation d'une ambition renouvelée de « triple performance »[28]. Mais cette « performance sociale » sera surtout entendue comme une nécessaire mobilisation collective, loin de l'interprétation éthique et critique que peuvent en fournir des figures médiatiques comme Pierre Rabhi ; bien loin aussi des interprétations postmarxistes du « changement social endogène » qui alimentent, en Amérique du Sud, la mouvance sociale de l'agroécologie (Stassart, 2012).

Il est d'ailleurs intéressant de noter que, dans les deux cas, la reconnaissance en politique d'une forme d'agriculture alternative, qu'il s'agisse de l'agriculture biologique ou de l'agroécologie, s'est effectuée au prix d'une érosion partielle de leur dimension protestataire, en écornant une partie du discours social au profit d'une certaine économicisation des finalités. Si, comme le rappellent certains (Streith et De Gaultier, 2012), « les savoirs de l'agriculture biologique ne sont pas uniquement soumis à l'impératif productif » mais incitent à penser certaines évolutions sociales (le lien entre citoyens et agriculteurs, la gestion du vivant ou les rapports avec l'économie…), la rémanence des débats autour de la croissance et de la viabilité du « Bio » à grande échelle (Benoit *et al.*, 2015) suggère, malgré le déploiement croissant d'une ingénierie, de normes et de savoirs techniques en ce domaine, le difficile maintien identitaire, face aux logiques mondialisées du marché, d'un mouvement, à la fois social et agricole.

---

27 – On trouve un tel regret dans la lettre ouverte à S. Le Foll adressée par l'association Nature et Progrès, fév.-mars 2013, n° 91, p. 19 : « Notre définition de l'agroécologie est celle qu'entendent et pratiquent les paysans d'Amérique du Sud, avec le soutien de leurs pouvoirs publics. Une agroécologie (…) inscrite dans une économie sociale et solidaire ».
28 – « Agroécologie, la double performance devient triple », www.campagnesetenvironnement.fr, 17/06/2014.

Une fenêtre d'opportunité ratée : la non-généralisation de l'agriculture biologique

Cette volonté de ne pas stigmatiser les agriculteurs à partir de leurs pratiques se retrouve aussi dans la prétention ministérielle à ne pas raviver les vieilles querelles : il s'agit de ne pas remettre en cause l'identité et le statut de « producteur moderne » en évoquant à nouveau des enjeux environnementaux perçus comme clivants et menaçant un statut chèrement défendu (Compère *et al.*, 2013) car « l'erreur serait d'opposer les productions les unes aux autres »[29] ; il ne s'agit pas non plus d'entretenir la confusion possible entre agroécologie et agriculture biologique, la première n'étant pas pensée comme un dépassement, une amélioration ou une généralisation de la seconde. En parlant d'abord de performances économiques et environnementales, le ministre tente surtout de fédérer ; « quand on dit "produire plus, produire mieux", globalement tout le monde peut partager ça » indique-t-on dans son entourage[30].

Face à une telle ambition pacificatrice, on peut donc se demander quelle a été la place assignée, dans ce processus de changement, aux autres agricultures alternatives déjà mises en œuvre en France de façon ou non labellisée. La stratégie inclusive semble ici prévaloir une fois encore, car elle a permis de tenir compte des innovations de terrain tout en évinçant les conflits et polémiques liés au choix de tel ou tel type de modèle cultural. La reconnaissance acquise par l'agriculture biologique obligeait à la prise en compte de cette filière, mais il est significatif de constater que le choix de généraliser les référents techniques obtenus en ce domaine n'a pas été fait : à cause de cette volonté affichée de changement et de rupture avec l'existant, mais aussi à cause du maintien de l'objectif crucial de compétitivité et de productivité (Arrignon et Bosc, 2017).

L'Agriculture Biologique (AB) souffrait en effet, depuis les années 1990, d'une « image d'improductivité et de non-scientificité dans la profession et auprès des pouvoirs publics » (Ollivier et Bellon, 2013). Malgré son institutionnalisation ultérieure, depuis le règlement européen du 24 juin 1991 qui reconnaît son existence, malgré la parution de travaux scientifiques sur les gains énergétiques ou les performances comparées des divers systèmes agricoles (Benoit *et al.*, 2015). Selon le ministère, les « performances » et « bénéfices » « différentiels » du bio face au conventionnel n'auraient pas été suffisamment établis « dans les comparaisons internationales » et « au regard de différents indicateurs économiques » (Centre d'études et de prospective, 2013b). Ce débat autour de l'improductivité associée à l'agriculture biologique rappelle celui sur les modalités et le seuil admissible de croissance[31]. On songe aussi à la controverse qui se joue dans les « arènes

---

29 – Président Hollande, Intervention lors du 22ᵉ Sommet de l'élevage à Cournon d'Auvergne, 2 octobre 2013.

30 – Entretien à la Direction générale des politiques agricole, agroalimentaire et des territoires, ministère de l'Agriculture, de l'Agroalimentaire et de la Forêt, 22 avril 2015.

31 – www.mesdebats.com/planete-sciences/354-le-bio-peut-il-suffire-a-nourrir-toute-la-planete

politiques et scientifiques internationales » où s'opposent, comme le décrit Pierre Stassart, partisans de la « suffisance » (*sufficiency narrative*) et partisans de la « productivité » (*productivity narrative*) (Stassart, 2012). L'enjeu clivant étant ici de déterminer le pourcentage requis de croissance moyenne nécessaire, en matière agricole, pour lutter contre la faim dans le monde : 1 à 2 % par an pour les productivistes, 0,1 % par an seulement dans l'hypothèse Agrimonde 1 présentée par les chercheurs de l'INRA et du CIRAD[32].

Si les conflits autour de l'administration de la preuve en matière d'agriculture biologique ne sont donc pas neufs, c'est plutôt ce positionnement officiel ouvertement favorable à l'écologie qui étonne et qui aurait pu constituer une fenêtre d'opportunité en faveur de la systématisation des pratiques agricoles biologiques. Certes, comme le rappelle Ivan Bruneau, les « contestations du modèle professionnel dominant » débordent le cadre de l'agriculture biologique et remontent aux années 1980 où, dans les régions de l'Ouest de la France, des associations expérimentent déjà une agriculture « économe et autonome, plus respectueuse de l'environnement » et moins assujettie aux demandes des firmes alimentaires, militants qui formeront ensuite, en 1994, le Réseau Agriculture Durable (RAD) (Bruneau, 2013). L'on pourrait lister ainsi un certain nombre d'initiatives locales visant, dans le prolongement de Mai 1968, à amorcer un « retour à la terre » en s'émancipant du modèle dominant de développement agricole. Mais cette entreprise politique de redéfinition nationale des critères de l'excellence professionnelle interpelle toutefois le chercheur parce qu'elle opère justement un retournement des valeurs et légitimités. Si les précurseurs agrobiologiques ont été, depuis les années 1960, régulièrement marginalisés et discrédités par « la plupart des instances professionnelles » agricoles (Samak, 2013), il n'en est pas de même pour les agriculteurs incités à rejoindre, de façon plus valorisée et le plus largement possible, la transition agroécologique actuelle. La réforme ne prend toutefois appui qu'à la marge sur ces expériences préalables d'agriculture biologique ou durable, les maintenant ainsi dans leur statut de production de « niche ».

Pour le ministère, il ne s'agit en effet pas de créer un nouveau type d'agriculture, mais plutôt, plus largement, un « horizon d'attente commun »[33] au sein duquel l'agriculture biologique prendrait place, mais de façon non exclusive, à la différence de ce que préconisent ses militants. Cette dernière pourrait pourtant fournir un « modèle de conduite pour l'agroécologie en matière de construction, de diffusion et de transmission des savoirs » à cause du stock de connaissances déjà acquises : en matière technique ou en matière de recherche fondamentale, mais aussi sur le plan social, car on s'est déjà demandé en ce domaine comment favoriser les conditions d'un apprentissage individuel et collectif (Streith et De Gaultier, 2012 ; Compagnone *et al.*, 2018 ; Girard, 2014). Telle n'est pourtant pas l'option adoptée par le gouvernement qui veut rassembler l'ensemble des exploitants et ménager une acculturation progressive, au rythme de chacun.

---

32 – INRA-CIRAD, *Agricultures et alimentation du monde en 2050, scenarios et défis pour un développement durable*, 2009.
33 – Entretien au ministère l'Agriculture, avril 2015.

S'il y a donc différence de statut entre l'une et l'autre et malgré le discours politique, l'on peut toutefois penser que l'institutionnalisation de l'agriculture biologique, à partir du milieu des années 2000, n'a pas été sans incidences sur l'occurrence de l'actuelle réforme agroécologique. Si certains militants regrettent la perte partielle des valeurs fondatrices (éthique du travail, réformisme social…) et la tentation corrélative du « biobusiness »[34], l'on peut par ailleurs supposer que cette « reconfiguration de l'espace de représentation des agriculteurs » ait pu produire un certain nombre d'effets préparateurs au changement agroécologique annoncé. On songe notamment à la territorialisation amorcée des politiques agricoles avec l'implication croissante des collectivités territoriales dans le soutien à une « agriculture de proximité » (Samak, 2013) ; ou encore à l'amorce d'une acculturation progressive à l'« écologisation » de l'agriculture (Ollivier et Bellon, 2013 ; Kalaora, 2001 ; Daniel, 2012). Les partenariats noués avec la mouvance associative proche de l'agriculture biologique sont d'ailleurs revendiqués par le ministre car ils servent d'arrimage empirique tout en fournissant un bilan chiffré immédiat et rassurant : « Avec l'agriculture biologique, les réseaux BASE[35], CIVAM[36], FARRE[37], TRAME[38], les réseaux de l'Institut de l'agriculture durable, on est autour des 35 000 exploitations qui ont, avec différents critères, déjà intégré ce projet que nous allons préciser »[39].

La réforme agroécologique n'est donc pas, comme on vient de le voir, une entreprise de soutien préférentiel à l'extension de l'agriculture biologique en France. La démarcation avec ce mode de production, que l'on ne saurait généraliser à trop grande échelle mais qu'il faut continuer à encourager, est soigneusement entretenue au nom de l'impératif central de productivité. Inversement, nous allons constater qu'existe une certaine confusion entretenue entre « agroécologie » et agriculture « écologiquement intensive ». Cet autre type d'agriculture non encore labellisé, mais déjà mis en œuvre, notamment en Bretagne, se prêterait mieux, semble-t-il, à un changement progressif des pratiques, l'emploi d'intrants chimiques pouvant y être admis.

La proximité politiquement entretenue entre agroécologie et agriculture écologiquement intensive

La ligne de partage entre agriculture conventionnelle, agroécologie et « agriculture écologiquement intensive » (Griffon, 2014) semble parfois ténue : à partir de quand certifier le passage à l'agroécologie ? La question des techniques culturales mises en

34 – *Valériane*, revue belge de Nature et Progrès, Dossier sur l'agroécologie, n° 100, mars-avril 2013.
35 – Bretagne Agriculture Sol et Environnement.
36 – Centre d'Initiatives pour Valoriser l'Agriculture et le Milieu rural.
37 – Le Forum des Agriculteurs Responsables Respectueux de l'Environnement est une association interprofessionnelle dédiée à la diffusion de pratiques d'agriculture durable.
38 – Tête de Réseau pour l'Appui Méthodologique aux Entreprises.
39 – Extrait de la conférence de presse de S. Le Foll sur l'agroécologie, 17 juin 2014 (retranscription personnelle).

œuvre, et plus précisément l'enjeu des intrants chimiques, cristallise de nombreux débats militants. Pour Via Campesina, il semble ainsi difficile de « réaliser la souveraineté alimentaire si l'agriculture dépend d'intrants contrôlés par des entreprises »[40]. De même, on note que la critique des « intrants chimiques » est placée au cœur de l'appel « L'agroécologie ne peut être que paysanne ! » signé par une vingtaine de syndicats et d'associations dont la Confédération paysanne, Les Amis de la Terre, le Réseau Semences Paysannes, le Mouvement inter-Régional des AMAP.[41]

Le point de rupture semble donc bien se jouer autour des intrants et de la chimie : « Si on parle d'engrais de synthèse, ce n'est pas jouable » avance-t-on à Terre et Humanisme. Pour un administrateur du même mouvement, on peut parler de pratique agroécologique lorsqu'il n'y a « aucun usage de produits de l'industrie, d'engrais, de produits de traitement »[42]. Le critère semble simple : « nous on sait où on est » annonce dès lors une administratrice de l'association tout en déplorant qu'à « aucun moment dans l'agroécologie du ministère, on ne sait où est le critère. On autorise de l'intrant mais pas trop… Le ministère n'est pas très clair ».

C'est que le problème des intrants n'est pas si aisé à démêler ; pour la même formatrice à Terre et Humanisme : « Dans une certaine mesure, oui, les intrants sont possibles... Mais j'ai besoin d'une définition de l'intrant. En agroécologie, bien sûr, si on prend un sol mort, avec moins d'1 % d'humus, on va bien être obligé de lui ramener la vie à ce sol. Là, c'est autorisé. Parce qu'on est sur un territoire local, on travaille avec d'autres fermes. Je vais aller travailler avec le gars qui est à 10 km de chez moi. On va créer des relations. Là, si ça, c'est de l'intrant, OK. Mais aller faire venir du fumier de Dijon à Bordeaux, ça, ça ne fonctionne pas ! ».

L'administratrice reconnaît que, pendant longtemps, les jardiniers de Terre et Humanisme ont épandu du fumier, mais que depuis peu de temps, l'association procède uniquement par engrais issu du compostage : il s'agit de ne plus utiliser de « fumier afin de bloquer les nitrates ». Pour les associations aussi, la fracture évolue donc avec l'avancée des connaissances et des recommandations. Où mettre, dès lors, le curseur technique ? Est-ce « l'impact de la technologie » en général qui doit être limité comme le demande Via Campesina ? Si ce n'est pas l'abandon d'une technique mais la limitation de son usage qui entre en jeu – « c'est le chemin qui compte »[43] – à partir de quel seuil passe-t-on finalement à des pratiques agroécologiques ?

Ce problème du point de bascule ne questionne pas uniquement les praticiens. Pour un ensemble de chercheurs, serait à prendre en compte moins le niveau d'intrants que la dynamique enclenchée, moins le résultat que le processus en cause. Michel Duru (2009) ne distingue ainsi pas un moment unique de passage à l'agroécologie, mais trois séquences qui peuvent s'enchaîner sur un *continuum* : « l'effi-

40 – Via Campesina, « Déclaration de Surin de la première rencontre mondiale de l'agroécologie et des semences paysannes », 6-12 novembre 2012.

41 – Source : http://www.confederationpaysanne.fr/actu.php?id=2908.

42 – Entretien avec un formateur militant au sein de l'association Terre et Humanisme, 13 avril 2015.

43 – Entretien avec un administrateur de l'association Terre et Humanisme, 27 avril 2015.

cience », tout d'abord, implique pour un agriculteur de commencer à diminuer la quantité d'intrants utilisés ; la « substitution » serait ensuite le palier atteint lors du passage en agriculture biologique ; enfin le troisième mouvement serait celui du changement de principe ou de véritable « paradigme ». Diminuer les intrants susciterait donc progressivement un changement de regard sur l'environnement et une rupture avec la gestion techniciste du vivant.

L'intérêt de cette approche théorique est de penser le changement de manière progressive et dynamique, car c'est dans l'évolution des techniques que s'opérerait un changement de regard et d'approches à l'égard de l'environnement. M. Duru estime, par exemple, que, à partir d'une baisse suffisante du niveau des intrants utilisés (-30 % approximativement), les conséquences pour le champ cultivé sont telles qu'elles impliquent une nouvelle manière, pour l'agriculteur, de se représenter son travail et sa relation à l'écosystème. Pourquoi ? Parce que réduire le niveau d'intrants amènerait à abandonner la prétention de contrôler totalement le processus naturel, à accepter de faire entrer l'imprévu, de composer avec le donné et le naturel. Patrice Cayre (2013) s'inscrit dans cette démarche et partage cette approche processuelle lorsqu'il s'interroge sur l'enseignement agricole : à partir de quand peut-on considérer que la transition paradigmatique est effectuée ? Selon lui, l'apprentissage et l'expérimentation amènent progressivement à remettre en question les fondements mêmes de la pratique conventionnelle : expérimenter l'agroécologie emporterait progressivement un véritable changement de paradigme.

Cette prise de distance avec la technique est-elle partagée par les agriculteurs eux-mêmes ? D'après les militants rencontrés[44], beaucoup d'agriculteurs, « même conventionnels », seraient en rupture avec l'idéal modernisateur fondé sur le machinisme (Byé, 1979, 1983 ; Brunier, 2015). Pour Jacques Rémy, des enquêtes d'opinion montreraient également la montée d'une « insatisfaction, voire de la méfiance, ressentie par les praticiens envers l'ensemble de l'appareil d'encadrement technique, économique et social de l'agriculture tel qu'il fut mis en place et puissamment développé au fil des années depuis la Libération. Les choix opérés ici et là semblent s'inscrire dans une commune volonté de reconquête d'autonomie » (Rémy, 2013 : 376).

Quel rapport les agriculteurs entretiennent-ils alors avec l'agroécologie ? Simple volonté de regagner de l'autonomie économique vis-à-vis de la chimie de synthèse et des firmes internationales ? Rupture politique, épistémologique ou philosophique vis-à-vis de la technique et du risque de perte de contrôle sur ces techniques ? Le ministère reste bien à l'écart de ce mouvement critique, en restant très attaché à une vision technique de la question agricole : « L'innovation et la recherche sont essentielles ! »[45] martèle ainsi le ministre. L'agroécologie, pour le ministère, ne revient pas du tout à entrer en conflit avec les approches conventionnelles, mais plutôt à intégrer les apports issus des pratiques locales : « La recherche et la recherche/développement doivent pouvoir bénéficier des remontées des in-

---

44 – Entretien avec un administrateur de l'association Terre et Humanisme, 27 avril 2015.
45 – Déclaration au Sénat sur les enjeux du projet de loi d'avenir pour l'agriculture, l'alimentation et la forêt, Sénat, 9 avril 2014.

novations, des expériences et des besoins du terrain »[46]. Si les pratiques plus respectueuses de l'environnement apportent des connaissances plus générales sur les moyens de produire plus, alors elles doivent être intégrées dans la science et pensées comme des innovations parmi d'autres.

C'est pour cette raison que le ministère n'hésite pas à entretenir une certaine confusion en évoquant « cette idée de l'agroécologie, de l'agriculture qui va être intensive écologiquement ».[47] Un concept porté de longue date par Michel Griffon et qui est repris dans le discours officiel : « Pour Michel Griffon, l'agroécologie est une nouvelle manière de concevoir l'agriculture, l'élevage, l'arboriculture et le maraîchage. […] La solution consiste à utiliser au mieux et de manière amplifiée et intégrée toutes les possibilités offertes par les processus naturels. Il s'agit d'une nouvelle ingénierie rendue possible par les avancées des sciences écologiques et qui connaîtra des nouveaux développements grâce notamment aux apports des technologies de la précision. Elle a déjà été adoptée par de nombreux producteurs innovants »[48]. M. Griffon inspire directement les pouvoirs publics : au niveau européen, il est missionné par Bruxelles pour réfléchir sur la PAC de l'après 2020. Il inspire aussi Stéphane Le Foll qui l'a invité à la Journée officielle de lancement de l'agroécologie en décembre 2012. Le ministre reprend-il cette vision technique ou s'en éloigne-t-il ? Lorsqu'il écrit que « l'agroécologie […] consiste à utiliser au mieux la connaissance que nous avons sur les processus naturels pour les mettre au service de la production », il semble bien s'inscrire dans une approche technique, valorisant « l'usage » des « connaissances » en faveur de la « production ».

Une telle approche est taxée de techniciste par de nombreux acteurs militants. Pour les Amis de la Terre par exemple, « l'intensification durable n'est pas la solution. Bien qu'elle prétende inclure des pratiques agroécologiques, dans les faits, elle se concentre avant tout sur des approches basées sur la technologie »[49]. Pour un membre du Collectif pour le Développement de l'Agroécologie (Ain) : « Ceux qui font de l'agriculture écologiquement intensive sont plus politisés que nous, ils ont les firmes derrière eux comme Monsanto qui a déjà lancé l'agriculture de conservation. Ils mettent un couvert végétal mais après ils désherbent pour re-semer ! Ils peuvent faire de la diversification du couvert mais on revient quand même ensuite à un levier chimique »[50]. Pour le militant écologiste Fabrice Nicolino : « L'agriculture n'est pas une technique, mais un modèle social. Le Foll, qui s'en bat l'œil, bricole un fourre-tout qui mêle 'agriculture écologiquement intensive' et agroécologie ».[51] Un membre de Terre et Humanisme conclut en entretien que « la tech-

---

46 – *Projet agroécologique*, Rapport annuel 2014, 13.

47 – Stéphane Le Foll, conclusion de la Conférence nationale « Agricultures : Produisons autrement », 18 déc. 2012.

48 – Dossier de presse du Salon de l'agriculture 2015, 7.

49 – Les amis de la Terre, « Le loup dans la bergerie. Analyse de l'intensification durable de l'agriculture », octobre 2012.

50 – Entretien du 3 avril 2015.

51 – Fabrice Nicolino, « Le Foll invente « l'agriculture écologiquement intensive », *Charlie Hebdo*, 21 août 2013.

nique c'est une chose. Mais on ne va pas essayer d'avancer en utilisant uniquement la science […]. On ne peut pas faire de l'agroécologie sans changer de mode de pensée […]. Et la vision du ministre s'attache surtout à la question technique »[52].

En conclusion de cette partie destinée à mieux circonscrire le sens et le périmètre de l'agroécologie dans les politiques agricoles françaises, nous pourrions constater que l'importation en politique de ce nouvel enjeu, c'est-à-dire son inscription « dans la liste des questions traitées par les institutions explicitement politiques » (Lagroye, 2003), s'est opérée selon deux modalités principales : en désamorçant la charge contestataire de ce fait social pour en faire au contraire un vecteur de pacification et de remobilisation en faveur d'un secteur professionnel supposé en crise ; en arbitrant les intérêts en présence tout en tâchant d'éviter l'enlisement dans les clivages et stigmatisations réciproques.

Cette volonté pacificatrice s'avère toutefois à double tranchant. Elle a sans doute facilité la diffusion et l'appropriation plus large d'une écologisation de l'agriculture en misant sur la logique « gagnant/gagnant » mise en avant par le ministère. Mais elle a aussi laissé en suspens certaines difficultés qui auraient nécessité, pour être résolues, un engagement plus marqué de la part du ministère et que l'on peut rappeler ici sans prétention exhaustive :
 • les intérêts écologiques et agronomiques ne sont en effet pas toujours compatibles, les coûts de la transition (en temps, travail, acculturation à la complexité des tâches) sont souvent relevés (Centre d'études et de prospective, 2013a) ;
 • les rapports de force restent déséquilibrés, la représentation des formes alternatives d'agriculture pesant encore un faible poids face aux tenants de l'agriculture conventionnelle et des lobbys afférents ;
 • la généralisation et la transférabilité des innovations demeurent difficiles. Les expériences locales sont toujours reliées à la spécificité d'un contexte économique et agronomique et il manque encore un certain nombre de références techniques en cours d'élaboration et de test ;
 • l'addition de bonnes pratiques ne suffit pas toujours à générer une appréhension systémique des réalités et potentialités du contexte local (Centre d'études et de prospective, 2013a) ;
 • enfin, le débat économique sur la rentabilité des types de production et les moyens de les rendre plus « soutenables » reste un point dur des discussions entre pouvoirs publics et représentants agricoles.

Références bibliographiques

Voir p. 239 (références communes au Chapitre 1 et à la Conclusion de l'ouvrage).

---

52 – Entretien avec un formateur militant au sein de l'association Terre et Humanisme, 13 avril 2015.

Chapitre 2

L'indétermination performative d'instruments d'action publique pour la transition agroécologique

The Performative Indeterminacy Of Policies Tools In Agroecological Transition

Claire Lamine*, Floriane Derbez** et Marc Barbier***

Résumé : La politique agroécologique lancée fin 2012 affirme une volonté d'impulser des changements dans les pratiques agricoles qui se traduit par des instruments d'action publique spécifiques, visant à favoriser des projets portés par des collectifs d'agriculteurs à l'échelle territoriale. Au travers de l'étude de deux de ces instruments (appel à projet MCAE et GIEE), et en adoptant une approche de sociologie pragmatiste visant à analyser ce que les acteurs font de ces instruments, nous montrons que ceux-ci ont pour effet de ménager une possibilité d'articulation entre des perspectives plus « fermées » et plus « ouvertes » de la transition agroécologique. Ceci permet aux collectifs d'agriculteurs financés de construire leur propre chemin de changement, bien que cela expose les acteurs publics à des difficultés de mise en œuvre et d'évaluation de cet instrument.

***Abstract:** The agroecological policy launched in France at the end of 2012 expressed a strong will to impulse a change in agricultural practices based on specific policy instruments aimed at favoring projects carried out by farmers' collectives at territorial level. Through the study of two of these instruments (MCAE call for projects and GIEE groups' evaluation), and by adopting a pragmatist sociology approach aiming at analyzing what the actors do with these instruments, we show that one of their main effects it to allow for an articulation between more "determinist" and more "open-ended" perspectives of agroecological transition. This allows farmers groups to build their own trajectory of change, although it also exposes public actors to difficulties in terms of implementation and evaluation of this instrument.*

En 2012, le gouvernement récemment élu décide d'adopter le terme d'agroécologie pour sa nouvelle politique agricole, au travers de son programme « Pro-

* DR en sociologie, INRA Écodéveloppement, Avignon.
** Doctorante en sociologie, INRA Écodéveloppement Avignon / Lyon II.
*** DR en Sciences des Organisations, UMR LISIS (UPEM, INRA, CNRS, ESIEE), Marne-La-Vallée.

duire autrement », présenté en décembre 2012, et d'un projet de loi, adopté en octobre 2014[1]. Jusqu'alors, rares étaient pourtant, en France, les acteurs agricoles qui avaient entendu parler d'agroécologie. Avant 2010, seuls des pionniers tels que P. Rabhi[2] mais aussi d'autres moins connus, et souvent en lien avec des réseaux internationaux connectant des mouvements sociaux de divers pays, parlaient déjà d'agroécologie et la pratiquaient dans des lieux alternatifs. Les instituts de recherche agronomique n'employaient quasiment pas ce vocable, pourtant présent dans la littérature internationale en sciences agronomiques dédiées à des approches écologisées de l'agriculture (Ollivier et Bellon, 2013). C'est en 2010 que l'agroécologie est mise au premier plan des orientations de l'Institut National de la Recherche Agronomique (INRA), suite à un chantier dit « Agroécologie »[3]. Si l'agroécologie a été choisie en 2012 par le gouvernement comme label d'une visée transformatrice de l'agriculture française, alors que d'autres modèles étaient disponibles dans les arènes de débat françaises comme internationales (agriculture multifonctionnelle, agriculture durable), c'est pour son caractère potentiellement englobant et intégrateur (Bosc et Arrignon, 2017), de fait affiché et endossé, notamment par rapport à l'agriculture biologique qui pouvait paraître à la fois trop clivante, trop restrictive et exigeante pour toucher l'ensemble de l'agriculture. Ce nouveau programme est aussi une affirmation politique forte, visant, dans une perspective de réforme de la PAC, à porter en Europe et dans le monde une voix singulière, comme l'ont confirmé depuis 2014 les tentatives de la France d'affirmer sa contribution et sa présence dans les diverses rencontres organisées par la FAO autour de l'agroécologie, en y incluant l'idée du 4 pour mille. Cette revendication de l'agroécologie permet d'apporter une alternative à la « *climate smart agriculture* » dans un contexte où prévaut un agenda ou un « narratif » que certains qualifient de néo-productiviste ou de « *neoliberal productivist narrative* » (Kitchen and Marsden 2009 ; Levidow, 2015).

Nous avons suggéré ailleurs (Lamine, 2015, 2017) en analysant les discours et programmes, mais aussi les débats et controverses dans diverses arènes liées aux questions agricoles et alimentaires depuis le lancement de ce programme gouvernemental, que le choix de l'agroécologie visait aussi à sortir de l'étau classique entre, d'un côté, les attentes sociétales, portées par la société civile et la partie dite alternative du monde agricole et, de l'autre, les revendications du monde agricole dit conventionnel. Nous avons identifié les principes d'action publique guidant ce programme – notamment le soutien aux initiatives collectives[4]

---

1 – Loi 2014-1170 du 13 octobre 2014.

2 – Pierre Rabhi est un pionnier de l'agriculture biologique, fondateur d'un centre dédié à l'agroécologie dans le sud de l'Ardèche.

3 – Qui débouche sur un rapport remis en juin 2013 à Stéphane Le Foll, Ministre de l'Agriculture, par Marion Guillou (ancienne Présidente Directrice Générale de l'INRA et Présidente du Conseil d'administration d'Agreenium) et intitulé : *Le projet agro-écologique : Vers des agricultures doublement performantes pour concilier compétitivité et respect de l'environnement.*

4 – La mobilisation des *groupes* d'agriculteurs pour porter le changement des pratiques agricoles n'est pas nouvelle : cette idée était déjà au tournant des années 1950 au fondement de la promotion des CETA (Centres d'Études Techniques et Agricoles), groupes

« ascendantes » et l'accent mis sur l'échelle territoriale et celle des filières, et analysé les processus de légitimation, de critique sociale et de re-différenciation entraînés par cette politique.

Dans ce chapitre, nous nous intéressons à deux des instruments de ce plan, visant à soutenir et labelliser des groupes d'agriculteurs en transition agroécologique. Nous montrerons comment ces instruments, qui signalent un changement voulu de mode d'action publique, permettent l'expression de différentes visions de la transition agroécologique, que celles-ci portent l'agroécologie comme un modèle de production et de transition pouvant être défini par des normes ou des modèles techniques, ou bien comme un modèle de changement ouvert à une expérimentation collective tâtonnante à l'échelle de territoires et/ou réseaux. L'hypothèse que nous souhaitons mettre à l'épreuve est que ménager une telle possibilité d'articulation entre des perspectives plus « fermées » et plus « ouvertes » de la transition agroécologique permet aux collectifs d'acteurs de construire leur propre chemin de changement, en redéfinissant éventuellement les étapes et le rythme au fil de leur projets. C'est là une particularité importante de ces instruments d'action publique qui, à dessein, mettent de côté l'injonction normative de bien des dispositifs agri-environnementaux pour favoriser une contractualisation autour de processus innovants définis par les collectifs eux-mêmes.

On pourrait analyser ces instruments comme incarnant le développement des politiques procédurales et des formes de « *soft law* » (Hassenteufel, 2005) et/ou s'intéresser à la question de l'efficacité de ces instruments (en termes de changements effectifs des pratiques agricoles), mais notre objectif est plutôt de regarder ce que produisent ces instruments au travers de leur opérationnalisation. Pour cela, notre approche mobilise à la fois une lecture en termes d'instrumentation de l'action publique (Lascoumes et Le Galès, 2004, 2012) et une approche de sociologie pragmatiste des dispositifs en agriculture (Mormont, 1996) visant à explorer ce que des instruments d'action publique « font faire » aux acteurs et les processus d'appropriation, mais aussi les difficultés d'application, critiques, débats, controverses qu'ils génèrent, en bref les effets performatifs liés à l'indétermination propre à l'instrument.

Ces effets performatifs, nous les avons étudiés dans le cadre d'un projet intitulé Observatoire des Transitions AgroEcologiques (ObsTAE)[5]. Nous nous appuierons sur une série d'observations que nous avons conduites sur deux instruments d'action publique porteurs d'une nouveauté consistant à procéder par appel à projets adressés directement à des groupes d'agriculteurs. Le premier, et d'ailleurs l'un des premiers instruments du programme agroécologique, l'Appel À Projet (AAP) MCAE, Mobilisation Collective pour l'Agro-Ecologie lancé en 2013, était pensé comme préfigurateur du deuxième instrument : le soutien à des Groupements d'In-

---

d'agriculteurs librement constitués constituant un « nouveau crédo » des politiques agricoles de modernisation (Muller, 1984).

5 – Projet conduit entre 2015 et 2018, coordonné par C. Lamine et M. Barbier. Site https://colloque.inra.fr/mcae-obs, ouvrage collectif à paraître en 2019. Ce projet a rassemblé une douzaine de chercheurs autour du suivi de seize collectifs lauréats MCAE (Mobilisation Collective pour l'Agro-Écologie) et de plusieurs séminaires associant également les porteurs de ces projets et agents ministériels.

térêt Économique et Environnemental (GIEE) sous la forme d'un appel à projet de labellisation.

Dans les sections qui suivent, nous allons d'abord rendre compte du processus de construction de l'AAP MCAE et du travail définitionnel itératif qu'il met en œuvre autour de l'agroécologie, puis, à partir de l'analyse textuelle des projets candidats et lauréats de cet AAP et du suivi ethnographique de seize projets lauréats, analyser les visions contrastées de l'agroécologie et de la transition agroécologique en présence dans les collectifs d'agriculteurs concernés. Enfin, à partir d'une observation ethnographique du processus régional de labellisation GIEE, nous montrerons les controverses qui émergent autour de l'évaluation de ce qui est ou non qualifiable comme « transition agroécologique ».

La construction de l'appel à projet MCAE : travail définitionnel et de cadrage

L'Appel À Projet Mobilisation Collective pour l'Agro-Ecologie (AAP MCAE), lancé en mai 2013, soit assez peu de temps après l'annonce du programme agroécologique (décembre 2012), a été le premier instrument de ce programme. Doté de financements non négligeables (6,5 millions d'euros), il avait une haute valeur symbolique de par les choix faits en termes de structures et types de projet financés[6]. Il était conçu par le ministère de l'Agriculture comme un champ d'exploration pour sa nouvelle politique, et en particulier pour les GIEE à venir. De fait, les premiers GIEE labellisés dans le premier semestre de 2015 furent souvent des collectifs lauréats de l'AAP MCAE. Cet appel à projet fut fortement médiatisé, avec une annonce des lauréats en pleine séance de l'assemblée nationale en janvier 2014 et une forte mobilisation de ces derniers dans diverses manifestations du programme à l'échelle tant nationale que régionale.

Cet AAP était destiné à financer sur trois années maximum des collectifs d'agriculteurs porteurs de démarches agroécologiques en soutenant « les démarches collectives territoriales ascendantes », « complémentaires des démarches descendantes plus traditionnelles » et des « formes d'agricultures performantes sur les plans économique et environnemental ». Les collectifs éligibles étaient des groupes d'agriculteurs (constitués) pouvant être appuyés par une structure « compétente » (chambre d'Agriculture, coopérative ou autres organisme agricole) ou bien inversement, une structure « pour le compte d'un collectif » d'agriculteurs (les termes en italique sont ceux de la circulaire définissant cet AAP[7]). Cet AAP fut l'objet d'une construction très rapide : la constitution du groupe de travail chargé de l'élaborer date de février 2013, soit juste après le lancement du programme, et la publication de la circulaire de mai 2013. Ce groupe s'est réuni une

---

6 – Le montant du financement *pluriannuel* (2014-2017) de l'instrument MCAE (6,5 millions sur 3 ans) équivaut en volume aux crédits de paiement *annuel* du CASDAR (Programmes 775 et 776) qui ont été dépensés en 2015 pour l'assistance technique régionalisée (7,5 millions) et un peu en dessous du financement de Coop de France et des ONVAR (7,7 millions). (Source : https://www.performance-publique.budget.gouv.fr/sites/performance_publique/files/farandole/ressources/2015/rap/html/DRGPGMJPEPGM775.htm).
7 – Circulaire DGPAAT/SDDRC/C2013-3048 du 7 mai 2013.

première fois pour discuter et ajuster le texte issu d'une proposition des agents du ministère. En effet, cette idée d'un instrument destiné à appuyer les projets d'agriculteurs à l'échelle territoriale était en réalité déjà en travail au sein du ministère de l'Agriculture, et le lancement du programme agro-écologique a été l'opportunité de relancer ce projet : « Nous, dans les bureaux, on y avait travaillé bien avant, avant qu'on nous dise qu'il faudrait travailler sur l'agroécologie. Dans le cadre du Casdar, ça fait de longue date qu'on pensait à un groupe de travail de ce type, initialement sur les collectifs travaillant sur le développement territorial, on avait mis en place des groupes de travail à l'époque. Puis est apparu le Produisons autrement, et on a donné une orientation plus agroécologique à cet appel à projets » (agent du Ministère en charge de ce dossier, séminaire ObsTAE[8], 26 mai 2015). Le groupe de travail s'est de nouveau réuni après le lancement de l'appel sur la base des premières remontées des administrations régionales quant aux difficultés d'application.

Les débats au sein de ce groupe de préfiguration ont essentiellement porté sur ce que recouvre l'agroécologie et le type de collectifs éligibles. Sur le premier point, la définition initiale de l'agroécologie dans le programme gouvernemental s'appuyait surtout sur l'affirmation de principes généraux, tels que celui d'inscrire les questions de l'écologie et de l'agriculture dans des approches systémiques au niveau non seulement de l'exploitation agricole (et non plus de la parcelle) mais aussi des territoires. La circulaire de l'AAP précise des types de pratiques connues comme favorables (conservation des sols, autonomie fourragère, diversification des assolements, combinaison de productions, bois-énergie et méthanisation), pour l'essentiel extraits du rapport demandé par le Ministre à M. Guillou (voir note 3), lui-même fondé sur une enquête et des auditions auprès des acteurs du développement agricole et de la recherche. Cependant, suite aux difficultés rapportées par les Directions Régionales de l'Alimentation, de l'Agriculture et de la Forêt (DRAAF)[9], chargées d'informer et appuyer les collectifs candidats dans le montage de leurs projets, une deuxième circulaire publiée en juin 2013 apporta de nouvelles précisions en articulant « logique de système » et « double performance » environnementale et économique. Par la suite, dans la loi du 13 octobre 2014, la définition des systèmes agroécologiques sera précisée plus avant au travers de quelques notions-clés : autonomie, compétitivité, réduction d'intrants, appui sur les régulations biologiques, les services écosystémiques et ressources naturelles, maintien de leur capacité de renouvellement et adaptation aux effets du changement climatique (article L.1.-II du code rural), tandis que, sous l'effet des contro-

---

8 – Séminaire que nous avons organisé dans le cadre du projet ObsTAE (*cf. supra*), avec le collectif de chercheurs du projet, une dizaine de porteurs de projets et deux personnes du ministère en charge du dossier.

9 – De manière plus générale, le flou de la définition gouvernementale de l'agroécologie a initialement posé problème aux acteurs chargés de mettre en œuvre cette politique, ce qui a conduit le ministère à mettre en place une formation dévolue, e-formation accessible à tous les agents, dans l'objectif de faire évoluer la culture institutionnelle et créer un réseau de référents agroécologiques (Thomas et Barbier, 2016), ainsi qu'un « outil de diagnostic agroécologique des exploitations », censé aider à faire le point sur la situation des exploitations du point de vue de l'agroécologie et encourager une réflexion sur les évolutions à envisager.

verses et critiques entraînées par le lancement du plan agroécologique, la notion de double performance sera élargie à celle de triple performance, retrouvant ainsi le trépied du développement durable en réintégrant des objectifs sociaux et d'emploi (Lamine, 2017). C'est donc bien un travail définitionnel itératif qui est à l'œuvre dans ce processus de construction et mise en œuvre de l'AAP MCAE.

Avec cette question de la définition de l'agroécologie, les débats au sein du groupe de travail portent également sur le type de collectifs et de structures devant être soutenus dans leurs projets. Il s'agit d'éviter la seule captation des crédits par les acteurs institutionnels du développement agricole, sans pour autant fermer la porte aux actions dont ils assurent classiquement l'animation. L'une des innovations de cet appel à projet, suggérée par le groupe de travail, fut, par exemple, que le temps consacré par les agriculteurs aux actions prévues puisse être financé[10], les agriculteurs étant du reste incités à porter directement les projets et les projets devant faire la preuve de la mobilisation d'un véritable collectif d'agriculteurs. Or, quelques semaines après le lancement de l'appel, les premiers retours des DRAAF, interlocutrices des collectifs candidats, indiquèrent une forte mobilisation des opérateurs « classiques » parmi les structures se mobilisant pour préparer des réponses. Ceci généra des craintes dans les réseaux plus alternatifs, relayées par la critique d'un des participants du groupe de travail : « [les acteurs alternatifs] n'ont pas l'habitude de faire des dossiers, par rapport à d'autres qui savent constituer des listes 'bidon' d'agriculteurs, ils expriment une inquiétude du dévoiement du dispositif par le biais de sa mise en œuvre » (réunion du groupe de travail, juin 2013, notes personnelles). Alors que la régionalisation du dispositif risquait de fait de conduire à un ré-encastrement dans les routines issues de la « cogestion » au travers de la délégation de la pré-évaluation en région aux commissions régionales, le groupe de travail a recommandé que l'évaluation finale soit réalisée par un jury national reflétant plus largement la diversité des acteurs du développement agricole et rural, afin de répondre à ces craintes exprimées.

L'analyse des projets soumis et lauréats : des visions contrastées de l'agroécologie et de la transition agroécologique

469 dossiers ont été présentés à cet AAP, et 103 projets ont été co-financés à des hauteurs variables (entre 20 000 et 100 000 euros). Pour rendre compte de la coexistence à la fois de multiples visions de l'agroécologie et de la diversité des projets et des trajectoires de changement envisagées, nous avons combiné dans le projet ObsTAE une analyse quantitative et textuelle de l'ensemble des projets soumis et lauréats à l'appel MCAE, et une analyse sociologique transversale d'un portefeuille de seize projets lauréats.

---

10 – Si peu d'agriculteurs ont de fait mobilisé cette possibilité au départ, au fil des projets, de nombreux collectifs ont valorisé l'expertise de certains agriculteurs en leur confiant des prestations de formation financées.

Une analyse lexicale des textes des projets soumis

En utilisant le logiciel en ligne Iramuteq et la plateforme CorTexT, l'analyse textuelle des textes des projets candidats a mobilisé les descripteurs existants dans les rubriques du format de projet fixé par l'AAP, mais aussi produit de nouveaux descripteurs issus d'un travail d'extraction terminologique. Nous avons analysé les structures porteuses des projets, les partenaires associés, et les modèles agricoles affichés et types de changements et d'action prévus.

Les chambres d'Agriculture sont des structures très présentes dans le portage des projets soumis (35 %) suivies par les organismes de développement associatifs, et les coopératives et organisations liées aux filières (Fig. 1). Ces différentes structures constituent 70 % environ du portage des projets soumis. Les projets ont en majorité un nombre de trois à sept partenaires, parmi lesquels figurent au premier plan les chambres d'agriculture, les groupes de développe-

Fig. 1 – Répartition des types d'organisations porteuses des projets soumis

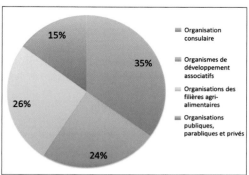

Source : C. Lamine, F. Derbez et M. Barbier.

Fig. 2 – Résultat de l'analyse des similitudes de colocation des mots des titres des projets soumis (traitement Iramuteq)

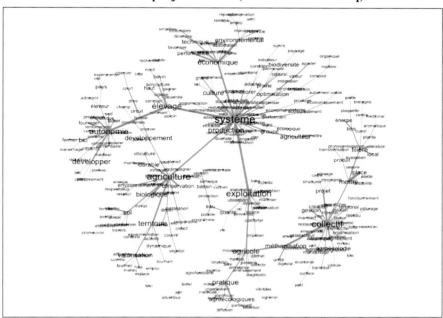

Source : C. Lamine, F. Derbez et M. Barbier.

ment et des organisations économiques. À noter qu'au stade des projets lauréats, les équilibres restent proches.

L'analyse des titres des projets soumis avec le script Iramuteq d'analyse des similitudes fait ressortir une visualisation des associations principales de mots, qui montre que le terme « système » occupe une place centrale (avec ses satellites : performance économique et environnementale ; autonomie des systèmes d'élevage, agriculture biologique et de conservation des sols) et que le terme « collectif » forme un réseau quelque peu à part (Fig. 2). L'agroécologie est relativement peu présente dans les titres des projets – elle l'est bien plus dans les textes complets. Une analyse factorielle des termes de ces titres, résultant d'une classification hiérarchique performante (plus de 85 % de classement des unités de contexte élémentaires) conduit à quatre classes:

- les pratiques agroécologiques et la performance économique ;
- l'agriculture soucieuse de l'environnement avec une référence forte à la fertilité des sols ;

**Fig. 3 – Résultat de l'analyse factorielle avec Iramuteq
sur les mots des titres des projets soumis**

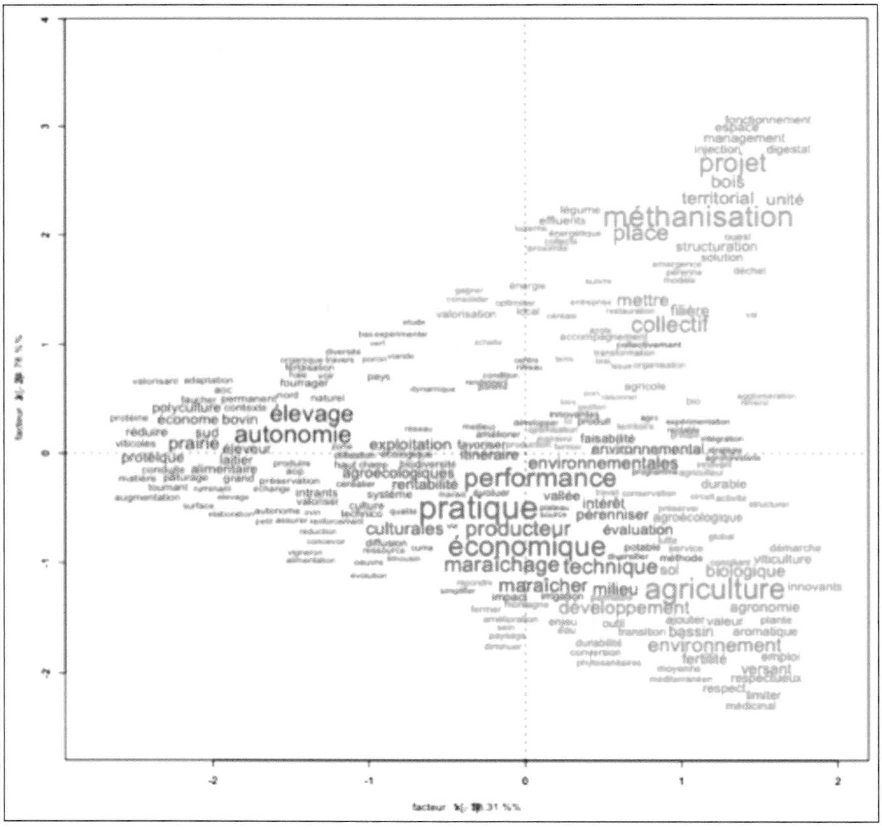

Source : C. Lamine, F. Derbez et M. Barbier.

- les projets de méthanisation, de valorisation de la filière bois et la gestion de l'espace ;
- l'élevage et l'autonomie fourragère et protéique.

L'analyse du contenu des projets lauréats à partir d'une extraction terminologique dans la plateforme CorTexT a montré que l'agroécologie était relativement peu présente comme cadre conceptuel explicite. Dans de nombreux cas, les pratiques mises en œuvre sont qualifiées d'agroécologiques sans plus d'explicitation, et c'est souvent un autre modèle technique qui est mis en avant et sert de référence : agriculture biologique, paysanne, de conservation notamment.

Résultats de l'analyse sociologique transversale d'un portefeuille de projets

Notre enquête ethnographique collective portant sur seize collectifs lauréats, conduite dans le cadre de notre observatoire ObsTAE, a révélé que peu d'entre eux parlaient d'agroécologie spontanément, bien que tous aient quelque chose à dire sur ce modèle (en entretien et dans les temps collectifs observés), que cela soit pour lui opposer un autre modèle, le critiquer, ou au contraire le valoriser. L'agroécologie apparait aussi peu que dans les projets soumis, et les modèles mobilisés pour qualifier leurs pratiques sont, là aussi, bien plus souvent des modèles perçus comme éprouvés, tels que l'Agriculture Biologique (AB) bien sûr, mais aussi l'agriculture paysanne, l'agriculture durable ou l'agriculture de conservation des sols. À ce titre, l'agroécologie apparait davantage comme un paradigme englobant (Bosc et Arrignon, 2017) que comme un nouveau modèle agricole en tant que tel. Dans le travail de rédaction et de présentation externe, l'agroécologie peut apparaitre comme une reprise « obligée », pour les besoins de l'AAP ; tandis qu'elle est diversement appropriée par les agriculteurs en fonction du degré de légitimation de leur propre modèle.

En effet, les collectifs qui relèvent de modèles d'agriculture écologisée « légitimés », c'est-à-dire dont la réalité de l'écologisation est peu remise en question, comme l'AB, n'éprouvent en général pas le besoin d'expliciter en quoi leurs pratiques et les actions prévues dans leurs projets relèvent bien de l'agroécologie. Ils vont plutôt exprimer le fait qu'ils faisaient déjà de l'agroécologie bien avant que celle-ci n'apparaisse dans les textes gouvernementaux, et souvent sans le savoir : « Quand on a répondu, on s'est dit est-ce qu'on ne fait pas déjà de l'agroécologie, parce qu'on a une approche déjà un peu globale des choses, on s'est dit que si, on faisait déjà de l'agroécologie, modestement, paysanne, le projet était de préserver la fertilité, dans sa globalité, celle du règne végétal, du sol » (animateur d'un collectif lauréat de l'appel à projet, séminaire MCAE du 26 mai 2015).

La mise en avant de notions-clés comme la fertilité, les sols, l'approche globale, fait ici comme chez d'autres collectifs écho aux définitions des circulaires et textes gouvernementaux évoqués plus haut.

Par contraste, les collectifs qui relèvent de modèles agricoles plus proches de l'agriculture conventionnelle et dont la réalité d'écologisation est moins acquise voire plus controversée, que l'on pourrait qualifier de modèles « en recherche de légitimation » tels que l'agriculture de conservation des sols, tendent au contraire, en tout cas dans leur réponse à l'AAP ou encore face à des représentants du ministère ou des acteurs du développement agricole, à se positionner explicitement sur l'agroécologie, en mobilisant notamment la notion de double performance environnementale et économique, terme de référence de la circulaire de l'AAP et du programme Produire autrement.

Concernant les visions de la transition, ces enquêtes ethnographiques montrent comment les collectifs se sont appuyés sur la latitude permise par l'AAP pour ajuster leurs objectifs, priorités, et actions au fil de leurs projets. La plupart des animateurs des collectifs ont d'ailleurs souligné la pertinence de ce dispositif par rapport à leurs manières d'accompagner les agriculteurs, c'est-à-dire notamment en définissant des actions à partir de leurs besoins : « C'est la première fois qu'on a vu un appel à projets qui correspondait au projet du collectif, on a eu du mal avant à s'insérer dans les différents dispositifs *agri-environnementaux* régionaux. Là on a eu une reconnaissance qui était un point de renforcement du collectif, qui démarre une seconde vie. » (animateur d'un collectif lauréat de l'appel à projet, séminaire ObsTAE, 26 mai 2015). À la différence d'instruments d'action public antérieurs, le dispositif MCAE permet en effet de financer des actions collectives (et directement les groupes d'agriculteurs alors que ce sont habituellement les opérateurs du développement agricole qui sont visés), et de les (re)définir au fil de la trajectoire du collectif.

L'évaluation des candidatures GIEE en région : une épreuve de qualification

Tandis que l'AAP MCAE était un appel à projet exploratoire, les GIEE qu'il préfigurait, définis comme « des groupements favorisant l'émergence de dynamiques collectives prenant en compte à la fois des objectifs économiques et des objectifs environnementaux, en favorisant la mise en place de dynamiques au niveau local »[11], sont officiellement créés en 2014. Un système de labellisation est alors mis en œuvre, sachant qu'aucune aide directe n'est associée à cette labellisation des GIEE, qui en revanche facilite l'obtention d'autres financements[12]. Le système d'évaluation pour la labellisation s'appuie sur les COREAMR (COmmissions Régionales de l'Économie Agricole et du Monde Rural), instances participant à la définition des politiques agricoles et rurales et des programmes associés à l'échelle régionale, qui doivent constituer une commission spécifique appelée « formation agroécologie » notamment pour donner un avis au préfet de région au titre de la procédure de reconnaissance des GIEE. Celle-ci est composée de diverses administrations d'État et acteurs régionaux de l'agriculture et de l'environnement[13].

---

11 – https://agriculture.gouv.fr/quest-ce-quun-groupement-dinteret-economique-et-envi-ronnemental-giee.

12 – La DRAAF Auvergne-Rhône-Alpes mettra en place une mesure de soutien à l'animation des GIEE courant 2016, à laquelle seuls les collectifs labellisés GIEE peuvent prétendre (20 000 euros par GIEE pour 3 ans, soit bien moins que ce qu'autorisait l'AAP MCAE).

13 – En Rhône-Alpes : Conseil régional, chambre régionale d'Agriculture, Coop de France, syndicats agricoles, syndicats de salariés, associations de protection de la nature, VIVEA, FRCuma, ACTA, CELAVAR, et INPACT (arrêté n ° 16-311 du 22 juin 2016, Préfecture de région). Cependant peu de membres participent de fait aux commissions, notamment

L'étude ethnographique conduite en Rhône-Alpes a permis d'analyser le processus de labellisation des premiers dossiers de candidature GIEE. En février 2015, lors de la première COREAMR, s'engage un débat autour d'un projet porté et déposé par un collectif de maraîchers grenoblois produisant en agriculture biologique. Dans leur dossier de candidature, ces derniers envisageaient la construction d'une filière d'approvisionnement en circuit-court de l'agglomération. Après une présentation du dossier, le référent agroécologie qui a piloté le comité d'experts en charge de l'évaluation préalable des dossiers[14], fait savoir aux membres de la commission que ce dossier « pose question ». Il explique que les objectifs de performance environnementale ont été insuffisamment détaillés, et donne son point de vue sur les raisons de cette insuffisante justification : « comme ils sont en AB, ils n'ont pas jugé bon de développer sur ces aspects de performance environnementale. Donc il y a une légèreté dans l'écriture. Cette candidature est insuffisante dans la forme mais pas dans le fond ». Dans la mesure où la performance environnementale est un critère obligatoire pour la labellisation GIEE, la candidature est jugée, d'un point de vue procédural, irrecevable. Ceci fait l'objet de vives réactions dans l'assistance, notamment, on le comprendra, de la part des représentants de l'agriculture biologique : « La bio est déjà considérée comme agroécologique, on ne peut pas revenir là-dessus, c'est déjà implicite ! Ce projet permettra de disposer de données pour procéder à des transferts d'expérience et répond en plus à une demande sociétale forte ! ». Un autre agent de la DRAAF concède : « C'est un vrai débat. Est-ce qu'on doit dire que mécaniquement, quand on est en bio, est-ce qu'on doit être reconnu comme GIEE ? ».

À partir du cas particulier que constitue ce dossier, s'opère une montée en généralité sur la question des modèles agricoles « éligibles », mais également sur le sens de l'action publique et de la procédure de labellisation qui, selon certains participants à cette commission, doit traiter de la *transition* agroécologique plus que du *modèle* agricole. « C'est une dynamique vers le mieux avec un avantage financier. Ça n'est pas un label qui dit « vous êtes les meilleurs », souligne le référent agroécologie. Selon lui, l'enjeu de cet appel à projet est de « créer une dynamique, alors que le label AB existe déjà. L'idée c'est d'aller vers le mieux, et le mieux n'est pas forcément le bio ». Mais le représentant des agriculteurs biologiques réagit vivement : « que va-t-il se passer si ces groupes d'agriculteurs sont retoqués alors qu'on labellise des coopératives ou autre ? Il faut inciter à aller vers la bio qui est une vraie solution pour la protection de l'environnement. Sinon il suffira d'écrire sur un papier… Parce que concrètement, comment se passe le suivi de ces projets ? ». Cette personne pointe, dans son intervention, deux enjeux propres à l'épreuve de qualification entreprise lors de cette COREAMR : la question de la réalité des « bénéfices » environnementaux des projets envisagés

---

du côté des acteurs écologistes et « alternatifs », à la fois pour des raisons de disponibilité (ils ont un nombre très réduit de salariés) et souvent, de sentiment, conforté au fil des réunions, de manque de prise sur les décisions.

14 – Cette commission est chargée de préparer la session de la COREAMR ; plus restreinte, elle se compose d'un représentant de la Chambre Régionale d'Agriculture, de la FRCuma, du CERAQ – Centre de ressources pour l'agriculture de qualité et de montagne –, du Conseil régional et de représentants de la DRAAF.

(et partant du dispositif) et la question de leur vérification à l'échelle de chaque projet. Alors que le représentant de la filière biologique fait valoir la nécessité de procéder à un suivi et à des vérifications sur la pertinence environnementale des actions entreprises par les GIEE, la DRAAF, de son côté, semble focaliser son attention sur les dimensions procédurales de la mise en œuvre de l'appel à projet (l'adéquation des dossiers à la grille d'évaluation), laissant du même coup en suspens la question du *sens* de l'appel à projet, qui se révèle l'objet d'un certain désaccord au sein de cette commission. Cette controverse située est emblématique des difficultés découlant de l'affichage d'une volonté de « non normativité » dans la mise en politique de l'agroécologie : les textes législatifs et administratifs ne définissant aucun cahier des charges, les agriculteurs biologiques peuvent alors, comme ici, estimer subir une normativité dont les autres s'affranchissent. Ceci explique aussi l'utilisation dans les textes du terme de transition plutôt que conversion. En effet, la *conversion*, outre qu'elle soit associée par la plupart des acteurs à l'AB, suggère plus généralement un modèle agricole visé assez précis et stable et atteint au terme d'un pas de temps assez court – trois années – alors que dans la *transition* écologique ou agroécologique, le modèle visé reste peu précis et lui-même évolutif (Lamine, 2017).

Analyse transversale

Les trois échelles et objets d'analyse que nous avons mobilisés – la construction de l'AAP MCAE, l'analyse des projets soumis et lauréats de cet AAP, et l'instruction des GIEE en région – ainsi que les types d'analyses conduites (analyse textuelle, observation participante, ethnographie de collectifs et d'instances, séminaires multi-acteurs) nous ont permis d'appréhender la mise en texte, en action et en débat d'instruments d'action publique destinés à favoriser la transition agroécologique. Nous avons pu montrer les articulations et tensions qui apparaissent (dans les débats des instances, dans les formulations des projets, dans les discours des collectifs) entre une vision plus normative et formatée et une vision plus ouverte à la fois de *l'agroécologie* comme modèle de production, et de la *transition agroécologique* comme modèle de changement. Dans la construction de l'AAP est recherchée une vision systémique et multi-acteurs de l'agroécologie, et une vision elle aussi ouverte de la transition agroécologique, les collectifs étant invités à construire leurs propres chemins et indicateurs. Au niveau des projets MCAE, on observe de fait une diversité de visions de l'agroécologie et de trajectoires (ce qui reste le cas pour les GIEE dont nous avons pu observer la « suite »), et des effets de recherche de légitimation de certains modèles agricoles. Le caractère ouvert de l'agroécologie et de la transition agroécologique revendiqué dans ces instruments ne va pas sans poser des difficultés à ceux devant les mettre en œuvre, et notamment, dans les DRAAF et les commissions régionales, devant évaluer les projets MCAE ou labelliser les GIEE, et aux collectifs eux-mêmes, qui s'appuient sur ces instruments pour développer leurs propres projets. Ainsi, certains collectifs inscrits dans des modèles agricoles écologisés reconnus comme tels (comme l'AB) ne s'inscrivent-ils pas toujours suffisamment, aux yeux de l'administration, dans les critères que celle-ci privilégie (par exemple, ceux de la triple performance). À l'inverse, des collectifs s'inscrivant dans des modèles agricoles « en recherche de légitimation », comme par exemple l'agriculture de conservation des sols, se saisissent de ces instruments pour appuyer leurs transitions. En ce sens, le caractère volontairement englobant de cette nouvelle catégorie d'action publique génère des effets paradoxaux de mise à l'écart relative de modèles agricoles écologisés déjà légitimés, et de légitimation de modèles agricoles dont le caractère écologique est objet de controverses (ce qui est le cas, dans l'agriculture de conservation, pour certains modèles de sans labour reposant sur un usage important du glyphosate), mais qui de fait présentent l'avantage de mobiliser une plus large gamme de types d'exploitations.

En outre, alors que le programme agroécologique et l'AAP MCAE plus spécifiquement visaient à mobiliser largement les acteurs, au-delà des seuls agriculteurs (filières, enseignement, citoyens), de fait le champ des acteurs mobilisés dans la majorité des projets lauréats demeure très agricole, bien que certains collectifs revendiquent une définition élargie de l'agroécologie et des acteurs à inclure. Du reste, le cadrage (par décret) des collectifs éligibles comme GIEE, par opposition aux collectifs éligibles dans l'AAP MCAE, se resserre sur les collectifs d'agriculteurs, du moins sur des groupes où les agriculteurs doivent être majoritaires. Autrement dit, on assiste à une certaine « resectorisation », qui apparait de fait contradictoire avec la volonté de « désectorisation » initialement affichée.

Ces instruments s'inscrivent dans le mouvement plus large de ce que certains qualifient de « projectification » (Sjöblom et Godenhjelm, 2009), après un tournant déjà consommé dans l'industrie (Midler, 1995). Cette projectification se caractérise par une organisation par projets de durée limitée, dotés d'un pilotage sur objectif et ayant une certaine autonomie au sein d'une organisation fonctionnelle (faite de buts, de règles de gestion, de hiérarchie des fonctions et relations). Largement déployée dans l'action publique, cette forme d'organisation procédurale (Le Bourhis et Lascoumes, 1998) cadrée par des finalités politiques s'inscrit dans l'essor des politiques incitatives et se distingue d'actions dites « substantielles » qui sont produites par une autorité centralisée définissant d'entrée les buts poursuivis et les moyens de les atteindre (Le Bourhis et Lascoumes, 1998). Nous avons montré que la « forme projet » privilégiée par ces instruments laisse une grande liberté aux acteurs, amenés à définir eux-mêmes leurs priorités d'action (Boutinet 1990), mais elle conduit aussi à des effets de discontinuité fortement soulignés par les acteurs (aucun dispositif n'a en effet, après 2017, pris le relais de l'AAP MCAE, la labellisation GIEE ouvrant un accès à des AAP de fait bien plus axés sur l'investissement en matériel que sur l'animation collective[15]), ce qui pose des problèmes de décalage d'échelle temporelle bien connus en matière de développement durable et d'écologie (Sjöblom and Godenhjelm, 2009 ; Cash *et al.*, 2006).

---

15 – Il faut noter que les instruments permettant de financer des actions de formation et d'animation (comme l'AAP MCAE), ne représentent qu'une toute petite partie des financements mobilisés pour les exploitations dans le cadre de la nouvelle politique agroécologique, notamment en comparaison des financements d'investissement, ce qui n'est pas sans générer une forte critique de certains acteurs.

Conclusion

La « transition agroécologique » revendiquée comme visée par le gouvernement, et saisie comme nouvel objet de travail ou d'analyse par de nombreux acteurs, fait l'objet d'une diversité de perspectives que l'on peut situer sur un gradient allant de visions plutôt déterministes (au sens où les fins et/ou les étapes sont relativement pré-établies) ou au contraire *open ended* (avec des objectifs et/ou les étapes qui se redéfinissent au fil du chemin). Par rapport à nombre de dispositifs précédents (comme les mesures agri-environnementales par exemple), les instruments étudiés ici ont de fait laissé une grande latitude aux collectifs concernés dans la définition de leur projet et de leur trajectoire de changement, quel que soit le degré d'écologisation visé ou atteint. Autrement dit, si nous n'avons pas déployé une posture évaluative centrée sur les effets de ces instruments sur les changements de pratiques, nous avons en revanche pu montrer que les collectifs d'agriculteurs trouvaient là un cadre favorable à une construction autonome et adaptable de leur trajectoire de changement.

Avec ces instruments, le ministère, tout en donnant une orientation générale, ne fournit pas une définition unique de l'agroécologie pas plus que du type de projet et trajectoire à mettre en œuvre. Grâce à cette relative indétermination, il laisse aux acteurs (candidats puis lauréats du dispositif) la charge de construire leur propre définition tout comme leurs objectifs, actions, et critères d'évaluation. Il vient alors que l'énonciation politique complète du plan « Agroécologie » doit se lire aussi dans les multiples configurations d'action qui s'y inscrivent, d'où l'intérêt de déployer un dispositif d'observation qui permette de saisir localement ces configurations dans leur diversité.

Références bibliographiques

Bosc C., Arrignon M., 2017 – Le plan français de transition agro-écologique et ses modes de justification politique : la biodiversité au secours de la performance agricole ?, *in* D. Compagnon et E. Rotary (eds), *Les politiques de biodiversité*, Les Presses de Sciences Po, 256 p.

Bourhis J.-Pi Le, Lascoumes P., 1998 – Le Bien Commun Comme Construit Territorial. Identités D'action et Procédures, *Politix* 11 (42): 37–66. https://doi.org/10.3406/polix.1998.1724.

Boutinet J.-P., 1990 – *Anthropologie Du Projet*, PUF, Paris.

Cash D., Adger W.N., Berkes F., Garden P., Lebel L., Olsson P., Pritchard L., Young O., 2006 – Scale and Cross-Scale Dynamics: Governance and Information in a Multilevel World, *Ecology and Society* 11 (2). https://doi.org/10.5751/ES-01759-110208.

Hassenteufel P. 2005 – De la comparaison internationale à la comparaison transnationale, *Revue française de science politique* 55 (1) : 113–32.

Kitchen L., Marsden T., 2009 – Creating Sustainable Rural Development through Stimulating the Eco-Economy: Beyond the Eco-Economic Paradox?", *Sociologia Ruralis* 49 (3): 273–94. https://doi.org/10.1111/j.1467-9523.2009.00489.x.

Lamine C., 2015 – *La Fabrique Sociale et Politique Des Paradigmes de L'écologisation*, HDR de sociologie, université de Paris Ouest Nanterre la Défense.

Lamine C., 2017 – *La Fabrique Sociale de L'écologisation de L'agriculture,* Marseille, La Discussion.

Lascoumes P., Le Galès P., 2004 – *Gouverner par les instruments,* Collection académique, Paris, les Presses de Science Po.

Levidow L., 2015 – European Transitions towards a Corporate-Environmental Food Regime: Agroecological Incorporation or Contestation?, *Journal of Rural Studies* 40: 76–89. https://doi.org/10.1016/j.jrurstud.2015.06.001.

Midler C., 1995 – 'Projectification' of the Firm: The Renault Case, *Scandinavian Journal of Management*, Project Management and Temporary Organozations, 11 (4): 363–75. https://doi.org/10.1016/0956-5221(95)00035-T.

Mormont M., 1996 – Agriculture et environnement : pour une sociologie des dispositifs, *Économie rurale, 236*(1), p. 28-36.

Muller P., 1984 – *Le Technocrate et le paysan : Essai sur la politique française de modernisation de l'agriculture de 1945 à nos jours*. Éditions Ouvrières. Paris.

Ollivier G., Bellon S., 2013 – Dynamiques paradigmatiques des agricultures écologisées dans les communautés scientifiques internationales, *Natures Sciences Sociétés* 21 (2) : 166–81. https://doi.org/10.1051/nss/2013093.

Sjöblom S., Godenhjelm S., 2009 – Project Proliferation and Governance–Implications for Environmental Management, *Journal of Environmental Policy & Planning* 11 (3): 169–85. https://doi.org/10.1080/15239080903033762.

Thomas J., Barbier M., 2016 – *Au cœur des pratiques d'articulation de la gouvernance multi-niveaux. Une étude des réseaux de « Référents Agroécologie »* dans les Directions régionales du *ministère de l'Agriculture et dans l'enseignement technique agricole*, Actes du Colloque IDEP 2016, Marne-La-Vallée, 15-16 Sept. 2016.

Chapitre 3

Le PNDAR, outil de politique publique au service de la transition agro-écologique : analyse au prisme des projets de la coopération agricole

The PNDAR, A Policy Tool For Agroecological Transition: A Study Through The Prism Of Agricultural Cooperation

Maryline Filippi*, Françoise Ledos**,
Benoît Lesaffre***, Franck Thomas****

Résumé : Le Programme National de Développement Agricole et Rural (PNDAR), financé par le Compte d'Affectation Spéciale « Développement Agricole et Rural » (CASDAR), est un outil important de la politique du ministère de l'Agriculture. L'objet du présent chapitre est d'analyser cette politique au service de la transition agro-écologique *via* les programmes pluriannuels des réseaux Coop de France et FNCuma. À partir d'éléments de la littérature et du travail de leur Comité Scientifique d'Évaluation (CSE), l'étude des dossiers déposés en 2015 montre comment les deux réseaux se sont approprié les objectifs du PNDAR et ont appliqué de façon réactive les recommandations émises par le CSE dans une démarche d'évaluation-conseil. L'article met en lumière les effets de cette politique sur les actions et ses répercussions auprès des producteurs. La présente analyse constitue un retour d'expérience à partir d'un cas concret de politique publique : en ressortent des enseignements pour identifier les conditions du changement en faveur de la transition agro-écologique et une forme de réflexivité sur la politique publique elle-même.

Abstract: *PNDAR, France's National Programme for Agricultural and Rural Development, funded by the CASDAR, is a major tool for the Ministry of agriculture policy. The contribution of this policy to the agroecological transition is discussed here via the multi-year programmes of Coop de France and FNCuma. Some literature data and the work of their*

* Professeur d'économie, Bordeaux Sciences Agro, Université de Bordeaux et Chercheur associé INRAE, UMR SAD-APT, Université de Paris Saclay.
** Responsable du programme Développement, Coop de France.
*** Président du Comité scientifique d'évaluation, Coop de France et FNCuma.
**** Directeur adjoint, FNCuma.

Scientific Evaluation Committee (SEC) are used to study the dossiers submitted in 2015, showing how both their networks have adopted PNDAR's objectives and reactively applied the recommendations issued by the SEC in an "advice evaluation" process. The effects on actions of this policy, and its impact on producers, are highlighted in the present analysis, which provides feedback from a concrete case of public policy. The conditions needed for pro-agro-ecological transition changes are identified, and a form of reflexivity on public policy itself is allowed to emerge.

Le Programme National de Développement Agricole et Rural (PNDAR) est un outil majeur de la politique du ministère chargé de l'agriculture (ci-après désigné par « le ministère ») en matière de recherche appliquée et de développement agricole et rural. Le PNDAR n° 3 (2014-2020) vise à répondre aux enjeux liés à la transition agro-écologique et à l'innovation dans l'agriculture française. Fin 2012, le ministre de l'Agriculture lance le « projet agro-écologique pour la France » (MAAF, 2012), projet politique de transition globale agricole et alimentaire en vue de relever le défi d'une agriculture durable et compétitive par l'innovation sur les produits agricoles et leur mode de production (Épices et Blezat, 2018). Le PNDAR est financé au moyen du Compte d'Affectation Spéciale « Développement Agricole et Rural » (CASDAR) abondé par une taxe sur le chiffre d'affaires des exploitations agricoles ; il est particulièrement dédié à l'évolution de l'appareil agricole de recherche, développement et enseignement et aux politiques de soutien. Ainsi, le ministère ambitionne de faire évoluer à l'horizon 2025 les modèles de production agricole vers la prise en compte d'une triple performance, économique, sociale et environnementale par un plus grand nombre d'exploitations (Bournigal *et al.*, 2015 ; Oréade-Brèche, 2017 ; CEP, 2018c). La loi d'avenir pour l'agriculture, l'alimentation et la forêt du 13 octobre 2014 constitue le socle sur lequel le gouvernement a souhaité fonder le développement de l'agroécologie (CESE, 2016). Dès lors, il est intéressant de s'interroger sur l'efficacité d'une telle politique et en particulier sur ses retombées pour les exploitations agricoles françaises.

En vue d'apporter des éléments de réponse au questionnement sur les évolutions des métiers et des identités des agriculteurs confrontés au double impératif de durabilité économique et de productivité, nous avons choisi de considérer la politique de transition à travers le prisme du financement de programmes pluriannuels de développement par le CASDAR. Rappelons que, en termes d'impact potentiel auprès des agriculteurs, les coopératives fédèrent trois agriculteurs sur quatre et les Coopératives d'Utilisation de Matériel Agricole (Cuma) un agriculteur sur deux : elles sont non seulement très représentatives des agriculteurs et de la diversité de leurs modèles agricoles (taille d'exploitation, forme et modèle, bio ou conventionnel, végétal et animal...), mais aussi implantées sur l'ensemble du territoire national auquel elles sont fortement ancrées ; elles participent par ailleurs de manière notable à la structuration des filières agricoles et alimentaires françaises (Coop de France, 2018 ; Filippi, 2012).

En termes méthodologiques, l'approche repose sur l'analyse des textes de référence de l'agroécologie et du développement agricole et sur l'évaluation des programmes pluriannuels du réseau des coopératives agricoles (« Coop de France ») et de celui des Cuma (« FNCuma »), financés par le CASDAR de 2015 à 2018. En prévision du PNDAR n° 2 (2009-2013), les deux réseaux se sont dotés, dès 2008, d'une instance d'évaluation de leurs actions, le Comité Scientifique d'Évaluation (CSE), composée d'experts indépendants et reconnue par le ministère : la mission du comité est d'évaluer les actions en fonction des objectifs annoncés, de détecter les écarts et de proposer des indicateurs d'avancement et de résultats ainsi que toutes actions susceptibles d'améliorer l'organisation et la gouvernance des dispositifs mis en œuvre. Les deux programmes sont ici présentés de manière factuelle dans leur organisation, les opérations menées, les financements engagés et les résultats obtenus. L'analyse des évaluations réalisées par le CSE est ensuite abordée en caractérisant les points forts et d'amélioration des dispositifs évalués.

La démarche des deux réseaux présente des dimensions remarquables. Premièrement, les dossiers déposés en 2015 par les deux réseaux montrent comment ces derniers se sont appropriés les objectifs du PNDAR, ce qui met en lumière les effets de cette politique sur les actions et ses répercussions auprès des producteurs. Deuxièmement, en interaction avec le ministère, le CSE a mené, de façon indépendante des structures, une évaluation de type conseil ; il a ainsi élaboré, chemin faisant, un certain nombre de recommandations, dont les deux réseaux ont su tirer parti de façon volontariste en les appliquant de façon réactive.

L'analyse des programmes des deux réseaux constitue un retour d'expérience à partir d'un cas concret de politique publique : elle fait ressortir, d'une part, des enseignements pour identifier les conditions du changement en faveur de la transition agro-écologique (Deverre C. et de Sainte Marie C., 2014) et, d'autre part, une forme de réflexivité sur la politique publique elle-même (Muller, 2000 ; Reboud et Hazelin, 2017). Elle corrobore les constats dressés par ailleurs dans différentes études (Guillou *et al.*, 2013 ; Oréade-Brèche, 2017 ; Épices et Blezat, 2018 ; CEP 2018a, 2018b). Ainsi, le besoin d'accompagnement des agriculteurs dans les territoires et les filières, combiné au peu de définition de l'agroécologie, sans réelle hiérarchisation dans les axes ou des chantiers prioritaires, a pu générer une grande dispersion voire une perte de sens d'une partie des actions (Épices et Blezat, 2018). Cependant, d'un autre côté, ce flou a libéré les acteurs dans leur capacité d'innovation. Cette dynamique participe ainsi à l'émergence d'un nouveau paradigme du développement agricole et rural associé à la transition agro-écologique (van der Ploeg *et al.*, 2000 ; Faure et Compagnone, 2011 ; Berthet *et al.*, 2016 ; Meynard *et al.*, 2017 ; CEP, 2017).

Dans sa première partie, le présent chapitre présente l'action du développement agricole vers la transition agro-écologique au crible du PNDAR et de son évolution historique, puis, dans une deuxième partie, il étudie les programmes des deux réseaux de la coopération agricole. Enfin dans sa dernière partie, il relate le retour d'expérience tel que l'analyse le CSE.

La transition agro-écologique au crible du PNDAR et de son évolution historique

Le PNDAR est intégralement financé par le CASDAR *via* une collecte annuelle de l'ordre de 130 à 140 millions d'euros, entièrement affectés aux projets de développement agricole depuis 2015. Le montant de la taxe parafiscale qui l'alimente, composé d'un niveau fixe par exploitation et d'une part indexée sur le chiffre d'affaires, est nécessairement variable en fonction du nombre total d'exploitations ainsi que, surtout, des rendements et des cours[1]. Afin de comprendre les évolutions et les logiques d'action des politiques publiques en matière de développement agricole pour la transition agro-écologique (Hill et MacRae, 1995 ; Deverre et de Sainte Marie, 2014), il demeure utile de rappeler brièvement les bases historiques du PNDAR (pour plus de développements, voir par exemple Urbano et Bossuat, 2013 ; CGAAER, 2014). Notons que cette évolution de la politique publique correspond par ailleurs à celle de l'appréhension du développement agricole (Gliessman, 1990 ; Griffon, 2013) pour prendre en compte sa dimension plus durable et responsable et viser en conséquence à une opérationnalisation de tels programmes au service de la transition agro-écologique (Reboud et Hazelin, 2017 ; Poppe, 2018).

Dès sa reconnaissance législative en juillet 1999 (loi d'orientation agricole), le développement agricole voit ses missions s'inscrire dans « les objectifs de développement durable (…), de protection de l'environnement (et) d'aménagement du territoire ». Aux quatre modalités alors prévues (mise en œuvre de recherches ; études, expérimentations et expertises ; diffusion des connaissances ; appui aux initiatives locales), la loi d'octobre 2014 (*op. cit.*) ajoute « l'accompagnement des démarches collectives vers des pratiques et des systèmes permettant d'associer performances économique, sociale et environnementale, en particulier ceux relevant de l'agroécologie ». Cette constance depuis vingt ans de la référence du développement agricole à l'environnement et au développement durable est naturellement reflétée dans les priorités du PNDAR. Elle correspond à la volonté de mise en œuvre des piliers du développement durable tel que proposés dans le rapport Brundtland (1987).

Ainsi, le PNDAR n°1 (2004-2008) fut défini et mis en œuvre par l'Agence de Développement Agricole et Rural (ADAR), créée en 2003 pour remplacer l'Association Nationale de Développement Agricole (ANDA) fondée en 1966 et vivement critiquée à plusieurs reprises par la Cour des Comptes (2000, 2008 : 348) comme « une longue et difficile reprise en main par l'État » (voir infra). La Cour note d'ailleurs (2008 : 354) que « les préoccupations relatives à l'environnement, à la qualité des produits ou à la sécurité sanitaire se sont ajoutées à l'amélioration des rendements. (…) Les conflits entre les membres de l'ANDA dans les années 2000 à 2002 ont souvent porté sur la prise en compte de ces nouvelles priorités dans la distribution des aides au développement ».

Selon le cadrage du PNDAR n° 1 (ADAR, 2004), « en définissant la stratégie nationale de développement durable, le gouvernement a insisté sur la place essentielle de l'agriculture, "aménageur du territoire" » (le programme

---

1 – Outre ce financement national, le financement européen de soutien au développement rural par le Fonds Européen Agricole pour le DÉveloppement Rural (FEADER) s'est traduit, dans la période 2007-2013, par une dépense annuelle d'environ 1,7 milliard d'euros (Épices et Ade, 2017) dont une partie bénéficie à des thématiques similaires à celles portées par le CASDAR : dans le cadre de ce chapitre, nous resterons sur le seul PNDAR, mais les questions que nous abordons mériteraient d'être développées à l'échelle de l'ensemble des financements consacrés au développement agricole et rural.

cite d'ailleurs l'ADAR parmi les outils de cette politique). Quatre priorités sont alors retenues : les « systèmes de production et itinéraires techniques économes, vecteurs d'un environnement social et écologique de qualité, adaptés à la diversité » (sont cités l'agriculture raisonnée, les systèmes de protection intégrée et l'agriculture biologique) ; l'inscription de l'agronomie au cœur du développement ; les démarches de pilotage des exploitations et d'évaluation des pratiques répondant aux enjeux de durabilité ; l'appui aux agriculteurs confrontés à la généralisation de l'éco-conditionnalité.

Après la dissolution de l'ADAR, elle-même aux prises à de fortes difficultés, le CASDAR fut institué en 2006 pour être l'instrument financier du PNDAR. Tous les Projets de Loi de Finances (PLF)[2], jusqu'en 2016 lui ont fixé l'objectif, à quelques détails rédactionnels près d'une année à l'autre, de « la prise en compte des enjeux liés au développement durable », jugée « essentielle pour la viabilité économique à moyen et long terme des exploitations agricoles, la préservation de l'environnement et l'insertion de l'agriculture dans les territoires ». En 2017 et 2018, l'objectif est reformulé en faveur de « la transition écologique de l'agriculture, (…) essentielle pour la viabilité économique à moyen et long terme des exploitations agricoles ». Cette volonté de concilier environnement et performance économique répond aux injonctions internationales (Poppe, 2018).

Le cadrage du PNDAR n° 2 (2009-2013), rédigé (DGER, 2008) après la tenue du Grenelle de l'environnement, débute en affirmant que « l'agriculture est au cœur des enjeux stratégiques économiques, environnementaux et sociétaux », soit les trois piliers du développement durable. Trois des six objectifs fixés en découlent : « anticiper et produire des innovations tant organisationnelles que technologiques, conciliant excellence écologique et performance économique » ; « traiter la diversité » ; « renforcer la libre initiative et l'autonomie de décision des exploitants agricoles ». Les trois autres objectifs sont plus opérationnels : diffusion, conseil de proximité, contexte européen et international.

Depuis 2014, le PNDAR n° 3 (2014-2020) est explicitement cité dans les PLF : sa « priorité essentielle (…) est de «conforter le développement et la diffusion de systèmes de production innovants et performants à la fois du point de vue économique, environnemental et sanitaire» en s'inscrivant dans le cadre du « Projet agro-écologique pour la France » ». Trois orientations stratégiques (MAAF, 2013a) sont fixées : « augmenter l'autonomie et améliorer la compétitivité des agriculteurs et des exploitations françaises par la réduction de l'usage des intrants » ; « promouvoir la diversité des modèles agricoles et des systèmes de production » ; « améliorer les capacités d'anticipation et de pilotage stratégique des agriculteurs et des acteurs des territoires ». La mise en œuvre vise trois objectifs opérationnels : innovation, dynamiques territoriales, accès aux résultats.

Parallèlement, le vocabulaire officiel de l'agriculture et de la pêche s'enrichit. Le *Journal officiel* du 13 mai 2012 définit « l'agriculture durable » comme une « agriculture conforme aux principes de développement durable ». Le 19 août

---

2 – https://www.performance-publique.budget.gouv.fr/documents-budgetaires/lois-projets-lois-documents-annexes-annee#.W3rIUWcVjdY.

2015, le même *Journal* attribue deux acceptions à « l'agroécologie » : « application de la science écologique à l'étude, à la conception et à la gestion d'agrosystèmes durables » ; « ensemble de pratiques agricoles privilégiant les interactions biologiques et visant à une utilisation optimale des possibilités offertes par les agrosystèmes, [tendant] notamment à combiner une production agricole compétitive avec une exploitation raisonnée des ressources naturelles ». Dans la pratique, Guillou *et al.* (2013) parlent de « systèmes agro-écologiques », et de « mises en mouvement, quels que soient leurs rattachements car ceux-ci sont divers : de l'agriculture biologique à l'agriculture de précision, en passant par l'agriculture de conservation, l'agriculture écologiquement intensive, la protection intégrée, l'agroforesterie, l'agriculture raisonnée ou encore l'agriculture à haute valeur environnementale ». L'accent est ainsi mis sur l'*open innovation* où le contexte joue un rôle essentiel pour l'émergence de nouvelles solutions (Faure *et al.*, 2018 ; Pigford *et al.*, 2018). Guillou *et al.* (2013) ajoutent que le « prêt à porter » est rejeté : « malgré l'aspect souvent normatif qu'ont pris certaines démarches visant la double performance, produire mieux exige le plus souvent de produire autrement en adaptant ses pratiques et son système au milieu pédoclimatique et agro-écologique, et à l'organisation économique et sociale locale ». Ainsi, après de nombreuses tentatives terminologiques telles que, à côté d'agriculture durable, « agriculture écologique », « agriculture environnementale », voire même « éco-agriculture » (Pervanchon et Blouet, 2002) ou « agriculture écologiquement intensive » (Griffon, 2013), l'agroécologie apparaît comme un terme fédérateur, polysémique et large (CEP, 2013), dont la force est de bénéficier d'un portage politique vigoureux de la part du ministre de l'Agriculture (Muller, 2000).

Dans le cadre conceptuel du développement durable, un troisième objectif est maintenant explicitement assigné à l'agroécologie en y adjoignant la dimension sociale et sociétale (CESE, 2016 : 44). Or force est de constater que l'agroécologie reste trop souvent le fait d'agriculteurs expérimentateurs ou innovateurs, animés par une volonté de développement rural et durable (Oréade-Brèche, 2017). Il s'agit dès lors de soutenir ces individus au sein de collectifs pour assurer et garantir la pérennité des dispositifs. Pour le CESE (2016 : 16), la transition agro-écologique passe par un accompagnement plus collectif des agriculteurs : « les structures coopératives constituent un levier essentiel pour impulser et accompagner la transition agro-écologique. Leurs responsables, élus et salariés, doivent donc se mobiliser sur cette question pour inciter les agriculteurs à s'engager dans cette voie, en recherchant les conditions d'une réussite collective ». Dès lors, il s'agit de soutenir non seulement les agriculteurs de façon individuelle mais d'accompagner financièrement leurs structures collectives dans la voie de la transition[3] (CESE, 2016). Si l'engouement pour l'agroécologie est perceptible,

---

3 – « Le CESE estime qu'un effort tout particulier doit être réalisé pour favoriser l'émergence et la durabilité de tels groupes – Centres d'Initiatives pour Valoriser l'Agriculture et le Milieu rural (CIVAM), Associations de Formation collective à la Gestion (AFOCG), Cuma …. Dans cet objectif, il souhaite que soient étudiées et mises en œuvre les modifications règlementaires susceptibles de faciliter leur création et leur fonctionnement … ; il préconise que ces groupes, réseaux et têtes de réseaux qui les développent aujourd'hui … bénéficient de soutiens financiers publics. Pour cela, les fonds du CASDAR qui doivent

il reste à l'amplifier en identifiant les freins et les mesures incitatives nécessaires à l'accompagnement des agriculteurs et de leurs structures (Plumecocq *et al.*, 2018). La dimension collective est ainsi le chaînon manquant de cette évolution vers la transition agro-écologique (Klerkx *et al.*, 2010 ; Touzard *et al.*, 2014 ; Filippi, 2012).

Cette mise en perspective ne doit pas omettre deux critiques récurrentes de la Cour des Comptes (2000, 2008) sur l'attribution des aides au développement, à savoir, d'une part, leur absence d'affectation à la réalisation d'objectifs précis et leur soutien reconductible aux structures et, d'autre part, l'insuffisance de leur évaluation, et les réponses qui ont été apportées.

La note d'orientation du PNDAR n° 3 (MAAF, 2013a) veut « construire une nouvelle architecture plus efficiente, (…) et répondant aux principales critiques de l'actuel dispositif, formulées notamment par la Cour des Comptes ». S'ensuit une circulaire (MAAF, 2013b) sur les modalités de préparation des programmes de développement agricole et rural de chaque opérateur, qui répond aux deux critiques de la Cour des Comptes de la façon suivante : chaque programme d'une part est constitué d'actions élémentaires conduites en mode projet, avec des objectifs, des moyens et des résultats attendus clairement identifiés et d'autre part ses modalités d'évaluation à mi-parcours seront précisées. Le recours à des indicateurs apparaît dans la circulaire d'application aux ONVAR (MAAF, 2014) dont font partie Coop de France et la FNCuma, et fait l'objet d'un guide méthodologique détaillé (Bonnaud et Bossuat, 2016).

En matière d'évaluation, les PLF des années 2006 à 2008 indiquent que le ministre consulte le Comité d'évaluation du développement agricole et rural, créé par arrêté le 10 novembre 2006 et mort-né ; à partir de 2009, les PLF citent les conseils scientifiques de l'Assemblée Permanente des Chambres d'Agriculture (APCA) et de l'Association de Coordination Technique Agricole (ACTA), auprès desquels sont notés, jusqu'en 2014, le CSE et le comité scientifique et technique des Organismes Nationaux à Vocation Agricole et Rurale (ONVAR) et, depuis, « d'autres comités scientifiques en tant que de besoin ».

Or, tant l'évaluation que le besoin d'indicateurs d'objectifs et d'impacts s'inscrivent dans la nécessité d'avoir des résultats avérés. Dans la pratique, les opérateurs se conforment volontiers à ces modalités (cf. infra pour ce qui concerne Coop de France et la FNCuma). Cependant, à l'occasion de l'évaluation à mi-parcours du PNDAR n° 3 (Tercia consultants et ACTeon, 2017 ; CGAAER, 2017), l'absence d'indicateurs communs à l'ensemble du PNDAR est relevée : cette limite nuit à la visibilité de la progression de chacun des objectifs du programme, d'où la recommandation d'en concevoir à l'avenir en vue de disposer d'une vision partagée des avancées du programme au travers d'indicateurs stratégiques améliorant la pertinence du pilotage et des retombées.

être renforcés, et les financements d'accompagnement de projets abondés par l'UE, les régions, les contrats de plan État-Régions et les Agences de l'eau, doivent être mobilisés simultanément » (CESE 2016, p. 65).

Les projets de Coop de France et de la FNCuma financés par le CASDAR

À travers les opérations financées par le CASDAR de ces deux organismes, il s'agit non seulement de réfléchir aux mutations du développement agricole mais également à celles de leur mise en œuvre. Parmi les bénéficiaires des fonds dédiés au développement agricole, Coop de France et la FNCuma sont des organisations historiquement liées et impliquées dans un seul programme. Ce n'est qu'en 2015 que, sous la pression de nouvelles modalités de financement, les deux structures ont présenté des programmes autonomes dans le cadre d'un appel à propositions destiné aux ONVAR. Elles conduisent ces deux programmes en autonomie tout en conservant des liens politiques étroits : la FNCuma est en effet représentée au conseil d'administration de Coop de France et toutes deux engagent un certain nombre d'actions en commun.

Encadré n° 1 – Le programme pluriannuel de DAR de la FNCuma

Les Cuma forment un réseau de 11 500 groupes d'agriculteurs qui mutualisent des matériels nécessaires à l'activité des exploitations agricoles adhérentes et emploient 4 600 salariés. Au-delà de la mise à disposition de matériels, par l'organisation du travail en commun et les relations de proximité qu'elles entretiennent, les Cuma s'engagent aussi dans des initiatives de développement local (gestion de l'espace, valorisation du paysage, emplois partagés, traitement de déchets...) et s'inscrivent dans le tissu des organisations mises en place par les agriculteurs pour développer leurs exploitations : groupes de développement, coopératives, syndicats, chambres consulaires...

La FNCuma rassemble l'ensemble des fédérations de Cuma auxquels adhèrent les Cuma. Elle assure un rôle de représentation et de défense des intérêts des Cuma, d'appui aux fédérations dans l'exercice de leurs missions (notamment par l'apport de solutions informatiques et de conseils juridiques), et un appui technique fondé sur une consolidation des expériences de terrain et un ensemble d'études et expérimentations menées en propre ou en partenariat.

La spécificité de la contribution des Cuma au développement agricole s'incarne dans trois dimensions à la fois différentes et complémentaires : la mécanisation partagée (choix techniques, gestion économique, organisation du travail) ; les modalités d'organisation coopérative ; et la densité d'un réseau d'initiatives avec 11 500 groupes.

Le programme de développement de la FNCuma financé par le CASDAR représente de l'ordre de 40 % des activités de la fédération nationale. Il est constitué de cinq actions élémentaires ainsi dénommées :
- l'agroéquipement au service de la multi-performance des exploitations ;
- savoir accompagner les nouvelles stratégies d'organisations collectives ;
- les Cuma actrices de la coopération sur les territoires ;
- management de l'innovation ;
- gouvernance et évaluation.

Une interaction entre une politique publique et des projets d'organismes

En 2015, l'enveloppe des programmes pluriannuels des ONVAR atteint 7,7 millions d'euros. Après appel à propositions, elle est répartie entre dix-huit organisations, parmi lesquelles Coop de France et la FNCuma, dont les programmes

---

Encadré n° 2 – Le programme pluriannuel de DAR de Coop de France

Coop de France est une association assurant la représentation unifiée des 2 400 coopératives agricoles, agroalimentaires, agroindustrielles et forestières françaises. Elle assure les grandes missions traditionnelles d'un syndicat d'entreprise : représentation des intérêts des membres, accompagnement des entreprises pour s'adapter aux évolutions de leur environnement et promotion des activités et du modèle coopératif. Lors de son Congrès de 2015, Coop de France déclina son projet stratégique à 2020 selon quatre axes : la promotion des principes et des valeurs de la coopération ; la défense de la compétitivité des coopératives ; la capacité à conquérir de la valeur ; l'implication sur l'ensemble de la chaîne alimentaire.

Le chiffre d'affaires total des coopératives et de leurs filiales s'élève à 84,5 milliards d'euros (chiffres 2018) ; les salariés employés dépassent le nombre de 190 000. Présentes dans la très grande majorité des filières françaises et sur l'ensemble du territoire national, on dénombre parmi elles plus de 90 % de PME/TPE au côté desquelles des entreprises de taille intermédiaire et quelques dizaines de groupes coopératifs de grande dimension jouent un rôle prépondérant dans l'agroalimentaire français. Trois agriculteurs sur quatre adhèrent au moins à une coopérative et une marque alimentaire sur trois est coopérative.

Les coopératives agricoles et agroalimentaires sont à l'interface des exploitations agricoles et des filières. Leurs actions de développement s'inscrivent dans les territoires sur lesquelles elles tissent des liens directs entre production et marchés. Coop de France s'inscrit ainsi dans le développement agricole en y apportant sa vision économique et sa connaissance des marchés de la fourche à la fourchette. Son rôle de tête de réseau du tissu coopératif permet le déploiement des actions sur le terrain auprès d'un grand nombre d'agriculteurs.

Le programme de développement de Coop de France financé par le CASDAR dont le montant représente 15 % du budget global de la structure, est composé de neuf actions élémentaires, portant sur huit thèmes :
- le renouvellement des générations, de l'école à l'installation,
- l'adaptation du conseil apporté par les coopératives à leurs adhérents,
- la Responsabilité Sociétale de l'Entreprise (RSE),
- les démarches qualité, hygiène, sécurité,
- l'adaptation aux enjeux de la transition agro-écologique,
- le développement de l'économie circulaire,
- le déploiement de l'agriculture biologique,
- les projets alimentaires territoriaux,

et comprenant celle sur la gouvernance du programme.

---

de Développement Agricole et Rural (DAR) respectifs, formés de neuf et de cinq actions (voir descriptifs dans les encadrés), furent dotés respectivement de 2,23 et de 0,9 million d'euros. Au sein des ONVAR, si les sommes allouées à ces deux organisations se situent dans les trois premières, elles restent modestes en comparaison du réseau des instituts techniques et de celui des chambres d'agriculture, dont les programmes annuels bénéficient respectivement de 42 et 40 millions d'euros : ensemble, toutes deux représentent une enveloppe équivalente à celle d'une chambre régionale d'Agriculture[4].

---

4 – Bretagne ou Rhône-Alpes : 2,8 millions d'euros ; Midi-Pyrénées : 3,1 millions d'euros (données 2017).

L'engagement de Coop de France et de la FNCuma dans le développement agricole s'inscrit dans l'histoire rappelée précédemment. En raison de leurs dimensions d'acteurs de terrains, proches des agriculteurs, leurs actions reflètent les mises en œuvre de l'agroécologie mais aussi les difficultés au changement de pratiques (Compère *et al.*, 2013). Elle repose sur des constats partagés antérieurs à la politique agro-écologique mais cohérents avec elle : d'une part l'importance du rôle du collectif, d'autre part l'évolution inévitable des missions de conseil aujourd'hui débattue à travers la législation sur la séparation des activités de conseil et de vente et enfin l'affirmation de la prise en compte essentielle des parties prenantes.

• L'importance du rôle du collectif

Coop de France et la FNCuma partagent l'analyse selon laquelle s'engager dans l'agroécologie implique de dépasser les raisonnements tenus au niveau de l'exploitation. Les questions se posent à l'échelle du paysage, du territoire et de la filière. Pour cette raison, le développement de pratiques agro-écologiques conduit à des impératifs de coordination entre les agriculteurs et plus largement entre les différents acteurs du territoire et de la filière au service de la production agricole et de sa valorisation, tout en préservant l'environnement.

Chaque territoire est singulier, comme chaque paysage a ses propres structures et acteurs ainsi que ses productions, ses propres marchés. Chaque situation est ainsi quasi-unique. Mais tout comme une filière ne se construit que par le regroupement d'agriculteurs qui travaillent à un objectif commun, les impacts sur le territoire des évolutions de pratiques agricoles ne peuvent avoir un effet significatif que si un grand nombre d'agriculteurs les mettent en œuvre (Bournigal *et al.*, 2015).

Pour toutes ces raisons, l'agroécologie est, par essence, une démarche du collectif et de la proximité : l'action de développement des coopératives s'inscrit dans cette perspective et les conduit à mieux expliciter l'impact de leur organisation collective (Castet *et al.*, 2017 ; Cap Vert, 2017, 2018).

• L'évolution inévitable des missions de conseil

L'agroécologie induit de nouveaux questionnements sur le conseil aux agriculteurs et à leurs organisations collectives[5].

Les questions agro-écologiques amènent à repenser la question du conseil aux Cuma, car on n'accompagne plus seulement une structure juridique coopérative ou un investissement à partager, mais des stratégies d'exploitations qui doivent en même temps évoluer et s'articuler pour coopérer. En cela, la question du conseil stratégique collectif est un axe essentiel pour avancer sur le dévelop-

---

5 – À l'heure où nous écrivons, les textes réglementaires qui précisent les conditions de la séparation du conseil et de la vente des produits phytosanitaires sont encore en préparation. L'impact sur la conception et la conduite du conseil sera significatif. Si les effets attendus par les pouvoirs publics sont la diminution de l'usage des produits phytosanitaires, les coopératives craignent, au contraire, de se priver d'un levier important d'accompagnement de l'évolution des pratiques agricoles par une désorganisation brutale de l'écosystème du conseil sans que l'organisation future n'ait été identifiée et, *a fortiori*, évaluée.

pement de pratiques agro-écologiques (Filippi et Frey, 2015a ; Compagnone *et al.*, 2018).

Au sein des filières, l'agroécologie amène à enrichir considérablement mais aussi à complexifier le rôle du conseiller en coopérative (Filippi et Frey, 2015b). Ainsi, des outils imaginés lors des précédentes programmations doivent être entièrement révisés pour tenir compte de cette nouvelle réalité (certificat de qualification professionnelle interbranches-CQPI « technicien conseil aux adhérents de coopérative » et « technicien du développement coopératif agricole »). Des éléments en germe dans le dispositif précédent doivent dorénavant prendre une place centrale : la prise en compte des stratégies de l'exploitation à mettre en relation avec les stratégies collectives au sein de la coopérative ; la multiplicité des solutions possibles et l'adaptation à un contexte donné (agronomique mais aussi d'adaptation à la sociologie de l'agriculteur) ... Le rôle du conseiller dans la prise en compte des attentes des parties prenantes était quasiment absent des réflexions antérieures et est devenu un point important des travaux. Cette prise en compte relevait en effet, en première intention, d'une réflexion politique portée par les conseils d'administration et nouvellement introduite dans le cadre des réflexions sur la responsabilité sociétale des entreprises. Le temps passant, c'est l'ensemble de la coopérative qui se trouve devoir prendre cette dimension en compte à tous les échelons (Filippi, 2018). Les conseillers se trouvent directement impliqués, devant accompagner les adhérents dans les évolutions induites par ces attentes. Par ailleurs l'échange entre pairs devient une modalité essentielle que les conseillers devront savoir activer.

• La nécessaire prise en compte des parties prenantes

Les programmes de Coop de France et de la FNCuma amplifient les constats antérieurs selon lesquels, d'une part, l'agroécologie requiert de prendre en compte les parties prenantes et, d'autre part, l'action de l'agriculteur s'inscrit dans un contexte multi-acteurs. La FNCuma aborde cette question au sein des groupes d'agriculteurs et souligne la multi-appartenance des acteurs ainsi que l'imbrication des enjeux, des questions et des solutions mises en place localement (complémentarité des différentes coopérations, complémentarité des interventions des partenaires...) ; elle relève que les actions de développement doivent intégrer ce phénomène protéiforme pour déboucher sur de nouvelles formes de coopération. Coop de France met en avant le lien entre RSE et agroécologie et montre comment les deux approches se nourrissaient mutuellement tout en étant abordées de manière relativement distincte par le passé : un des intérêts de cette approche est de mettre en évidence la continuité amont-aval dans la création de valeur (Filippi, 2014 ; Castet *et al.*, 2017).

Les enseignements de l'évaluation des programmes pluriannuels des deux réseaux

De l'ensemble des travaux d'évaluation réalisés par le CSE, nous présentons ici deux aspects à deux échelles différentes : le premier concerne la formulation des objectifs et des indicateurs de résultats du PNDAR ; le second porte sur la plus-value de l'apport des programmes des deux réseaux en matière de démarche collective.

• Un effort à faire pour mieux formuler et mettre en valeur les objectifs et les résultats

Le CSE relève que les programmes des deux réseaux ont fait l'effort de se fixer des objectifs concrets et atteignables, et ont pu identifier quelques indicateurs de résultat. Mais, comme indiqué *supra* en première partie, l'absence d'indicateurs communs à l'ensemble du PNDAR rend difficile la compréhension des apports respectifs des programmes des opérateurs au PNDAR.

En corollaire, le CSE note que, si le rapport d'activité annuel du PNDAR (DGER, 2018) est un bon outil de justification des fonds alloués, il est construit à partir des dispositifs de financement[6] et, en conséquence, ne met pas en valeur les résultats selon les priorités du programme, construites, rappelons-le, sur trois orientations stratégiques (autonomie et compétitivité, diversité, anticipation et pilotage stratégique) et sur trois objectifs opérationnels (innovation, dynamiques territoriales, accès aux résultats).

Le CSE est ainsi amené à recommander au ministère que, à l'instar des grands plans nationaux de santé (cancer, santé-environnement...), soit établi un bilan annuel (et un bilan à cinq ans) du PNDAR, centré sur les résultats conformément aux orientations et non plus sur les modalités de financement, actuellement encore trop liées aux structures, ce qui fait écho aux critiques de la Cour des Comptes, rappelées en première partie du présent chapitre, sur le soutien reconductible. En outre, si l'on veut intéresser la société au contenu des travaux du PNDAR, la question de la formulation des orientations se pose, car, à l'heure actuelle, elle reste obscure pour le grand public[7].

• Un accent sur les collectifs d'acteurs et territoires comme lieux de la création de solutions innovantes

Comme toute démarche d'innovation, l'engagement dans l'agroécologie se heurte à des freins. Dans cette dernière, l'approche systémique qui la caractérise renforce le besoin de penser le changement au niveau du collectif ainsi que de revoir l'organisation du soutien des agriculteurs. « L'action collective permet généralement de susciter une meilleure adhésion des agriculteurs au changement de pratiques ainsi qu'aux enjeux environnementaux et réduire les phénomènes de dépendance au sentier » (Oréade-Brèche, 2017 : 154). Afin de limiter ces risques

---

6 – Ces dispositifs sont actuellement au nombre de seize : programmes pluriannuels des chambres d'agriculture, des instituts techniques et des ONVAR ; appels à projets thématiques.
7 – À titre de comparaison, les quatre orientations du plan cancer (INCa, 2018) sont parlantes pour nos concitoyens : guérir plus de personnes malades ; préserver la continuité et la qualité de la vie ; investir dans la prévention et la recherche ; optimiser le pilotage et l'organisation.

d'enfermement technologique des innovateurs, le CESE (2016 : 36) souligne que les organisations collectives[8] sont sollicitées pour accompagner ces agriculteurs innovateurs dans l'expérimentation de nouvelles solutions, en citant les représentants de la FNCuma : « Les collectifs d'agriculteurs sont le lieu d'échanges parce qu'on est plus fort en groupe, pour partager les risques, se conforter, expérimenter ensemble ». L'agriculture de groupe devient un levier puissant pour la mise en œuvre de solutions concrètes. Coopératives et Cuma ont ainsi impulsé la création de nombreux Groupements d'Intérêt Économique et Environnemental (GIEE) : en France métropolitaine, dans plus d'un GIEE sur quatre, on trouve des dynamiques de travail en lien avec le réseau des Cuma. À ce titre, de par ses travaux sur les nouvelles formes coopératives (sociétés coopératives d'intérêt collectif, groupements d'employeurs coopératifs) et la reconfiguration de la coopération de proximité en agriculture (Cap Vert, 2017, 2018 ; Lucas, 2018), la FNCuma a développé différentes initiatives pour conceptualiser et opérationnaliser l'innovation au sein des collectifs d'agriculteurs.

Le collectif permet de partager les coûts, de réduire les risques mais aussi de mutualiser les expériences. L'action conseil de Coop de France illustre cette caractéristique (Coop de France, 2019) qui nécessite de lever des verrous non seulement techniques, mais aussi sociaux et cognitifs. Cela prend du temps et exige un accompagnement intégrant différentes dimensions. Si l'entreprise coopérative permet de s'appuyer sur des collectifs innovateurs pour expérimenter, elle a une action de diffusion avec un impact plus puissant sur le territoire qu'un simple collectif indépendant. En effet, un groupe d'innovateurs est naturellement restreint mais, en raison d'un nombre d'adhérents de coopérative plus grand, qui concerne des centaines voire des milliers d'exploitants, l'impact dans la diffusion en coopérative est plus conséquent. L'expérimentation de solutions innovantes invite à repenser les dispositifs de soutien pour une mise en œuvre concrète, comme l'expérimentation menée au sein des exploitations par les « Sentinelles de la Terre »[9] volontaires de Terrena. Cette expérimentation s'accompagne également de la prise en compte de la dimension économique pour pérenniser la démarche non seulement au champ mais également tout le long de la filière de transformation par le déploiement de la marque La Nouvelle Agriculture® qui s'appuie sur les innovations identifiées pour apporter une valorisation supplémentaire aux producteurs. Ainsi, la sécurisation par le lien aux filières autorise la recherche d'un débouché pérenne, renforçant l'ancrage des innovations dans des relations amont-aval avec des pratiques vertueuses et soutenables (Filippi et

---

8 – Outre les Cuma, le CESE cite les CIVAM, les AFOCG, les Centres d'Études Techniques Agricoles (CETA) et les Groupes de Développement Agricole (GDA) des chambres d'Agriculture.

9 – Les Sentinelles de la terre® sont des agriculteurs adhérents de Terrena qui, accompagnés de leur technicien de production, testent en situation réelle, dans leur exploitation, des solutions innovantes qu'ils participent ensuite activement à diffuser auprès des autres agriculteurs de la coopérative. Ils sont au nombre de 91 en 2017 et permettent le développement des Solutions-NA – La Nouvelle Agriculture® (marque commerciale permettant la valorisation des produits).

Muller, 2013). Autre exemple, la prise en considération de la gestion de l'eau au champ dans le cas des vergers associe également une réflexion dans les unités de conditionnement en fruits et légumes.

Retour d'expérience sur une politique publique active quoique peu lisible

Le retour d'expérience sur le PNDAR à la lumière de la littérature et de l'évaluation des programmes des deux réseaux met en évidence un réel effet du programme national, malgré sa faible lisibilité.

La faible lisibilité de l'apport du PNDAR à la politique en faveur de l'agroécologie …

• Une définition auréolée d'un certain flou

L'étude des jeux d'acteurs liés à l'agroécologie révèle, comme indiqué *supra* en section 1 et souligné également par le CESE (2016), que l'agroécologie reste aujourd'hui une « notion floue, mal comprise et, à l'instar de l'Europe, difficilement définissable de manière consensuelle, que ce soit par les acteurs institutionnels, par les acteurs du monde agricole ou par ceux de la société civile » (Oréade-Brèche, 2017 : 114). Ceci explique en partie pourquoi on recense différentes acceptions de ce qu'est l'agroécologie et ce qu'elle impose comme réglementation ou processus à respecter. Il s'agit dès lors plus de la « fabrication » d'un consensus autour du partage d'une visée. De fait, les différents acteurs économiques et institutionnels sont déjà engagés dans de nombreux projets de développement et participent à différents espaces de concertation, ce qui conduit Guillou *et al.* (2013) à relever la faible efficacité de ces dispositifs publics.

• L'organisation du PNDAR en matière de financement

L'analyse des opérations met en lumière des insuffisances liées à la présentation en « silos » des dispositifs de financement. Chaque compte-rendu est en effet réalisé à partir des crédits CASDAR mobilisés dans un dispositif donné et lui seulement, entre autres par crainte de se voir accuser de faire des doublons dans le financement des actions. Cela peut conduire à occulter tout un pan d'actions relevant des mêmes objectifs parce que financées par un autre biais, fût-ce par d'autres crédits CASDAR : à titre d'exemple, le CSE n'a pas pu évaluer la contribution de Coop de France Ouest à l'action « adaptation aux enjeux de la transition agro-écologique » du programme pluriannuel de Coop de France, tout simplement parce que cette contribution relève du programme régional de développement agricole et rural mené avec les chambres régionales de Bretagne et des Pays de la Loire, programme lui-même évalué de manière séparée. On pourrait aussi citer la complémentarité de certains projets de la FNCuma financés par son programme pluriannuel et par d'autres appels à projets émargeant au CASDAR (projet Cap Vert par exemple). Dès lors, cela ne permet pas une vision complète des stratégies engagées au service de la transition agro-écologique.

• Un contenu parfois imprécis ou limité

Le flou dans les terminologies et l'absence d'indicateurs partagés et communs à l'échelle du programme rendent difficile l'analyse de ce qui se rattache véritablement à l'agroécologie et de ce qui relèverait d'autre chose. *In fine*, il est parfois difficile de distinguer ce qui relève d'un impact de la politique publique ou d'une autre dynamique.

Enfin, le CSE souligne l'absence de prise en compte de la dimension économique des filières et des « attentes clients ». La faible prise en compte de parties prenantes dans les dispositifs, comme les consommateurs, ou la surreprésentation des actions de type agronomique, affectent de fait l'impact des actions et leur portée (Épices et Blezat, 2018). Cette critique pointe le retard dans la prise en compte des parties prenantes dans la mesure des politiques publiques.

Tous les éléments évoqués dans ce chapitre, associés à une complexité des procédures (Cour des Comptes Européenne, 2017), conduisent au fait que les dispositifs peinent à démontrer leur impact effectif sur la transition agro-écologique concrète, malgré la réalité d'un certain nombre d'actions engagées.

… mais des avancées réelles en termes d'implication des acteurs et de résultats

• Le flou de la définition a permis à chacun de s'approprier la démarche

De tout ce qui précède, l'on note que, tant en matière de définition (section 1) que de mise en œuvre, l'agroécologie et le PNDAR restent largement perfectibles. Cependant la logique de la conduite en mode projet a permis aux acteurs de s'organiser avec plus d'autonomie dans la définition de leurs objectifs, et à formuler leurs investissements dans le domaine. La constance de l'engagement du ministre alors en fonction, en l'incarnant, a donné un cap dans l'action, qui semble encore perdurer en début de la présente mandature (cf. l'alinéa sur les PLF). Ce flou dans la définition a de fait permis de libérer la créativité des acteurs dans la mise œuvre de solutions innovantes.

• Le changement des indicateurs pour guider la stratégie des acteurs et les soutiens

Différents travaux (Guillou *et al.,* 2013 ; Ménard *et al.*, 2013 ; CESE, 2016 ; Oréade-Brèche, 2017) convergent pour critiquer les modalités de l'intégration de l'agroécologie « dans et par les Programmes de Développement Rural Régional » : le manque d'obligation de résultats, la cohérence globale insuffisante, le manque de co-construction avec les conseils régionaux et la faible incitation économique des acteurs (CESE, 2016). Cela permet d'identifier un faisceau de recommandations. La diversité des acteurs parties prenantes incite à élargir les dispositifs de financement en repensant le développement agricole comme un développement rural mais aussi alimentaire et sociétal. Si des entités comme les coopératives, les transformateurs et les distributeurs s'engagent dans des projets de filières répondant à la demande des consommateurs et s'inscrivant dans la logique de l'agroécologie, il s'avère nécessaire de renforcer le soutien et l'accompagnement des acteurs de l'aval, pour identifier et diffuser les « bonnes pratiques » et permettre une « montée en compétence de l'animation et du conseil et son adaptation aux nouvelles attentes et aux évolutions de la réglementation » (Oréade-Brèche, 2017 : 11).

• Et si la politique de transition en agroécologie avait résolument opté pour une vision nouvelle de la programmation publique ?

En ne fixant pas d'objectifs mesurables aux acteurs, le PNDAR a opté, volontairement ou non, pour une approche ouverte de politique orientée vers une mission (la transition comme *oriented-mission*). « Dans un cadre de défaillance du marché, l'analyse ex ante vise à estimer les avantages et les coûts (y compris ceux associés aux défaillances gouvernementales), tandis que l'analyse ex post vise à vérifier si les estimations sont correctes et les défaillances du marché résolues. En revanche, un cadre axé sur les missions nécessite un suivi et une évaluation continus et dynamiques tout au long du processus de politique d'innovation » (Mazzucato, 2017 : 6). Il est certain que les objectifs de politique publique comme la définition même de l'agroécologie n'ont pas été clairement établis *ex ante*, ni même finalement, celle de la hiérarchisation des actions à mener (agriculture biologique, sécurité alimentaire, filière courte et locale, bien-être animal, gestion de l'eau …). Il reste à poursuivre le travail d'analyse afin de progresser sur le retour d'expérience et d'élaborer des indicateurs de nouvelle génération et d'aide à la décision. Les évolutions des systèmes de production agricole pour une prise en compte des dimensions sociétales et environnementales mais aussi celle de la réalisation des innovations opérées dans un cadre ouvert, contextualisé et interactif (Chesbrough, 2003 ; Von Hippel, 2005 ; Coudel *et al.*, 2013).

Conclusion : quels enseignements du PNDAR pour une transition agro-écologique ?

L'examen du financement par le CASDAR nous a permis d'observer l'évolution et la mise en œuvre des nouvelles politiques d'innovation et de recherche dans le cas de l'agriculture pour aborder la transition agro-écologique. Les inflexions de la politique publique en faveur de la transition agro-écologique et ses traductions en termes de soutien aux agriculteurs et à leurs structures collectives s'inscrivent dans ce changement de paradigme (Meynard *et al.*, 2017 ; Plumecoq *et al.*, 2018). Si les deux réseaux, Coop de France et FNCuma, ont été aussi réactifs à se saisir des demandes d'adaptation aux évolutions de calendrier et de procédures, c'est en raison de leur proximité avec les agriculteurs, cibles du PNDAR et du CAS-

DAR, ce qui les a obligés à envisager des solutions concrètes ici et maintenant avec une perspective de temps long. Les deux réseaux s'impliquent dans le même esprit dans la préparation du PNDAR n° 4 (2021-2027), le ministère ayant choisi de construire ce dernier en associant largement l'ensemble des acteurs. Quatre groupes de travail ont été installés à l'automne 2018 pour structurer la réflexion : objectifs stratégiques ; articulation entre programmes annuels, appels à projets et actions thématiques transversales ; liens amont/aval ; valorisation, capitalisation et appropriation des résultats.

Cependant, pour assurer le passage entre une logique de guichet et cette logique pro-active, il est nécessaire d'avoir un portfolio de projets partagé au sein d'un pool d'acteurs aux responsabilités bien définies (Mazzucato, 2017). On assiste ainsi à une expérimentation de nouveaux dispositifs d'accompagnement voire la mise en œuvre d'une recherche de co-construction d'une politique de la transition entre pouvoirs publics, offices de développement et acteurs privés afin de pouvoir relever les grands défis du 21e siècle que sont le changement climatique, la biodiversité ou encore les sûreté et sécurité alimentaires : « Au-delà des besoins liés à la transition écologique, l'avenir des recherches pour les politiques publiques ne peut pas être pensé indépendamment de la révolution qui est en train de transformer l'ensemble du contexte dans lequel elles se situent » (Theys, 2017).

La transition agro-écologique implique donc non seulement une évolution du système agricole mais également celle de la politique publique pour prendre en compte les adaptations nécessaires. Parfois par tâtonnements, adoptant un processus d'essais-erreurs, cette politique publique a illustré les évolutions de politiques d'innovation et de recherche par ailleurs éprouvées dans le cas de la nouvelle politique de développement européen ou la « *smart policy H2020* » (Foray *et al.,* 2009). Elle devient ainsi le fruit d'une « *mission oriented agriculture innovation policy* » en cours de mutation (Pigford *et al.*, 2018).

Références bibliographiques

ADAR, 2004 – *Les priorités du programme national de développement agricole et rural (2005-2009)*, 30 juin 2004, annexe à la délibération CA 04-23, 10 p.

Berthet E., Segrestin B. and Hickey G., 2016 – Considering agro-ecosystems as ecological funds for collective design: New perspectives for environmental policy, *Environmental Science and Policy*, Vol. 61, July, 108-115.

Bonnaud T., Bossuat H., 2016 – *Guide méthodologique pour la définition des indicateurs de réalisations et de résultats des programmes de développement agricole et rural financés par le CASDAR*, MAAF-DGPE, juin, 21 p. + annexes.

Bournigal J.-M., Houlier F., Lecouvey P., Pringuet P., 2015 – *Agriculture Innovation 2025, 30 projets pour une agriculture compétitive et respectueuse de l'environnement*, rapport, octobre, 95 p. + annexes.

Brundtland Report, 1987 – *Our Common Future*. Report of the World Commission on Environment and Development, United Nations.

Cap Vert, 2017 – *La transition agro-écologique en collectif, Journal d'une coopération au long court*, FNCuma, mai, 8 p.

Cap Vert, 2018 – *Vivre et accompagner la transition agro-écologique en collectif, Eléments d'analyse, expériences et outils issus du projet CAP VERT*, rapport, 64 p.

Castet R., Ledos F., Perdreau B., Cherdo E., Drevet V., 2017 – La responsabilité sociétale des entreprises des coopératives au service de l'agroécologie, *Cahiers du Développement Coopératif*, 2017 n° 2, 42-51.

CEP, 2013 – *L'agroécologie : des définitions variées, des principes communs*, Analyse n° 59, juillet, 4 p.

CEP, 2017 – *La démarche évaluative de la politique agro-écologique : premiers outils et perspectives*, Analyse n° 101, mars, 4 p.

CEP, 2018a – *Méthodologie de l'évaluation ex-post du Programme de Développement Rural hexagonal 2007-2013*, Analyse n° 116, 8 p.

CEP, 2018b – *Évaluation ex-post du Programme de Développement Rural Hexagonal (PDRH) 2007-2013, principaux résultats et impacts*, Analyse n° 118, mai, 4 p.

CEP, 2018c – *Programmes de Développement Rural Régionaux (PDRR) et agroécologie*, Analyse n° 119, mai, 4 p.

CESE, 2016 – *La transition agro-écologique : défis et enjeux*, rapport et avis présenté par Claveirole C., novembre, 114.

CGAAER, 2014 – *Évaluation de la politique de développement agricole*, Hervieu B., Barbara Bour-Desprez B., Buer J.L., Cascarano J.-L., Dreyfus F., Gosset G., rapport n°13059, mai, 86 p. + annexes.

CGAAER, 2017 – *Proposition d'évolution du PNDAR pour la période 2018-2020 suite à son évaluation à mi-parcours*, Dreyfus F., Petit N., Steinmetz V., rapport n°17040, 37 p. + annexes.

Chesbrough H. W., 2003 – *Open Innovation: The New Imperative for creating and Profiting from Technology*, Harvard Business School Press, 227.

Compagnone C., Lamine C. et Dupré L., 2018 – La production et la circulation des connaissances en agriculture interrogées par l'agroécologie, De l'ancien et du nouveau, *Revue d'anthropologie des connaissances*, Vol. 12, n° 2, 111-138.

Compère P., Poupart A., Purseigle F., 2013 – L'agroécologie une ambition pour les coopératives, *Revue Projet*, n°333, avril, 76-83.

Coop de France, 2018 – *La coopération agricole et agro-alimentaire, poids économique et social 2018*, décembre, 48 p.

Coop de France, 2019a – *Innover et Conseiller : les coopératives en mouvement*, Théma, 11, 63 p.

Coop de France, 2019b – *Coopératives et transition agroécologique : agir, animer, valoriser*, Théma, 11, 61 p.

Coudel E., Devautour H., Soulard C.T., Faure G., Hubert B. (eds), 2013 – *Renewing Innovation Systems in Agriculture and Food: How to go towards more sustainability?* Wageningen Academic Publishers, 235.

Cour des Comptes, 2000 – Le rôle de l'Association Nationale pour le Développement Agricole (ANDA), *Rapport public annuel*, février, 529-538.

Cour des Comptes, 2008 – Les aides au développement agricole, *Rapport public annuel*, février, 347-356.

Cour des Comptes Européenne, 2017 – *La programmation du développement rural doit être moins complexe et davantage axée sur les résultats*, 1997-2017, rapport spécial n° 16, 74.

Deverre C. et de Sainte Marie C., 2014 – De l'écologisation des politiques agricoles à l'écologisation de l'agriculture, *Dossiers de l'environnement de l'INRA*, 34, 9-17.

DGER, 2008 – *Note d'orientation relative à la préparation du programme national de développement agricole 2009-2013*, avril, 7 p.

DGER, 2018 – *Programme national de développement agricole et rural (PNDAR), rapport d'activité 2017*, août, 68 p.

Épices et Ade, 2017 – *Évaluation ex-post du Programme de Développement Rural Hexagonal (PDRH) Programmation FEADER 2007/2013*, rapport final, MAAF, tome 3, 163 p.

Épices, Blezat, 2018 – *Mobilisation des filières agricoles en faveur de la transition agro-écologique, État des lieux et perspectives*, rapport final, mai, 165 p.

Faure G. et Compagnone C., 2011 – Les transformations du conseil face à une nouvelle agriculture, *Cahiers Agricultures*, EDP Sciences, 20 (5), 321-326.

Faure G., Chiffoleau Y., Goulet F., Temple L. et Touzard J.-M., 2018 – *Innovation et développement dans les systèmes agricoles et alimentaires*, Edition Quae, 263.

Filippi M., 2012 – Développement durable et exercice du pouvoir des adhérents de coopératives agricoles françaises : originalité et émergence du territoire, *in* Brassard M.-J. et Molina E. (eds), *L'étonnant pouvoir des coopératives, textes choisis*, Sommet International des Coopératives, Québec, septembre, 449-464.

Filippi M., Muller P., 2013 – Le jeu des Communautés de Pratique au sein des Coopératives agricoles : le cas des filières fromagères vache d'appellation d'origine du Massif Central, *in* Torre A. et Wallet F. (eds), *Les enjeux du développement régional et territorial en zones rurales*, L'Harmattan, Paris, 27-49.

Filippi M., 2014 – Using the Regional Advantage: French agricultural cooperatives' economic and governance tool, *Annals of Public and Cooperative Economics*, special issue Agricultural Cooperatives in Europe, Vol. 85, n° 4, 597-615.

Filippi M. et Frey O., 2015a – *Le conseil dans les coopératives agricoles : Clés d'analyse et perspectives*, Étude Conseil INRA, Coop de France, Bordeaux Sciences Agro, mars, 84 p.

Filippi M. et Frey O., 2015b – Le conseiller, une pièce maîtresse sur l'échiquier de la coopérative agricole, *Review of Agricultural and Environmental Studies - Revue d'Etudes en Agriculture et Environnement* (RAEStud), Vol. 96, Issue 3, 439-467.

Filippi M., 2018 – Agrifood coops: A headstart in Corporate Social Responsibility? An initial plunge into French coop behavior, *12ᵉ JRSS*, Nantes, 13-14 déc., soumis RAFE janv. 2019.

Foray D., David P.A. et Hall B., 2009 – Smart Specialisation, The Concept, *Knowledge Economists Policy Brief* n° 9, June, 5.p.

Gliessman S. R., 1990 – *Agroecology: Researching the Ecological Basis of Sustainable Agriculture*, New York: Springer.

Griffon M., 2013 – *Qu'est-ce que l'agriculture écologiquement intensive ?* Édition Quae, Collection « Matière à débattre et décider », 224 p.

Guillou M., Guyomard H., Huyghe C. et Peyraud J.-L., 2013 – *Le projet agro-écologique : vers des agricultures doublement performantes pour concilier compétitivité et respect de l'environnement*, propositions pour le ministre, mai, 163 p.

Hill S. et MacRae R.J., 1995 – Conceptual framework for the transition from conventional to sustainable agriculture, *Journal of Sustainable Agriculture*, 7 (1), 81-87.

INCa, 2018 – *Plan cancer 2014-2019, 4ᵉ rapport au Président de la République*, février, 196 p.

Klerkx L., Aarts N. et Leeuwis C., 2010 – Adaptive management in agricultural innovation systems: The interactions between innovation networks and their environment, *Agricultural Systems*, 103 6, 390-400.

Lucas V., 2018 – *L'agriculture en commun : Gagner en autonomie grâce à la coopération de proximité : Expériences d'agriculteurs français en Cuma à l'ère de l'agroécologie*, Thèse de sociologie, Université d'Angers, 28 juin, 538 p.

MAAF, 2012 – *Le projet agro-écologique pour la France*, décembre 2012, 16 p.

MAAF, 2013a – *Note d'orientation relative à la préparation du programme national de développement agricole et rural 2014-2020*, circulaire du 20 juin, 11 p.

MAAF, 2013b – *Cahier des charges relatif à la rédaction des contrats d'objectifs et des programmes pluriannuels de développement agricole et rural éligibles aux financements du CASDAR*, circulaire du 25 septembre, 7 p. + annexes.

MAAF, 2014 – *Lancement d'un Appel à Propositions à destination des Organismes Nationaux à Vocation Agricole et Rurale (AAP ONVAR 2015-2020)*, circulaire du 5 juin, 10 p. + annexes.

MAAF, 2015 – *Projet agro-écologique,* rapport annuel 2014, 28 p. (tableau d'indicateurs p. 19).

Mazzucato M., 2017 – Mission-oriented Innovation Policy: Challenges and Opportunities, *UCL Institute for Innovation and Public Purpose Working Paper*, 1, 43 p.

Meynard J.-M., Messéan, A. Charlier A., Charrier F., Fares M., Le Bail M., Magrini M.-B. et Savini I., 2013 – *Freins et leviers à la diversification des cultures. Étude au niveau des exploitations agricoles et des filières*, synthèse du rapport, INRA DGPAAT n° 10-18, 52 p.

Meynard J.-M., Jeuffroy M.-H., Le Bail M., Lefèvre A., Magrini M.-B. et Michon C., 2017 – Designing coupled innovations for the sustainability transition of agrifood systems, *Agricultural Systems,* Vol. 157, October, 330-339.

Muller P., 2000 – La politique agricole française : l'État et les organisations professionnelles, Économie rurale, 255, 33-39.

Oréade-Brèche, 2017 – État des lieux de la mobilisation des Programmes de Développement Rural Régionaux en faveur de la politique agro-écologique, rapport final, MAA, 15 décembre, 163 p. + annexes.

Pervanchon F., Blouet A., 2002 – Lexique des qualificatifs de l'agriculture, *Courrier de l'environnement de l'INRA n° 45*, février, 117-136.

Petit S., 2015 – Faut-il absolument innover ? À la recherche d'une agriculture d'avant-garde, *Le Courrier de l'environnement de l'INRA*, Paris : Institut national de la recherche agronomique Délégation permanente à l'environnement, 65, 19-28.

Pigford A.-A., Hickey G.M. et Klerkx L., 2018 – Beyond agricultural innovation systems? Exploring an agricultural innovation ecosystems approach for niche design and development in sustainability transitions, *Agricultural Systems*, 164, 116-121.

Poppe K. (ed.), 2018 – *Recipe for change: An agenda for a climate-smart and sustainable food system for a healthy Europe*, Report of the FOOD 2030 Expert Group, European Commission.

Plumecocq G., Debril T., Duru M., Magrini M.-B., Sarthou J.-P. et O. Therond O., 2018 – The plurality of values in sustainable agriculture models: diverse lock-in and coevolution patterns, *Ecology and Society,* 23(1): 21.

Reboud X. et Hazelin E., 2017 – L'agroécologie, une discipline aux confins de la science et du politique, *Natures Sciences Sociétés*, 25, 64-S71.

Tercia consultants, ACteon, 2017 – *Évaluation à mi-parcours du programme national de développement agricole et rural 2014-2020*, Rapport, MAAF, février, 66 p. + annexes.

Theys J., 2017 – Prospective et recherche pour les politiques publiques en phase de transition, *Natures Sciences Sociétés,* 25, S84-S92.

Touzard J.-M., Temple L., Faure G. et Triomphe B., 2014 – Systèmes d'innovation et communautés de connaissances dans le secteur agricole et agroalimentaire, *Revue d'économie et de management de l'innovation,* 43, 13-38.

Urbano G. et Bossuat H., 2013 – Le CAS-DAR, une politique publique pour le développement agricole et rural, *Agronomie, Environnement & Sociétés*, (2)3, 127-134.

van der Ploeg J. D., Renting H., Brunori G., Knicken K., Mannion J., Marsden T., de Roest K., Sevilla Guzman E. et Ventura F., 2000 – Rural development: From practices and policies towards theory, *Sociologia Ruralis*, 40, 4, 391–408.

Von Hippel E., 2005 – *Democratizing Innovation*, MIT Press, Cambridge, MA.

Chapitre 4

Quels instruments de politique publique mobiliser pour accompagner la transition agroécologique ? Focus sur la non-utilisation des intrants de synthèse en grandes cultures

What Public Policies Tools For Agroecological Transition? A Focus On The Non-Use Of Synthetic Pesticides For Arable Crops

Marc Benoit* et Natacha Sautereau**

Résumé : Les politiques publiques sont un levier important pour inciter les agriculteurs à adapter leurs stratégies pour des systèmes de production plus durables du point de vue environnemental. La réduction de l'utilisation des pesticides de synthèse est un élément central de la transition agroécologique. Cet article recense et discute les principaux outils mobilisables que sont la taxation et les diverses formes de soutien, dont les Paiements pour Services Environnementaux (PSE). Il étudie ensuite la possibilité d'un soutien à la non utilisation de pesticides de synthèse pour les grandes cultures, sur la base de l'OTEX n° 15 du RICA, en calculant les montants de subventions nécessaires dans diverses situations, selon quatre facteurs clés (niveaux de baisse de rendement et de la conjoncture de référence, conversion ou non à l'agriculture biologique et niveau de plus-value correspondant). Enfin, ces propositions sont discutées en termes de modalités et d'incidences sur l'économie et les filières.

Abstract: *Public policies are an important lever for encouraging farmers to adapt strategies to implement more sustainable farming systems. Reducing the use of synthetic pesticides is a central element of agroecological transition. This article identifies and discusses main tools that can be mobilized, namely taxation and various types of support, including payments for environmental services (PES). It then studies the possibility of a specific public support for the non-use of synthetic pesticides for arable crops, based on the French RICA, OTEX N° 15, calculating the amounts of required subsidies, in various situations, according to*

* Agro-économiste, Université Clermont Auvergne, INRA, VetAgro Sup, UMR Herbivores, 63122 Saint-Genès-Champanelle, France.
** Agro-économiste, Institut de l'agriculture et de l'alimentation biologiques, 149 Rue de Bercy, 75012 Paris.

four key factors (levels of yield decrease and baseline economic situation, conversion or not to organic farming and corresponding level of price premium). Finally, these proposals are discussed in terms of modalities and implications for the economy and value commercial channels.

De nombreux travaux ont mis en évidence les limites de l'Agriculture Conventionnelle (AC) en termes d'impacts environnementaux et sociaux négatifs, proposant alors l'agroécologie comme vecteur de transformation. Les systèmes de production ancrés dans l'agroécologie visent en effet, en particulier, à réduire de façon très significative l'utilisation d'intrants de synthèse. Le rapport Guillou *et al.* (2013) a rappelé les leviers à mettre en œuvre pour de tels systèmes, avec deux dimensions clés, l'autonomie en intrants et la diversification des systèmes, qui sont d'ailleurs souvent couplées. Les exploitations labellisées en Agriculture Biologique (AB) sont amenées à mettre en œuvre ces leviers ; certes, leur nombre progresse de 10 à 15 % par an depuis plusieurs années, avec près de 37 000 exploitations agricoles en 2017, mais la part de l'AB en France ne représente, fin 2018, qu'environ 7 % de la SAU nationale (Agence-Bio 2018).

L'intérêt majeur attendu des systèmes de production basés sur les principes de l'agroécologie réside dans la forte réduction, voire la suppression, de l'utilisation des pesticides de synthèse dont les effets négatifs sont de mieux en mieux identifiés, tant sur les milieux naturels avec la perte de biodiversité associée, que sur les ressources en eau et sur la santé humaine. Or, l'un des problèmes importants de nos systèmes de production est le « *shading* » (Princen 2002) : les coûts généraux induits par les actes privés de production sont répercutés sur des dépenses portées par la collectivité (budget public), et ne sont pas directement « visibles ». Pigou (1920) met ainsi en avant le rôle déterminant des externalités : il y a externalité lorsque l'activité de production d'un agent a une influence sur le bien-être d'un autre sans qu'aucun ne reçoive ou ne paye une compensation pour cet effet. Des travaux essaient de révéler les valeurs de ces externalités, dans le but notamment de réduire les pollutions et de préserver et valoriser les services environnementaux et sociaux. Cette meilleure prise en compte des externalités générées vise à davantage les « internaliser » dans des coûts globaux.

La quantification puis l'évaluation économique de ces externalités négatives des pesticides représentent un enjeu important. L'étude de Sautereau et Benoit (2016) a cherché à quantifier et chiffrer économiquement les externalités de l'AB. Elle montre que cette quantification et ce chiffrage restent difficiles pour plusieurs raisons, dont l'identification des effets propres des pesticides dans des processus multifactoriels (par exemple la mortalité des abeilles ou l'occurrence de maladies telles que les cancers) ; les effets différés dans le temps ; les effets à faible dose et les effets « cocktail ».

Cette étude montre aussi que, au-delà de l'identification puis de la quantification des externalités négatives, le chiffrage économique de leur coût pour la société présente aussi des difficultés méthodologiques importantes, par exemple pour attribuer une valeur à la biodiversité, ou à la vie humaine au regard de décès évités. Malgré ces difficultés, cette étude souligne les bénéfices de l'AB permettant de justifier un soutien public financier reposant sur ses atouts pour la société.

Dans ce chapitre, nous proposons d'examiner, dans une première partie, les différents dispositifs de politique publique ciblés sur la réduction de l'utilisation des pesticides de synthèse et le soutien à l'AB, avec l'émergence de nouvelles approches telles que les Paiements pour Services Environnementaux (PSE). Dans une seconde partie, nous mettons en évidence les éléments majeurs à prendre en compte pour une mesure d'accompagnement de la non utilisation de pesticides. Au vu des difficultés méthodologiques de quantification économique des services rendus et des liens précis aux pratiques, nous proposons une approche, plus classique, de compensation des revenus nécessaire pour accompagner les démarches de non-utilisation des pesticides de synthèse, en ajoutant une composante incitative de façon à renforcer l'adhésion à cette démarche.

Quels dispositifs de politiques publiques pour accompagner la transition vers l'agroécologie ?

Le CGAER (Conseil Général de l'Alimentation, de l'Agriculture, et des Espaces Ruraux) (CGAAER 2016 : 8) indique que de nombreux plans visant à réduire les intrants (phytosanitaires et engrais) n'ont pas eu les effets escomptés : « Depuis 1995, des programmes d'encouragement aux changements de pratiques telles que Fertimieux, Agrimieux, les CAD (Contrats Agriculture Durable), les CTE (Contrats Territoriaux d'Exploitations), les MAE (Mesures Agri-Environnementales) et le PVE (Plan Végétal pour l'Environnement) n'ont guère apporté de changement substantiel (…). Il faut donc agir à la source ». Les plans de réduction des utilisations de produits phytosanitaires, Ecophyto I (2007-2009) et II (2009-2014), n'ont pas empêché une hausse de la consommation des pesticides. Ce rapport indique que les seules expériences ayant eu « des effets remarquables », qu'elles soient régulées par le public ou le privé, concernent l'AB. La question de la réduction de l'utilisation des pesticides de synthèse et de la définition de politiques publiques pour l'accompagner est ancienne, comme le rappellent Aubertot *et al.* (2005). Nous montrons ici qu'il existe une large gamme d'outils de régulation et de maitrise de leur utilisation. Les leviers d'action consistent à internaliser les externalités, en agissant sur les externalités négatives par le principe de taxes, ou à introduire des paiements conditionnels pour développer des externalités positives environnementales et de santé directement liées aux pratiques mises en œuvre. Des niveaux de conditionnalité élevés sur les pratiques et systèmes de production (AB, systèmes « zéro pesticide ») justifient alors des aides aux producteurs (Guyomard *et al.,* 2018).

La taxation des intrants

Les taxes visent à infléchir les comportements d'achat d'intrants polluants en se référant au principe du pollueur payeur. Les taxes peuvent ou non être retournées de façon indirecte aux pollueurs *via* des compensations, comme pour les taxes dites « pigouviennes » annulant ou limitant ainsi les coûts supplémentaires pour des publics cibles, à faibles revenus par exemple.

La taxation des intrants polluants est souvent présentée comme la base même d'une politique de réduction des pollutions (Aubertot *et al.*, 2005). La taxation est moins coûteuse que les instruments d'intervention alternatifs, *e.g.* les subventions à l'emploi de pratiques spécifiques, la mise en œuvre et la gestion étant plus simples, tant pour les pouvoirs publics que pour les agriculteurs. Elle est efficace car elle agit au cœur du problème : en diminuant la rentabilité des intrants polluants, elle tend à en défavoriser l'utilisation et à favoriser toute pratique de production économe en ces intrants.

La taxation est un outil applicable soit de façon uniforme (taux standard pour tous les pesticides), soit en tenant compte de leur niveau de toxicité. Néanmoins, cette seconde option peut être lourde à mettre en œuvre du fait d'un consensus sur la définition des seuils de toxicité difficile à construire ; de la difficulté de cerner la notion de toxicité qui nécessite de prendre en compte la présence des métabolites, les effets cocktail, cumulatifs, et de long terme ; du coût élevé d'évaluation des niveaux de toxicité; de l'utilisation d'adjuvants dont la forte toxicité potentielle est démontrée (Mesnage *et al.*, 2014) mais qui n'est pas clairement reconnue par la réglementation de mise en marché des pesticides (Mesnage *et al.*, 2015).

Des travaux soulignent néanmoins les difficultés liées à la taxation. Femenia et Letort (2016) montrent qu'il faut tenir compte de plusieurs facteurs, notamment la très forte influence du niveau de conjoncture sur l'utilisation des pesticides et sur le niveau de taxation nécessaire, l'acceptabilité de niveaux de taxation élevés (et la question de la distorsion de concurrence avec des pays n'appliquant pas de telles taxes), et la capacité des agriculteurs à adopter des itinéraires de production « bas intrants ». Les auteurs soulignent, en conclusion, qu'une politique de taxation devrait être accompagnée d'autres types de mesures pour induire un effet significatif sur la réduction de pesticides.

Des subventions aux agriculteurs

Les agriculteurs en AB ont la possibilité, actuellement, de bénéficier de soutiens directs à savoir : le crédit d'impôt bio (3 500 €/an/exploitation en 2018), instauré en 2011, qui vise en particulier les petites exploitations agricoles (peu aidées *via* les mécanismes de soutien à l'hectare) ; les aides du deuxième pilier de la PAC pour la conversion et pour le « maintien » en AB. Pour cette dernière aide, il est à noter toutefois que certaines régions ne l'ont pas maintenue et que le ministre de l'Agriculture a annoncé, en septembre 2017, l'arrêt de la part de l'État dans cette aide.

Le prix en général plus élevé des produits de l'AB repose sur un consentement à payer d'une partie des consommateurs pour des produits auxquels ils attribuent des qualités additionnelles, dont l'une est d'être issue d'un mode de production plus respectueux de l'environnement (Agence BIO/CSA, 2018). Il existe donc une certaine rémunération par le marché des bénéfices de l'AB pour la société. Mais il est établi par les travaux en économie publique (Samuelson, 1954) que ce mécanisme de contribution volontaire des consommateurs ne permet pas d'atteindre un niveau satisfaisant de financement de services à caractère public. Ce que les consommateurs des produits de l'AB paient en achetant ces produits plus cher que les produits de l'AC « équivalents » est inférieur à ce qu'ils seraient prêts à payer pour obtenir un environnement plus préservé. Il y a deux raisons à cela : les consommateurs sont contraints par leur demande alimentaire car, même s'ils sont très pro-environnementaux, ils ne vont pas acheter plus d'aliments AB qu'ils n'en ont besoin pour se nourrir ; tout mécanisme de contribution volontaire pour la production d'un bien public tend à une sous-production du bien public (problème de coordination des acteurs) (Samuelson 1954). Ainsi, il est établi qu'une politique agri-environnementale qui consisterait à laisser les marchés de l'AB s'occuper de la demande d'un environnement exempt de pollutions d'origine agricole ne répondrait que de manière très insuffisante aux attentes des citoyens pour un environnement préservé. Aussi, une subvention à l'AB vient compléter la rémunération *via* le marché, d'autant plus que la pérennité de prix plus élevés en AB n'est pas garantie. Par ailleurs, dans l'articulation entre prix plus élevés et soutiens publics se joue la question d'une plus grande équité d'accès aux produits bio.

Des Paiements pour Services Environnementaux (PSE)

La rémunération des externalités positives et les Paiements pour Services Environnementaux (PSE) apparaissent comme des concepts nouveaux dans les politiques publiques (Ripoll-Bosch *et al.,* 2013). Les externalités positives peuvent être environnementales (stockage carbone, qualité de l'eau…) et, à ce titre, pourraient bénéficier de PSE, ou sociales (aménités paysagères, santé humaine, bien-être animal...), et pourraient bénéficier d'autres types de paiements à définir (« paiements pour services sociaux »).

Un large spectre de définitions de PSE existe. L'étude de Duval *et al.* (2016 : 110) a retenu « cinq critères essentiels pour qualifier un PSE : le premier est le caractère volontaire de la fourniture du service ; le deuxième est l'identification précise du service qui est rémunéré et des pratiques qui le favorisent ; les troisième et quatrième sont la conditionnalité et l'additionnalité du paiement qui n'a lieu que si les exigences environnementales sont respectées (conditionnalité) et que s'il permet une amélioration des fonctions écologiques par rapport à un scénario sans PSE (additionnalité) ; le cinquième a trait à l'aspect incitatif du paiement, permettant d'aller au-delà de la simple compensation des coûts et pertes de recettes engendrés par le changement de pratiques, pour réellement inciter à les mettre en œuvre ».

Dans le cadre d'un atelier international au sein du projet PESMIX sur les PSE, Karsenty *et al.* (2014) soulignent qu'il s'agit de poser la question en termes d'adoption d'un usage particulier des terres en contrepartie d'une rémunération, et non pas « d'achat » d'un service écosystémique. Selon les auteurs, l'entretien d'une certaine ambiguïté sémantique, qui tend à confondre moyens (pratiques humaines) et résultats (en matière de maintien ou de restauration de services écosystémiques), entrave l'opérationnalité juridique de l'instrument. En particulier, si l'objet porte sur un ou des services non évaluables, le contrat pourrait, par exemple, être considéré juridiquement comme nul. Or, des incertitudes scientifiques demeurent dans les relations de cause à effet entre des pratiques agricoles et leurs niveaux d'impacts écologiques. C'est pourquoi les PSE se basent le plus souvent sur des

« proxies » (généralement un certain usage des terres), plus que sur des résultats mesurés en termes de quantité/qualité de services écosystémiques obtenus, même si ces derniers restent, dans l'absolu, l'objectif ultime des PSE.

Ainsi, des dispositifs privés avec des contrats visant à rémunérer des pratiques ciblées, du type de ceux de Vittel (Depres *et al.,* 2008), peuvent être aussi mobilisés. On peut aussi citer le projet *Interreg Channel Payments for Ecosystem Services* en cours (CPES, 2017-2021), dans lequel des incitations pour les agriculteurs à mettre en œuvre des méthodes agricoles plus écologiques sont financées *via* la mise en place d'un marché avec des utilisateurs. L'enjeu de la fixation des montants à payer aux agriculteurs est de parvenir à définir un niveau de paiement qui incite au changement de pratiques au coût le plus ajusté possible. Les approches technico-économiques basées sur les coûts des pratiques et les pertes de recettes sont courantes (coûts d'opportunité calculés à l'hectare). Cependant, ce mécanisme de soutien à l'hectare pose la question classique de la conciliation entre efficacité et équité, le système d'aides à la surface favorisant de fait les exploitations de grande taille, alors que le principe d'équité constitue l'un des fondements de la politique de développement rural (Dupraz *et al.,* 2001).

La fixation du montant du paiement peut aussi s'appuyer sur l'approche des coûts de transaction privés. Théorisés par Coase (1937) et développés par Williamson (1994), les coûts de transaction représentent l'ensemble des coûts auxquels un agent économique doit faire face lors d'un nouveau contrat : coûts d'information, de négociation, de recherche de partenaires, de contrôle. Par ailleurs, un certain nombre de méthodes visent à approcher le « consentement à recevoir » des agriculteurs tout en ajoutant une composante incitative, de façon à tenir compte du comportement d'auto-assurance des agriculteurs face à une gestion des risques (Duval *et al.,* 2016).

Notre proposition est ici d'étudier quel serait le montant nécessaire d'un paiement par hectare permettant de compenser une baisse de revenus, essentiellement liée à la baisse de rendement, malgré la baisse de charges, en cas de non-utilisation d'intrants de synthèse. Nous discutons de l'impact de paramètres techniques et économiques sur le montant de compensation nécessaire pour maintenir le résultat courant de l'exploitation, voire de l'augmenter sensiblement (environ + 10 k€) de façon à couvrir certains coûts induits non pris en compte, et les risques et incertitudes liés aux changements de pratiques.

Quel niveau de soutien public pour accompagner la non-utilisation des pesticides et azote de synthèse ?

Nous proposons ici des calculs pour mettre en évidence les facteurs clés d'un dispositif visant à accompagner la non-utilisation de pesticides de synthèse. Nous examinons les conditions de sa mise en œuvre et nous discutons des effets potentiels plus larges.

Pour une plus grande cohérence, nous associons la non-utilisation des engrais de synthèse (azote en particulier) à celle des pesticides de synthèse. Rappelons que des travaux montrent, par exemple, le lien entre utilisation importante de fertilisant (dont l'azote) et la propension des végétaux cultivés à être la cible de ravageurs (pucerons par exemple) (Hosseini *et al.*, 2018 ; Tamburini *et al.*, 2018). La sous-cription à une telle mesure induirait une baisse des rendements. Accessible aux fermes en AB, cette mesure ne leur serait pas réservée même si la conversion en AB offre, par ailleurs, la possibilité d'accéder à des plus-values significatives sur la vente des produits.

Nous étudions le cas des grandes cultures, au vu de leur emprise territoriale importante en France (46 % de la Surface Agricole Utile – SAU – hors parcours) et du volume total de pesticides qu'elles représentent à l'échelle nationale (67 %, en valeur, de l'ensemble des pesticides de l'agriculture) (Butault *et al.*, 2010).

Matériel et méthode

• Démarche globale

Cette étude a été réalisée sur la base des données du RICA (Réseau d'Information Comptable Agricole) et plus particulièrement sur l'OTEX 15 (Orientation Technico-Économique d'Exploitation) « Céréales, Oléagineux, Protéagineux » (COP) (voir Encadré n° 1). Nous avons utilisé les valeurs moyennes de ce référentiel des grandes cultures en France pour ce qui concerne la structure des exploitations (taille) et les composantes du revenu, en particulier le produit des cultures et les intrants.

Encadré n° 1 – Le Réseau d'Information Comptable Agricole (RICA) et la représentativité de l'OTEX 15

Le RICA*, qui permet d'évaluer le revenu des exploitations agricoles, a été mis en place en France en 1968 puis étendu au niveau européen (Farm Accountancy Data Network) de façon harmonisée. La collecte des données comptables est réalisée à partir d'un échantillon d'exploitations agricoles professionnelles, l'objectif étant de disposer de données représentatives selon trois critères : la région, la dimension économique et l'orientation technico-économique. Un coefficient d'extrapolation est attribué à chaque exploitation de la base ; il correspond au nombre d'exploitations réelles qu'elle représente. Cette méthode permet d'extrapoler les données de la base à l'ensemble de l'univers étudié (système, région, pays). En 2014, le RICA compte 7 284 exploitations. L'OTEX 15, concernant les grandes cultures, est la plus importante, avec 17,8 % des exploitations. Les coefficients d'extrapolation minimum et maximum y sont, respectivement, de 7,3 et 436,1. Le coefficient moyen d'extrapolation de 50,5 pour l'OTEX 15 (et de 41 pour l'ensemble) et son application par région sont deux des limites de l'objectif de représentativité de la base. Néanmoins, on peut considérer que la « ferme moyenne » de l'OTEX 15 donne une bonne image des fermes spécialisées grandes cultures françaises, surtout si l'on s'en arrête aux descripteurs globaux. Une autre limite de l'utilisation du RICA concerne la faible représentation des fermes en bio. Par construction, par rapport à la représentativité des systèmes au sein de la « Ferme France », la taille de l'échantillon des fermes bio est très restreinte : 22 exploitations en AB dans l'OTEX 15 en 2014, sur un total de 1 084. Par conséquent, il n'a pas été possible de construire des hypothèses de baisse des rendements et de coût des intrants sur la base de cet échantillon de fermes.

---

*http://agreste.agriculture.gouv.fr/enquetes/reseau-d-information-comptable/a-propos-du-rica-978/

L'objectif de non utilisation de pesticides et engrais de synthèse nous a conduit à construire des hypothèses autour du niveau de baisse importante (voire suppression) du poste « charges de pesticides » ; de la forte baisse du poste « fertilisation » ; de la hausse éventuelle du poste « semences » (cas d'une production en AB, avec nécessité d'avoir recours à des semences certifiées) ; de la baisse de rendement engendrée par cette réduction d'intrants.

Ces hypothèses nous ont permis de calculer un nouveau RCAI (Résultat Courant Avant Impôt) et ainsi d'évaluer la compensation par hectare nécessaire pour retrouver le RCAI de base.

Deux autres variables sont prises en compte dans la construction de scénarios : le niveau de la conjoncture de base (prix de vente des produits des grandes cultures), *via* le calcul du « produit brut végétaux » ; la plus-value possible des produits sous label AB si une conversion est réalisée en parallèle à la suppression des produits de synthèse.

L'objectif des simulations est d'évaluer les incidences de la combinaison de diverses hypothèses portant sur ces variables, sur le RCAI.

• Niveaux des hypothèses retenues

Nous fondons nos hypothèses de niveaux d'intrants des fermes en AB sur un document du CER-France (2018) portant sur l'étude de 70 fermes en AB *vs* 1 926 en AC, pour l'année 2016, dans l'Est et le Nord-Est de la France. Certes, les conditions climatiques de 2016 ont été défavorables aux cultures. Néanmoins, les chiffres retenus apparaissent cohérents, même s'ils sont peut-être légèrement biaisés pour les fermes en AC (moindres rendements ; potentiellement plus de fongicides de printemps). Les écarts relevés dans cette étude et utilisés dans notre travail sont les suivants (en €, AB *vs* AC) : -90 % de pesticides, -70 % d'engrais, +64 % de semences. Notons que nous n'avons pas modifié les frais de mécanisation par ha (écart non significatif, à +0,5 %, dans les références utilisées).

Le niveau de baisse de rendement est une hypothèse forte en termes d'impact économique. La méta-analyse de Seufert *et al.* (2012) donne le chiffre de -26 % de rendement pour les céréales AB *vs* en AC. D'autres études suggèrent que l'écart de rendement entre AB et AC peut être réduit. Ponisio *et al.* (2014) montrent ainsi qu'il peut être divisé par deux dans les situations où les rotations sont rallongées, en diversifiant les cultures, et lorsque les légumineuses ont une place spécifique. Par ailleurs, les rotations peuvent faire intervenir des cultures pour lesquelles les baisses de rendements sont susceptibles d'être limitées (oléagineux, dont le tournesol par exemple) ou des cultures à moindre rendement visant à optimiser les résultats à l'échelle de la rotation (céréales de printemps par exemple). Anglade *et al.* (2015) notent quant à eux, en zone de grandes cultures en France, un écart de rendement de 40 % entre AB et AC pour les céréales et de 25 % pour les oléagineux. De Cordoue *et al.* (2018) s'appuient sur des statistiques Agreste qui indiquent, pour le blé tendre, sur les campagnes 2015-2017, des rendements bio en moyenne à 52 % des rendements moyens français, avec une très forte variabilité selon les régions, la nature du précédent et la conduite de la culture. Cependant, les auteurs soulignent que les parcelles bio sont actuellement davantage présentes dans des zones à moindres potentiels de rendement, ce qui peut être source de biais dans la comparaison. Aussi, nous avons réalisé des simulations selon deux hypothèses contrastées de baisse de rendement : -50 % et -25 %, afin de couvrir une large gamme de situations.

Du fait des fortes variations du contexte économique des grandes cultures des dernières années (coût de l'énergie, marché des grandes cultures), nous retenons la moyenne des cinq dernières années (2010-2014) pour l'OTEX 15 pour construire le référentiel économique de base. Les revenus calculés dans les diverses simulations ne tiennent pas compte de la variation des cotisations sociales engendrées par les variations de résultat courant.

• Présentation du référentiel

En moyenne des années 2010-2014, l'OTEX 15 représente 17,1 % des exploitations agricoles françaises (Annexe 1). La période retenue (2010-2014) présente une forte variation des conjonctures (prix de vente des grandes cultures, énergie) et du soutien public, avec une baisse des aides en fin de période. Les fluctuations de revenus sur cette période sont surtout liées à l'évolution du prix des produits. Notons, par exemple, que le prix du blé conventionnel, qui fluctue entre 110 et 250 € la tonne entre 2010 et 2014 avec une valeur moyenne proche de 200 €, s'est dégradé sur la période 2014-2018 avec une valeur moyenne proche de 165 €/t. La figure 1 montre que le niveau de la plus-value des produits en AB par rapport au conventionnel varie d'un minimum de 20 % pour le tournesol en 2012/2013 à un maximum de 210 % pour le blé en 2009/2010, cette plus-value (pour le blé) se réduisant à 70 % en fin de période. Dans les scénarios réalisés, nous avons retenu le niveau de 50 % de plus-value qui peut être considéré comme un niveau plancher dans la conjoncture actuelle de demande toujours forte de produits en AB (Fig. 1).

La surface moyenne des fermes de l'OTEX 15 est de 124 ha, avec seulement neuf hectares de SFP (Surface Fourragère Principale) gérés extensivement. Le « poids » économique de l'utilisation de produits phytosanitaires est élevé : ce poste représente 60 % du résultat courant et 13 % du produit brut végétaux. La dépense Produits Phyto + Engrais représente en moyenne 141 % du résultat courant et 31 % du produit brut végétaux. Ces résultats moyens couvrent de fortes variations selon les années mais montrent la place importante de ces charges, en particulier en 2013 et 2014 lorsque l'écart entre coûts des intrants (phyto et pesticides) et prix de vente se creuse (Fig. 2).

• Scénarios retenus

Le simulateur est basé sur les résultats économiques moyens de l'OTEX 2015. Il vise à moduler le niveau de quatre variables (postes engrais, fertilisants et semences ; rendement moyen) pour étudier leur impact sur le niveau de RCAI. Deux autres variables complémentaires sont ensuite intégrées à la construction des scénarios : les niveaux de conjoncture et de plus-value éventuelle sur les produits (certification en AB). Nous combinons les niveaux de ces différentes variables pour construire des scénarios contrastés (S0 à S10, voit Tab. 1). Les simulations sont construites selon deux possibilités : soit calculer en sortie le niveau de soutien qui permet d'atteindre le RCAI de référence (base) majoré d'une marge d'incitation ; soit calculer le niveau de RCAI obtenu avec un niveau de soutien donné. Neuf scénarios sont ainsi construits, déclinés ensuite sur deux hypothèses de baisses de rendement (25 % et 50 %).

Fig. 1 – Rapport de prix entre produits en AB et en conventionnel (blé tendre, maïs grain, triticale, tournesol et Féverole) (France)

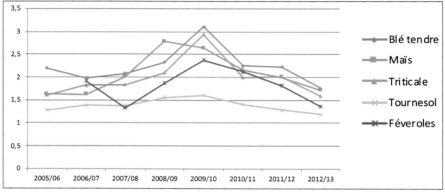

Source : FranceAgriMer, 2015.

Fig. 2 – Part des charges de produits phytosanitaires et des engrais ramenées au résultat courant avant impôt (après déduction des charges sociales)

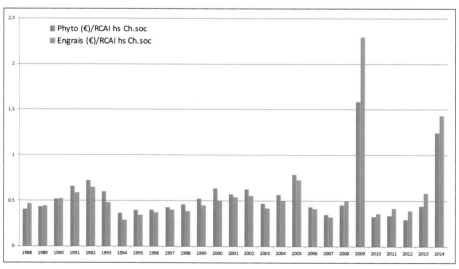

Valeurs de l'année 2009 supprimées car RCAI proche de zéro ; chute du RCAI en 2013-14.
Source : http://agreste.agriculture.gouv.fr/enquetes/reseau-d-information-comptable/a-propos-du-rica-978/

Tab. 1 – Étude de scénarios

Scénarios	Conjoncture (produits conventionnels)	Plus-value sur les produits (AB)	Compensation financière (€/ha)	Effet sur le RCAI*
S0 (base)	Référence 2010-2014	0	0	Niveau de base
Baisse de rendement des cultures de 50 %				
S1	inchangée	0	0	↘ 86 % (-37,6 k€)
S2	inchangée	0	200	↘ 34 % (-14,8 k€)
S3	inchangée	0	330	= 0 % (+0,1 k€)
S4	+50 %	0	330	↘ 31 % (-36,0k€)
S5	+50 %	50 %	330	↘ 10,5 % (+12,2 k€)
S6	+50 %	0	746	↘ 10 % (+11,6 k€)
S7	inchangée	50 %	0	↘ 17 % (-7,5 k€)
S8	inchangée	50 %	100	↘ 9 % (+4,0 k€)
S9	+100 %	0	1 043	↘ 5 % (+10 k€)
S10	+100 %	30 %	722	↘ 5 % (+10 k€)
Baisse de rendement des cultures de 25 %				
S1b	inchangée	0	0	↘ 3 % (-1,5 k€)
S2b	inchangée	0	200	↘49 % (+21,4 k€)
S3b	inchangée	0	330	↘ 83 % (+36,3 k€)
S4b	+50 %	0	330	↘ 16 % (+18,2 k€)
S5b	+50 %	50 %	0	↘ 48 % (+55,8 k€)
S6b	+50 %	0	272	↘ 10 % (+11,6 k€)
S7b	inchangée	50 %	0	↘ 107 % (+46,8 k€)
S8b	inchangée	50 %	100	↘ 133 % (+58,2 k€)
S9b	+100 %	0	411	↘ 5 % (+9,4 k€)
S10b	+100 %	30 %	0	↘ 11 % (+21,5 k€)

Situation de base S0 (OTEX 15, 2010-2014) et 2 x 10 scénarios combinant les hypothèses de niveau de compensation financière, de plus-value éventuelle sur les produits, de niveau de la conjoncture de base. Effets sur le RCAI (Résultat Courant Avant Impôt ; hors évolution des cotisations sociales). Les scénarios ont été réalisés sur une hypothèse de baisse de rendement de 50 % (S1 à S10) et de 25 % (S1b à S10b).
Cases blanches : hypothèses de simulation – Cases grises : résultat de simulation.
*RCAI : Résultat Courant Avant Impôt.

S0 représente la situation de base (référentiel OTEX 15 ci-dessus ; moyenne 2010-2014). Les scénarios S1 à S10 sont réalisés avec une baisse du rendement et donc du produit des cultures de 50 % ; les scénarios S1b à S10b sont construits selon la même logique, mais avec une baisse de seulement 25 %.

Le tableau 1 donne l'évolution du RCAI (dernière colonne), qui peut être un résultat (case RCAI en grisé) ou une hypothèse (case RCAI blanche) à partir de laquelle nous avons évalué le niveau de compensation nécessaire (S6 et S6b, S9 et S9b, S10 et S10b) ou le niveau de plus-value sur le produit en AB nécessaire (S5). Les données précises de ces 20 scénarios sont disponibles en Annexe 2.

Résultats

• Incidence d'une plus-value AB sur les produits

Le type de compensation étudié n'implique pas la certification à l'AB et la plus-value des produits à la vente n'est donc pas acquise, même si la suppression des pesticides et engrais de synthèse sont les éléments essentiels d'une conversion à l'AB. Par ailleurs, un développement de la production pourrait conduire à une réduction du niveau de plus-value sur les produits, ce qui nous amène à réaliser des simulations sans prise en compte de plus-value. Cela nous permet d'élargir l'analyse de sensibilité des différents facteurs affectant le niveau d'une compensation.

Dans la situation sans plus-value AB, les simulations S1, S2 et S3 montrent qu'il faudrait *a minima* 330 €/ha pour maintenir le niveau de revenu.

Un niveau de plus-value sur l'ensemble des produits de +50 %, cohérent avec la conjoncture 2015-2016 des produits biologiques, ne permet pas, sans aide, de maintenir le résultat courant qui baisse de 17 % (S7). Une rémunération de 100 €/ha permet alors une augmentation de RCAI de 9,1 % (S8).

Sans plus-value AB, avec une hausse de la conjoncture de base des produits conventionnels de 50 %, une rémunération de 330 €/ha ne permet pas de maintenir le revenu qui baisse de 31 % (S4). Une rémunération de 746 €/ha devrait alors être versée pour augmenter de 10 % le revenu (11,6 k€ ; S6). Une plus-value de 50 % sur les produits aurait un effet comparable (+10,5 % de revenu avec 330 €/ha de rémunération ; S5).

• Généralisation des résultats

Les équations présentées dans l'encadré n° 2 permettent de généraliser les résultats. Elles prennent en compte l'ensemble des variables décrites précédemment.

L'application de ces équations permet de montrer que, pour assurer un gain de RCAI de 0 à 10 000 € sur une gamme de variation de prix des produits conventionnels de -20 à +50 %, et dans le cas d'une réduction de rendement de 50 %, le niveau de compensation par ha de culture varie de :
- 300 € à 700 €/ha dans la situation sans plus-value AB ;
- 100 à 300 €/ha dans le cas d'une plus-value AB de 50 %.

Sur la base de la conjoncture conventionnelle des 5 années retenues (OTEX 15), soit au niveau « 0 % d'évolution de prix de base », la compensation devrait être de :
- 400 €/ha dans la situation sans plus-value AB ;
- 150 €/ha environ dans le cas d'une plus-value de 50% sur les produits AB.

**Encadré n° 2 –Calcul du différentiel de RCAI
et du niveau de compensation**

Soit :
SAU = Surface exploitation = surface de cultures
Ro = RCAI initial ;   R1 = RCAI après adaptation
Rdto = rendement culture initial (T/ha) ;   Rdt1 = après adaptation (T/ha)
PXo = Prix de vente des cultures initial (€/T)
Y = % variation conjoncture de base (prix de vente conventionnel)
K = % de plus-value sur les produits (vente en l'AB)
Fo, Po, So, respectivement coûts par Ha des Fertilisants, Pesticides, Semences en situation de base
%F, %P, %S, respectivement, variation des couts de Fertilisants, Pesticides, Semences en AB
Incit = Surplus de revenu visé (€) pour incitation à l'adoption
S/ha = Soutien €/ha

Variation du produit brut culture :
$\quad \Delta P = SAU . [PXo . (1+Y) . (Rdt1 . (1+K) - Rdto)]$
Variation des charges :
$\quad \Delta C = SAU . (Fo . \%F + Po . \%P + So . S\%)$
Variation de RCAI AB :
$\quad \Delta RCAI = \Delta P - \Delta C$
Soutien par ha   :
$\quad$ Si [R1 < Ro+Incit] alors S/ha = (Ro-R1+Incit) . SAU^{-1}

Notons cependant que dans la situation très favorable – et observée fréquemment depuis une dizaine d'années – d'une plus-value de 100 % sur les produits AB, le surplus de RCAI (AB *vs* AC) atteint 28 700 €, ceci quelle que soit l'évolution du prix de vente des produits de référence puisque cette plus-value de 100 % compense intégralement l'écart de rendement de 50 %. Dans cette situation, aucun soutien (compensation) n'est donc nécessaire. Ce surplus de RCAI est donc directement lié, à produit de ventes constant, à l'écart de charges (engrais et pesticides).

• Des baisses possibles du prix des produits

Une autre façon d'interpréter les résultats est de calculer la baisse possible du prix de vente des produits bio que permettrait le versement d'une compensation, pour un RCAI identique à la référence de base (Annexe 2). Ainsi, par exemple, avec une baisse de rendement limitée à 25 %, en S2b, le RCAI peut être maintenu malgré la baisse du prix des produits de 20 % et avec une compensation de 200 €/ ha et par an ; sans baisse de prix, le RCAI augmente de 49 %.

Nous pouvons donc relever des situations favorables (baisse de rendement limitée, en particulier ; niveau de compensation substantiel) dans lesquelles la rémunération proposée permettrait de mettre en marché des produits à un prix identique à celui des produits de référence (système conventionnel), ce qui entrerait dans le cadre d'une démarche d'équité pour favoriser l'accès à ces produits pour des ménages à faible pouvoir d'achat.

Discussion

• Affiner les hypothèses et distinguer la diversité des systèmes de culture

Notre objectif a été d'approcher les conséquences d'une forte baisse de l'utilisation d'intrants sur les performances économiques des exploitations de grande culture. Nous avons travaillé seulement sur de grandes masses et des hypothèses globales afin d'identifier les éléments déterminants de la performance économique. À ce titre, le RICA s'est avéré bien adapté pour disposer d'une situation représentative de l'exploitation de grandes cultures moyenne française, mais, *a contrario*, nous n'avons pas pu décliner ce travail pour la diversité de systèmes de cultures et de régions. Par ailleurs, les baisses de rendement ont été uniformément prises en compte sans distinguer les diverses cultures de la rotation ni sa durée. Au-delà de la suppression (pesticides de synthèse) ou de la forte réduction (fertilisants, en particulier azote) des intrants et de la réduction des rendements, nous n'avons pas pris en compte la reconception nécessaire des systèmes de culture et la mise en place de nouveaux itinéraires techniques, avec de nouvelles rotations et de nouveaux produits, ni les conséquences biophysiques à court et long termes qui pourraient faire évoluer les hypothèses de baisse de rendement par exemple.

• Éléments de réflexion pour la mise en œuvre d'une telle mesure

◊ *Niveau d'incitation pour déclencher la souscription*
Pour un agriculteur, le passage en zéro pesticide chimique est difficile car, d'une part, cela nécessite un changement complet de mode de production, d'organisation et de commercialisation et, d'autre part, cela génère d'autres coûts, comme ceux liés à de nouveaux équipements et à des investissements structuraux de long terme (infrastructures paysagères par exemple). Une espérance de gain de revenu significative est ainsi nécessaire, gage également d'un non-retour en arrière dans le cas d'une forte fluctuation à la hausse du marché des produits de grande culture. C'est la raison pour laquelle nous avons fait des simulations avec un objectif de +10 k€ de revenu.

◊ *Lisser les effets de fluctuation de la conjoncture de base*
Nous savons que les conversions en AB sont très corrélées aux crises conjoncturelles dans le conventionnel, comme celles ayant touché, par exemple, la filière laitière au début des années 2000, ou la viticulture dans les années 2009-2010. La fluctuation de la conjoncture de base peut poser la question du mode de calcul et de l'actualisation d'une rémunération des externalités, sachant que les programmations d'aides de la PAC de cinq à sept ans figent le montant des aides, alors que les marchés sont beaucoup plus volatils. L'ajustement du montant sur le prix des produits conventionnels serait théoriquement le plus efficace pour maintenir le niveau d'incitation, mais cela n'est pas compatible avec le mécanisme de soutien actuel (règles de l'OMC). L'intérêt de l'utilisation des intrants (pesticides et engrais) est accentué par des cours élevés des produits conventionnels (Femenia et Letort,

2016). En 2009, alors que les cours du blé étaient au plus bas, les pesticides et fertilisants représentaient 47 % du produit de vente des produits végétaux. Ce taux est passé à 27 % de 2010 à 2012 et se stabilise à 36-37 % en 2013 et 2014. Avec une augmentation du prix des produits des cultures conventionnelles de 50 %, ce taux serait, sur la moyenne 2010-2014, de 20 %, au lieu de 31 % observé sur cette période, avec ainsi une forte incitation à utiliser ce type d'intrant.

◊ *Conditions de versement de l'aide*

Nous avons sous-entendu une politique de rémunération basée sur un versement par hectare, mécanisme le plus souvent utilisé, mais qui peut être vu comme non équitable. Le principe d'équité pourrait suggérer de concevoir d'autres modes de soutiens. En effet, si la vocation des aides directes est effectivement le soutien du revenu, une réflexion devrait être menée sur la corrélation entre montant des aides versées, niveau et variabilité du revenu agricole hors aide, et nombre de travailleurs sur l'exploitation (Lécole et Thoyer, 2015).

Des ajustements pourraient être préconisés. Certains types d'aides ont un plafond lié à un maximum d'hectares éligibles, avec, éventuellement, une dégressivité (statut des Indemnités Compensatoires de Handicap Naturel (ICHN), par exemple). Un mécanisme du même type pourrait être envisagé, avec une rémunération majorée sur les premiers hectares (par exemple 75 à 100 ha par actif en grandes cultures) permettant d'exacerber les impacts socio-économiques potentiels des exploitations, en évitant les situations de très forte productivité du travail (nombre d'hectares par travailleur). De telles situations, d'une part, minimisent la densité des emplois agricoles directs à l'échelle des territoires et les emplois induits (dont les services) et, d'autre part, peuvent conduire à des aménagements fonciers (agrandissement des parcelles) visant à favoriser l'utilisation de gros matériels qui tendent à réduire les infrastructures paysagères favorables à la biodiversité fonctionnelle. Par ailleurs, afin d'assurer une transition conduisant à des niveaux de productivité satisfaisants, et même si la suppression des pesticides et engrais de synthèse paraît souvent associée à un rallongement des rotations et une diversité au sein de l'assolement, il pourrait être envisagé de conditionner le versement d'une aide à des conditions supplémentaires de gestion de la rotation, par exemple en termes de nombre de cultures et de part minimum de la culture la moins représentée.

• **De nouveaux équilibres économiques à moyen terme**

Si elle était souscrite avec une grande ampleur, une telle mesure aurait des conséquences sur l'ensemble des filières agricoles nationales (volumes et équilibres entre filières), mais aussi sur les emplois directs et indirects associés, et donc sur l'activité économique des territoires ; on pourrait par ailleurs assister à une baisse des exportations de céréales, mais aussi à une réduction des importations de protéagineux (du fait de l'introduction de légumineuses, graines ou fourragères, dans les rotations), d'engrais, d'énergie et de produits phytosanitaires.

Une modélisation à l'échelle France éclairerait les nouveaux équilibres qui pourraient se construire. Une telle modélisation a été proposée à l'échelle de l'Europe dans le cadre du scénario TYFA (*Ten Years for Agroecology*) (Poux et Aubert,

2018). Ce scénario, fondé sur l'abandon des pesticides et des engrais de synthèse à l'horizon 2050, s'appuie également sur l'adoption de régimes alimentaires plus proches des recommandations nutritionnelles et sur l'abandon des importations de protéines végétales. Malgré une baisse de la production de 35 % par rapport à 2010 (en kcal) et tout en conservant une capacité d'exportation en céréales, produits laitiers et vin, ce scénario satisfait aux besoins alimentaires des Européens. Un tel scénario met en évidence le repositionnement nécessaire de l'élevage vis-à-vis du secteur des cultures : sa place doit être déterminante pour utiliser les sous-produits ou des céréales secondaires, mais surtout pour valoriser les cultures de légumineuses fourragères associées à l'allongement des rotations et à la maitrise des performances techniques. Ce repositionnement de l'élevage présente cependant des freins d'ordre organisationnel importants (Anglade *et al.,* 2015).

Dans le cas de conversions importantes à l'AB, il pourrait également y avoir des incidences sur les équilibres de prix entre les produits agricoles des filières AB et conventionnelle, y compris sur les marchés à l'importation et à l'exportation. On pourrait assister à une baisse du prix des produits végétaux bio sur le long terme. Cela donnerait aux éleveurs en AB une marge financière importante vis-à-vis des concentrés achetés dont le surcoût actuel atteint 80 % (IDELE et chambres d'Agricultures, 2018 ; Pôle AB Massif Central, 2018) et représente un handicap majeur en zone de piémont ou de montagne où les terres labourables sont rares.

Conclusion

L'un des enjeux majeurs de la mise en œuvre de systèmes de production fondés sur les principes de l'agroécologie réside dans la forte limitation, voire la suppression, des pesticides de synthèse. Les systèmes de grandes cultures, retenus dans cette analyse, sont très concernés. Il aurait aussi été possible de traiter d'autres enjeux de l'agroécologie comme ceux associés à la biodiversité par exemple, mais nous avons choisi de cibler notre approche sur la suppression des pesticides de synthèse, avec les conséquences importantes, en particulier en termes d'externalités positives produites. Leur prise en compte est un élément majeur de la compétitivité des systèmes de production durables de demain et donc de leur place dans le paysage agricole. Ainsi, un changement innovant dans la justification sociétale des soutiens à l'agriculture bio pourrait avoir lieu : il s'agirait de procéder à une rémunération des services rendus par une prime de « reconnaissance des bénéfices sociétaux ».

Eu égard à ces externalités produites, non directement chiffrables économiquement, nous avons proposé un mécanisme de rémunération par les pouvoirs publics, complémentaire à la plus-value du marché, qui devrait permettre une incitation suffisante à la mise en œuvre de tels systèmes de production. Notre proposition est d'articuler rémunération de biens marchands privés avec une rémunération pour des biens non marchands publics liés au mode de production des premiers. À titre d'exemple, une compensation de 330 €/ha permet, dans le cas d'une baisse de rendement moyenne de 50 % et en l'absence de plus-value sur les produits, de maintenir le résultat courant avant impôt. Cette compensation peut être ramenée à 100 €/ha si une plus-value de 50 % existe, tout en procurant une augmentation de RCAI de 9 %.

L'intérêt sociétal de ce soutien est multiple : intérêt pour les producteurs *via,* d'une part, l'impact direct sur leur santé et celle de leurs proches et, d'autre part, *via* ce soutien économique qui leur permettrait de gagner en compétitivité vis-à-vis de produits étrangers équivalents ; intérêt pour les consommateurs, essentiellement français, qui pourraient acquérir des produits AB (ou proches) à des prix *a priori* en baisse ; intérêt pour la collectivité, *via* la non-diffusion de pesticides dans le milieu, avec l'évolution *a priori* positive des paysages (diversification des productions ; infrastructures paysagères, etc.) et, sur le moyen et le long termes, une moindre exposition aux pesticides favorable à la santé des populations, avec une baisse espérée des dépenses de santé publiques, en particulier pour certaines maladies chroniques (Baudry *et al.,* 2018). Par ailleurs, des systèmes davantage basés sur la fixation symbiotique permettraient de réduire les externalités négatives liées aux engrais azotés de synthèse (Sutton *et al.,* 2011).

Ce type d'aide, non spécifique AB mais directement construite sur les éléments clés de ce mode de production, répond aux principaux enjeux actuels de développement de l'agroécologie et pourrait être financé *via* un redéploiement de la PAC. Cependant, le « volet environnemental actuel de la PAC n'est pas à la hauteur de ce défi placé légitimement au cœur des débats sur la PAC de l'après 2020 » (Guyomard *et al.,* 2018). Concernant les questions budgétaires, il est certain qu'une aide à laquelle pourraient prétendre les agriculteurs en AB dans un secteur croissant de 15 % par an représenterait des montants financiers très significatifs et imposerait, à terme, un mécanisme de transfert clair et assumé. Les tensions entre modes de production pourraient en être exacerbées.

Au-delà de ces aides directes aux agriculteurs dans le cadre de la PAC, d'autres soutiens peuvent être mis en place *via* des initiatives de collectivités territoriales, avec la mise à disposition de foncier, de bâtiments, ou l'aide à la création de débouchés spécifiques par la commande publique dans la restauration collective. Enfin, d'autres outils peuvent être envisagés, du côté de la demande, comme la mise en place de taux de TVA différenciés sur les produits. De fait, il s'agit d'étudier la complémentarité de ces différents types d'outils de politiques publiques.

Remerciements
Les auteurs remercient Alain Carpentier pour ses apports théoriques et Isabelle Savini pour sa relecture critique et constructive du texte.

Références bibliographiques

Agence-Bio, 2018 – *L'agriculture biologique, un accélérateur économique, à la résonnance sociale et sociétale*, Agence Bio (éd.), 44 p.

Agence BIO/CSA, 2018 – Baromètre de consommation et de perception des produits biologiques en France . http://www.agencebio.org/sites/default/files/upload/agencebio-dossierdepressebarometre.pdf.

Anglade J., Billen G., Garnier J., Makridis T., Puech T., Tittel C., 2015 – Nitrogen soil surface balance of organic vs conventional cash crop farming in the Seine watershed, *Agricultural Systems* 139: 82-92. doi: 10.1016/j.agsy.2015.06.006

Aubertot J.-N., Barbier J.-M., Carpentier A., Gril J.-J., Guichard L., Lucas P. et al., **2005** – *Pesticides, agriculture et environnement. Réduire l'utilisation des pesticides et en limiter les impacts environnementaux*, Expertise scientifique collective, Inra et Cemagref, 11 p.

Baudry J., Assmann K.E., Touvier M., Alles B., Seconda L., Latino-Martel P. et al., **2018** – *Association of Frequency of Organic Food Consumption With Cancer Risk. Findings From the NutriNet-Santé Prospective Cohort Study*, JAMA Inter Med. doi: 10.1001/jamainternmed.2018.4357.

Butault J., Delame N., Jacquet I., Rio P., Zardet G., Dedryver C.A. et al., 2010 – *La réduction des pesticides : enjeux, modalités et conséquences*, Colloque SFER Lyon 11-12 mars 2010, 12 p.

CER-France, 2018 – *L'observatoire économique. Exploitations en Agriculture Biologique*, Édition 2018, Résultats 2016, Prévisions 2017-201, CER (éd.), 53 p.

CGAAER, 2016 – *Synthèse Eau et Agriculture*, Tome 2 : Aspects qualitatifs, Rapport n° 14061, 30 p.

Coase R., 1937 – The Nature of the Firm, *Economica* 4(16), 386-405.

De Cordoue A., Sautereau N., Fontaine L., 2018 – Multiperformance, les exploitations bio s'en sortent bien, Dossier Bio, *Perpectives Agricoles*, n° 459, 50-53.

Depres C., Grolleau G., Mzoughi N., 2008 – Contracting for environmental property rights: The case of Vittel, *Economica*, 75(299), 412-434. doi: 10.1111/j.1468-0335.2007.00620.x.

Dupraz P., Leon Y., Pech M., 2001 – Soutien public à l'agriculture et au développement rural : l'équité introuvable, *Économie rurale*, 262, 109-116.

Duval L., Binet T., Dupraz P., Leplay S., Etrillard C., Pech M. et al., 2016 – *Paiements pour services environnementaux et méthodes d'évaluation économique Enseignements pour les mesures agro-environnementales de la politique agricole commune*, Étude réalisée pour le ministère en charge de l'agriculture, Rapport final, 135 p.

Femenia F., Letort E., 2016 – How to significantly reduce pesticide use : An empirical evaluation of the impacts of pesticide taxation associated with a change in cropping practice, *Ecological Economics*, 125, 27-37. doi: 10.1016/j.ecolecon.2016.02.007.

FranceAgriMer, 2015 – Les prix payés aux producteurs en agriculture biologique, *Les synthèses de FranceAgriMer*, 23, 8 p.

Guillou M., Guyomard H., Huyghe C., Peyraud J,-.L., 2013 – *Le projet agro-écologique : Vers des agricultures doublement performantes pour concilier compétitivité et respect de l'environnement*, Propositions pour le Ministre, Agreenium Inra, 163 p.

Guyomard H., Detang-Dessendre C., Requillart V., Soler L., 2018 – La Politique agricole commune doit-elle intégrer des objectifs de lutte contre le surpoids et l'obésité ? *Inra Sciences Sociales*, 5-6, 7 p.

Hosseini A., Hosseini M., Michuad J.P., Modarres Awal M., HGhadalyari M., 2018 – Nitrogen Fertilization Increases the Nutritional Quality of Aphis gossypii (Hemiptera: Aphididae) as Prey for Hippodamia variegata (Coleoptera: Coccinellidae) and Alters Predator Foraging Behavior, *Journal of Economic Entomology*, doi: 10.1093/jee/toy205.

IDELE et Chambres d'agricultures, 2018 – *Référentiel élevage 2018 bovins lait et bovins viande Auvergne-Aveyron-Lozère*, Inosys Réseaux d'élevage. Collection Références, 110 p.

Karsenty A., Guingand A., Langlais A., Polg M.C. , 2014 – Comment articuler les Paiements pour Services Environnementaux aux autres instruments politiques et économiques dans les pays du Sud et du Nord ? *Atelier international PESMIX,* Montpellier, 11-13 Juin 2014, Synthèse des débats.

Lécole P., Thoyer S., 2015 – Qui veut garder ses millions ? Redistribution des aides dans la nouvelle PAC, *Économie Rurale*, 348, 59-79.

Mesnage R., Defarge N., Spiroux de Vendomois J., Seralini G.E., 2014 – Major pesticides are more toxic to human cells than their declared active principles, *Biomed Research International,* 2014, 179691. doi: 10.1155/2014/179691.

Mesnage R., Defarge N., Spiroux de Vendomois J., Seralini G.E. , 2015 – Potential toxic effects of glyphosate and its commercial formulations below regulatory limits, *Food Chemical Toxicology,* 84, 133-153. doi: 10.1016/j.fct.2015.08.012.

Pigou A.C., 1920 – *The Economics of Welfare,* 8th ed. Macmillan, London.

Pôle AB Massif Central, 2018 – *Référentiel élévage lait bio conjoncture 2017. Systèmes d'élevage AB en Massif Central – Bovins Lait – Résultats pluriannuels*, éd. 2018, Collectif BioRéférences, 10 p.

Ponisio L., M'Gonigle L.K., Mace K.C., Palomino J., de Valpine P., Kremen C., 2014 – Diversification practices reduce organic to conventional yield gap. Proceedings of the Royal Society, *Biological Sciences*, 282, 20141396. doi: 10.1098/rspb.2014.1396.

Poux P., Aubert P., 2018 – *Une Europe agroécologique en 2050 : une agriculture multifonctionnelle pour une alimentation saine*, doc IDDRI, 78 p.

Princen T., 2002 – *Distancing : consumption and the severing of feedback. In T Princen, M Maniates, K Conca,* eds Confronting Consumption, MIT Press, Cambridge, MA, 103-131.

Ripoll-Bosch R., de Boer I.J.M., Bernués A., Vellinga T.V., 2013 – Accounting for multi-functionality of sheep farming in the carbon footprint of lamb: A comparison of three contrasting Mediterranean systems, *Agricultural Systems,* 116, 60-68. doi: 10.1016/j. agsy.2012.11.002.

Samuelson P.A., 1954 – *The Pure Theory of Public Expenditure. The Review of Economics and Statistics,* MIT Press 36(4), 387-389.

Sautereau N., Benoit M., 2016 – *Quantifier et chiffrer économiquement les externalités de l'agriculture biologique ? Synthèse de l'étude commanditée par le Ministère de l'agriculture de l'agroalimentaire et de la forêt*, Rapport ITAB, 20 p.

Seufert V., Ramankutty N., Foley J., 2012 – Comparing the yields of organic and conventional agriculture, *Nature*, 485, 7397, 229-234. doi: http://dx.doi.org/10.1038/nature11069.

Sutton M.A., Oenema O., Erisman J.W., Leip A., van Grinsven H,. Winiwarter W., 2011 – Too much of a good thing, *Nature*, 472, 159-161.

Tamburini G., van Gils S., Kos M., van der Putten W., Marini L., 2018 – Drought and soil fertility modify fertilization effects on aphid performance in wheat, *Basic and Applied Ecology*, 30, 23-31. doi: https://doi.org/10.1016/j.baae.2018.05.010.

Williamson O.E., 1994 - *Les institutions de l'économie*, Inter Editions, Paris, 404 p.

Annexe 1
Description des exploitations de l'OTEX 15 et de la moyenne du RICA

Principales caractéristiques de structure des fermes, performances techniques et économiques, en moyenne sur les années 2010-2014 (sans correction en euros constants).

	OTEX 15	Toutes exploitations
Nombre d'exploitations dans l'échantillon	1 084	7 351
Nombre d'exploitations représentées	52 199	30 5037
Part des exploitations françaises	17,1 %	100 %
Part de la SAU exploitations françaises	21,1 %	100 %
UTA (nombre)	1,39	2,07
dont UTA non salarié (nombre)	1,21	1,45
Surfaces (ha)		
SAU (Surface Agricole Utile)	124	86
Céréales (Rendement blé Qx/ha)	77 (72)	31 (73)
Cultures industrielles	32	11
Oléagineux	27	8
Betteraves	1,4	1,3
Pomme de terre	0,0	0,5
Pois protéagineux	1,8	0,6
Légumes	0,1	0,8
Vergers	0,0	0,5
SFP (Surface Fourragère Principale)	9,3	36,8
Maïs fourrage	0,4	4,8
Surface toujours en herbe	5,4	19,5
Chargement	0,72	1,38
Données économiques (k€)		
Chiffre d'affaires	158,9	194,9
RCAI*, cotisations sociales soustraites	31,4	32,4
RCAI* ch sociales soustraites/UTH	25,9	22,4
Produit brut végétaux	144,7	78,8
Subventions exploitation	38,5	30,8
DPU (Droits à Paiement Unique)	35,0	22,5
Engrais-Amendements	25,6	13,0
Produits phytosanitaires	18,7	9,5
Carburants-Lubrifiants	8,1	6,3
Entretien réparation matériel	7,2	7,2
Amortissement matériel	25,8	20,0

*RCAI : Résultat Courant Avant Impôt.

Annexe 2

Prix des produits pour un revenu constant, dans les 10 scénarios

Situation de base S0 (situation OTEX 15 2010-2015) et 10 scénarios combinant les hypothèses de compensation financière, de plus-value éventuelle sur les produits, de conjoncture de base, avec étude de l'impact sur le RCAI (Résultat Courant Avant Impôt ; hors évolution des cotisations sociales). Déduction du prix des produits du scénario pour un revenu comparable à la situation initiale. Les scénarios sont réalisés sur une hypothèse de baisse de rendement de 50 % et de 25 % (partie basse du tableau)

N° scénario	S1	S2	S3	S4	S5	S6	S7	S8	S9	S10
Pesticides et Engrais : % réduction usage				-90 % pour pesticides		et	-70 % pour engrais			
Variation Coûts de production (€) (1)	-34 716	-34 716	-34 716	-34 716	-28 697	-34 716	-28 697	-28 697	-34 716	-28 697
Plus-value sur produits végétaux AB	0 %	0 %	0 %	0 %	50 %	0 %	50 %	50 %	0 %	30 %
Augmentation prix de base produits végétaux	0 %	0 %	0 %	50 %	50 %	50 %	0 %	0 %	100 %	100 %
Compensation (€/ha)	0	200	330	330	330	746	0	100	1 043	722
Baisse rendements 50 %										
Variation du Produit d'exploitation (€)	-72 361	-49 469	-34 589	-70 770	-16 499	-23 155	-36 182	-24 735	-25 340	-18 697
Variation du Résultat courant avant impôt (€)	-37 645	-14 753	127	-36 054	12 198	11 561	-7 485	3 962	9 376	10 000
soit % variation RCAI	-86 %	-34 %	0 %	-31 %	11 %	10 %	-17 %	9 %	5 %	5 %
Prix produits/prix base (RCAI constant) (2)	52,0 %	20,4 %	-0,2 %	33,2 %	NS*	-10,7 %	NS*	NS*	-6,5 %	NS*
N° scénario	S1b	S2b	S3b	S4b	S5b	S6b	S7b	S8b	S9b	S10b
Compensation (€/ha)	0	200	330	330	0	272	0	100	411	0
Baisse rendements 25 %										
Variation du Produit d'exploitation (€)	-36 181	-13 289	1 591	-16 499	27 135	-23 138	18 089	29 536	-25 318	-7 237
Variation du Résultat courant avant impôt (€)	-1 465	21 427	36 307	18 217	55 832	11 578	46 786	58 233	9 398	21 460
soit % variation RCAI	-3 %	49 %	83 %	16 %	48 %	10 %	107 %	133 %	5 %	11 %
Prix produits/prix base (RCAI constant (2))	1,3 %	-19,7 %	-33,4 %	-11,2 %	NS*	-7,1 %	NS*	NS*	-4,3 %	NS

(1) Pas de surcoût sur les semences s'il n'y a pas de valorisation avec plus-value AB

(2) Il s'agit de calculer la variation des prix de vente des produits par rapport aux prix de vente en situation témoin pour maintenir le RCAI initial. Voir partie discussion.

*NS : Non Significatif car il y a déjà, par hypothèse, une plus-value de vente en AB.

Chapitre 5

Impulser le changement depuis Bruxelles ? La mise en œuvre des « Surfaces d'intérêt écologique » en France et en Espagne

To Drive Change From Brussels? The Implementation Of The "Ecological Focus Areas" In France And Spain

Blandine Mesnel*

Résumé : La gouvernance européenne de l'agroécologie laisse une marge de manœuvre importante aux États-membres pour mettre en œuvre les objectifs fixés à Bruxelles. Dans ce contexte, et pour comprendre les résultats de l'action publique menée, il semble essentiel d'étudier les dynamiques d'appropriation nationale des objectifs environnementaux européens. Ce chapitre aborde la question en étudiant les répertoires et les configurations de mise en œuvre du Paiement vert dans deux États-membres : la France et l'Espagne. Dans le cadre de ce chapitre, nous nous concentrons sur l'étude d'un dispositif spécifique de ce Paiement vert introduit dans la Politique Agricole Commune (PAC) en 2013 : les Surfaces d'Intérêt Écologique (SIE), censées promouvoir la préservation de la biodiversité sur le territoire agricole européen. Pour retracer les enjeux relatifs à la constitution de listes nationales de SIE admissibles, nous nous appuyons principalement sur des entretiens réalisés avec les principaux acteurs de la mise en œuvre nationale du dispositif. Bien qu'ouvertement promoteurs de la transition agroécologique, la France et l'Espagne ont opéré des choix opposés de mise en œuvre des SIE, et qui résultent de deux logiques différentes de renégociation de l'enjeu environnemental à l'échelle nationale. Grâce à la comparaison, on identifie deux variables institutionnelles jouant un rôle déterminant : la répartition de la responsabilité gestionnaire et la position occupée par la profession agricole au sein des configurations nationales dessinent des répertoires nationaux contrastés de mise en œuvre et d'appropriation des outils verts de la PAC.

Abstract: *The European governance of agroecology provides considerable discretion to Member States in their implementation of the policy objectives set out in Brussels. In this context and to understand the policy results one can observe, it seems vital to study the dynamics of national appropriations of European policy goals. This chapter addresses the issue by studying the repertoires and configurations of the "Green Payment" implementation in two*

* Doctorante – Sciences Po, CEE / ADEME.

Member States: France and Spain. The chapter focuses on a specific policy-mechanism of the Green Payment which was introduced into the Common agricultural policy (CAP) in 2013: the "Ecological focus areas" (EFAs). EFAs should promote the preservation of biodiversity in European agricultural territory. In order to identify the main issues related to the creation of national lists of eligible EFAs, we rely on interviews conducted with the main actors of the national implementation process. France and Spain have made opposing choices in the implementation of EFAs, although they both openly promote an agroecological transition. These choices result from two different national strategies to renegotiate the environmental approach promoted by the EU. Our comparative approach enables us to identify two decisive institutional variables: the distribution of administrative responsibility and the position of farmers'representatives within national implementation configurations generate contrasting national repertoires of implementation and appropriation of the CAP's green tools.

En consacrant 57 milliards d'euros chaque année à la Politique Agricole Commune (PAC), l'Union européenne est un acteur central des politiques de l'agroécologie[1]. En effet, la PAC se donne pour objectif de promouvoir la « multifonctionnalité » des agricultures européennes et de réconcilier ainsi, par la réglementation et les incitations matérielles, « les besoins d'une économie de marché ouverte avec la demande sociale pour un environnement de qualité » (Garzon, 2006 : 180). Trois instruments « verts » ont fait leur apparition au fil des années pour orienter la distribution des aides vers cet objectif de performance environnementale des exploitations. Dans le cadre du Fonds Européen Agricole pour le DÉveloppement Rural (FEADER, communément appelé « second pilier » de la PAC), certaines aides sont attribuées contre l'engagement à respecter un cahier des charges environnemental sur plusieurs années : ce sont les mesures agroenvironnementales introduites à partir de 1992. Dans le cadre du Fonds Européen Agricole de GArantie (FEAGA, premier pilier de la PAC), un instrument de conditionnalité a été introduit en 2003 pour soumettre l'accès aux aides directes au respect de bonnes conditions agricoles et environnementales. Enfin et toujours dans le cadre du FEAGA, un « Paiement vert » est versé depuis 2013 à chaque agriculteur en échange de pratiques bénéfiques pour la biodiversité. Les évaluations de ces instruments verts à l'aune de leurs résultats environnementaux s'avèrent souvent décevantes. C'est particulièrement le cas concernant le Paiement vert, dont la Commission européenne estime que « tel qu'il est actuellement mis en œuvre, [il] n'a pas pleinement atteint ses ambitions en matière d'environnement et de climat »[2].

Appréhendées sous l'angle de politiques publiques « comme les autres » (Hassenteufel et Surel, 2000), les politiques européennes s'exposent aux incertitudes et dysfonctionnements classiques qui traversent l'étape de mise en œuvre des politiques publiques, une étape dont les résultats dépendent en grande partie des acteurs qui s'en saisissent et des contextes institutionnels dans lesquels elle s'opère

---

1 – Chiffres du budget 2017. Source : Commission européenne. DG Budget data. Lien URL : http://ec.europa.eu/budget/graphs/annual_life_cycle.html.

2 – Commission européenne, 2018. *Résumé de l'évaluation concernant le verdissement des paiements directs*, SWD (2018) 479 final, p. 2.

(Pressman et Wildavsky, 1984)[3]. Pour comprendre la déception exprimée ci-dessus par la Commission européenne, il semble ainsi nécessaire de s'intéresser aux intérêts et aux contraintes qui guident les acteurs de la mise en œuvre dans leur appropriation des objectifs verts de la PAC en général, et du Paiement vert en particulier.

Sur le principe de fonctionnement, le Paiement vert représente en moyenne 80 euros par hectare et par an, et les acteurs impliqués dans sa mise en œuvre sont essentiellement nationaux. En effet, la PAC 2014-2020 se veut plus verte mais aussi plus adaptée aux particularités de chaque État-membre. Au point que, selon certains observateurs, « la flexibilité davantage que le verdissement constitue l'emblème de cette réforme », faisant de la mise en œuvre une phase toujours plus essentielle du processus d'action publique (Roederer-Rynning, 2015 : 214). Une importante liberté est ainsi laissée aux États-membres pour adapter les objectifs fixés par Bruxelles, et privilégier une approche territoriale des enjeux environnementaux, indispensable pour intégrer les besoins locaux spécifiques en matière de développement durable (Theys, 2002).

Comment les contextes nationaux de mise en œuvre façonnent-ils le processus de traduction des objectifs environnementaux fixés à Bruxelles ? On propose d'identifier les variables de contexte qui déterminent l'action collective de mise en œuvre en mobilisant une approche organisationnelle (Musselin, 2005) des mises en œuvre nationales, c'est-à-dire attentive à la manière dont les acteurs interagissent et se positionnent les uns par rapport aux autres. On s'intéressera ainsi aux interdépendances entre quatre groupes d'acteurs internes ou externes à l'État et qui définissent ensemble les configurations nationales de mise en œuvre de la PAC : les acteurs politiques, administratifs, les professionnels du secteur agricole et les militants de l'environnement. L'approche par les configurations d'acteurs permettra finalement d'expliquer la nature des « répertoires » nationaux de mise en œuvre, c'est-à-dire des « scripts », des « ensembles de contenus et de modalités d'intervention à travers lesquels se met en forme l'intervention publique » (Bezes, 2009 : 47-49).

Parmi les trois dimensions du Paiement vert – la diversification des cultures, le maintien des prairies permanentes et la préservation de Surfaces d'Intérêt Écologique (SIE) – le dispositif des SIE est particulièrement intéressant à étudier pour mettre au jour les répertoires nationaux de mise en œuvre des objectifs fixés à Bruxelles. C'est en effet le dispositif qui engage le plus de responsabilité de la part des acteurs nationaux, une importante latitude étant laissée à chaque État-membre pour élaborer sa liste nationale des éléments admissibles comme SIE.

La France et l'Espagne ont opéré des choix opposés concernant les SIE : la France a retenu dix-huit éléments admissibles, contre quatre seulement pour l'Espagne. On émet l'hypothèse selon laquelle ces choix opposés s'expliquent par les configurations de mise en œuvre propres à chaque pays. En étudiant ces configurations de manière détaillée, on cherchera à identifier les facteurs institutionnels et politiques qui influencent les appropriations nationales des objectifs environnementaux fixés à Bruxelles.

---

3 – C'est aussi le sens que prennent les théories classiques des études européennes sur la « qualité d'ajustement » *(goodness of fit)* entre les politiques européennes et le cadre politique institutionnel national (Börzel et Risse, 2003).

Notre analyse s'appuie principalement sur des entretiens réalisés avec des agents de la Direction générale de l'Agriculture à Bruxelles (n=5) et des acteurs ayant participé aux débats nationaux en France (n=24) et en Espagne (n=19)[4]. Les récits de mise en œuvre produits par ces responsables permettent de retracer les croyances et les structures de sens qui ont guidé les choix observés (Bongrand et Laborier, 2005). Étudier le sens que les acteurs donnent à ces choix permet de reconstituer *a posteriori* la hiérarchie des priorités politiques qui s'impose en 2014 dans les deux pays. Quelles sont donc les priorités nationales qui ont guidé la mise en œuvre des SIE en France et en Espagne ? Comment se sont-elles imposées ? Nous présentons d'abord la configuration de mise en œuvre espagnole et son style gestionnaire favorisé par le partage des responsabilités administratives et financières entre les différents acteurs. Puis nous soulignons le contraste entre ce premier cas et le style français de mise en œuvre, moins consensuel et davantage orienté vers la satisfaction des intérêts d'une profession agricole qui se distingue de la profession espagnole par sa moindre sensibilité aux arguments gestionnaires.

En Espagne, un répertoire gestionnaire favorisé par le partage des responsabilités administratives et financières

L'Espagne propose à ses agriculteurs un choix très restreint de SIE, avec seulement quatre éléments admissibles : les terres en jachère, les cultures de plantes fixant l'azote, les surfaces boisées et en agroforesterie. Il s'agit uniquement d'éléments surfaciques et, pour chacun d'entre eux, un mètre carré vaut pour un mètre carré de SIE, à l'exception des surfaces de plantes fixant l'azote pour lesquelles s'applique un coefficient réducteur de 0,7[5]. Ce choix place l'Espagne parmi les États-membres les plus restrictifs en matière de possibilités offertes aux agriculteurs (voir Encadré n° 1). Il est faiblement soutenu par les militants de l'environnement, qui perçoivent une incohérence dans le fait d'exclure les éléments du paysage de la liste des éléments admissibles. « Il s'agirait de permettre aux agriculteurs qui en disposent de pouvoir valoriser leurs éléments du paysage bénéfiques pour la biodiversité »[6], nous explique une représentante de la branche espagnole de l'ONG Birdlife. Les défenseurs de l'environnement ont toutefois un pouvoir d'influence faible dans la configuration nationale de mise en œuvre : bien que faisant partie d'un groupe d'ONG environnementales consulté par le ministère de l'Agriculture, Birdlife n'estime pas que son avis ait été écouté. Il semble ainsi que des objectifs autres que la transition agroécologique aient guidé la mise en œuvre des SIE en Espagne.

---

4 – Ces données ont été récoltées dans le cadre d'une thèse de doctorat sur les mises en œuvre et les réceptions de la PAC en France et en Espagne, en préparation depuis 2015 au Centre d'études européennes et de politique comparée de Sciences Po (CEE).

5 – Ministerio de agricultura. 2016. *PAC 2015-2020 – Nota tecnica* n°3 – Pago para practicas beneficiosas para el clima y el medio ambiente, 8 pages.

6 – Entretien n° 116. 24.10.2017. Manuela, experte des questions agricoles pour l'ONG Birdlife en Espagne (entretien téléphonique).

Encadré n° 1 – Les règles de mise en œuvre des SIE dans la PAC 2014-2020

Le dispositif des SIE (Surfaces d'Intérêt Écologique) oblige tout agriculteur exploitant plus de 15 hectares de terres arables (en dehors des prairies permanentes et des cultures pérennes) à consacrer 5 % de sa surface à des éléments contribuant à la préservation de la biodiversité. Le Règlement (UE) 1307/2013 (art. 46) donne aux États-membres jusqu'au 1er août 2014 pour élaborer leur liste nationale des éléments SIE éligibles. Ce choix doit s'opérer parmi une liste de dix possibilités qui sont détaillées dans le Règlement délégué (UE) 639/2014 (art. 45) du 11 mars 2014 : terres en jachère, terrasses, particularités topographiques, bandes tampon, surfaces en agroforesterie, bordures de forêts, surfaces plantées de taillis à courte rotation, surfaces boisées, surfaces portant des cultures dérobées ou à couvertures végétales, surfaces portant des plantes fixant l'azote. Les particularités topographiques recoupent elles-mêmes huit éléments éligibles (arbres en groupes, lisières de champ, arbres alignés, fossés, haies, arbres isolés, mares et murets en pierre)* et les bordures de forêt se déclinent en deux types (productives ou non productives). Au total ce sont donc dix-huit éléments parmi lesquels les États-membres peuvent sélectionner leurs SIE admissibles. Les stratégies adoptées sont hétérogènes : cinq États ont opté pour une liste très restrictive de SIE (entre deux et quatre), neuf ont choisi une liste intermédiaire (entre cinq et neuf) et quatorze ont opté pour une liste étendue (dix ou plus). Cependant, plus de 90 % des SIE européennes sont finalement des terres en jachère, des surfaces portant des plantes fixant l'azote ou des surfaces portant des cultures dérobées**. Les États-membres doivent aussi choisir les coefficients de conversion et de pondération de chaque type de SIE en équivalent hectare. Enfin quatre pays ont saisi la possibilité d'exempter certaines régions forestières de toute obligation (l'Estonie, la Lettonie, la Finlande et la Suède), et la Pologne et les Pays-Bas ont ouvert des modalités collectives de respect des SIE (le taux obligatoire de SIE est alors comptabilisé à l'échelle d'un regroupement d'exploitations). En matière de gestion administrative, les États-membres ont jusqu'en 2018 pour enregistrer l'ensemble des surfaces d'intérêt écologique dans une couche de leur Système d'identification des parcelles agricoles et ainsi pouvoir procéder à un contrôle optimisé des bénéficiaires du paiement vert***.

---

* D'autres éléments du paysage peuvent être intégrés sous certaines conditions, mais cette possibilité reste peu utilisée.
** Commission européenne. 2016. *Review of greening after one year*, SWD (2016) 218 final, PART1/6, p. 8. La culture dérobée *(land lying fallow)* est une culture semée suite à la récolte de la culture principale : sa présence contribue à la préservation de la biodiversité et à la lutte contre l'érosion en ce qu'elle limite la période pendant laquelle les sols agricoles restent nus.
*** Règlement CE 1306/2013, art. 70.

Une mise en œuvre guidée par la prudence gestionnaire

Une analyse de la Cour des comptes européenne suggère que les choix opérés ont donné lieu à des hésitations de la part des politiques espagnols : « les particularités topographiques produisant d'importants effets bénéfiques pour l'environnement, les autorités espagnoles se sont d'abord proposées de les inclure dans leur sélection de types de SIE »[7].

---

7 – Cour des Comptes européenne. 2017. Rapport spécial n° 21. *Le verdissement : complexité accrue du régime d'aide au revenu et encore aucun bénéfice pour l'environnement*, p. 52.

La ministre de l'époque, Isabel García Tejerina (*Partido Popular*, centre droit), est en effet à la tête d'un grand ministère de l'Agriculture et de l'Environnement qui affiche des ambitions en matière de transition écologique. S'agissant de la PAC, d'autres préoccupations prennent pourtant le dessus comme nous l'explique ce conseiller auprès de la ministre : « Les contrôles, c'est ce qui nous préoccupe le plus à l'heure de gérer une aide. Il y a énormément de contrôles, qui coûtent beaucoup d'argent. Donc il faut chercher les moyens de les simplifier (…) Les technologies aident beaucoup : la photo-interprétation, la télédétection, ça aide beaucoup : plus on a d'images et plus ça aide »[8].

Être en capacité de contrôler les bénéficiaires en s'appuyant sur des technologies d'imagerie satellite performantes constitue un enjeu essentiel pour les acteurs politiques. De ce point de vue, la simplicité de la liste de SIE retenue apparaît satisfaisante.

Les acteurs administratifs soulignent aussi la priorité donnée aux enjeux gestionnaires. Les agents de l'organisme payeur national, le *Fondo Español de Garantía Agraria* (FEGA), relatent ainsi le processus de mise en œuvre et ses enjeux :

> Bernardo : « Sur les SIE, on a cherché quelle était la solution la plus facile pour nous, et la plus facile pour les agriculteurs espagnols pour respecter le pourcentage de SIE imposé par le règlement. Donc on a parié plutôt sur les cultures pièges à nitrates, et sur la jachère qui est très représentée en Espagne. Aussi parce que la question de créer une nouvelle couche d'informations dans le SIGPAC, techniquement et budgétairement c'est très compliqué. Et, en plus, choisir cette option supposerait aussi d'augmenter les contrôles. »
>
> Graziela : « De fait les États-membres qui ont choisi des éléments du paysage ont énormément de problèmes maintenant, et qui ne concernent pas seulement l'aspect économique. Ils peinent à numériser tous les éléments. »[9]

Ces acteurs étatiques évoquent par ailleurs l'importance du calendrier de mise en œuvre, soulignant le rôle stratégique de la sous-direction « appui et coordination » (*apoyo y coordinación*) rattachée au Secrétariat général à l'Agriculture. Cette sous-direction coordonne les activités des directions générales et de l'organisme payeur : elle a produit de nombreux rétro-plannings et fait circuler des compte-rendus qui ont notamment permis d'anticiper les délais d'ajustement des outils informatiques aux arbitrages retenus[10]. Les contraintes de gestion administrative ont ainsi motivé les préférences des acteurs tant administratifs que politiques au sein de l'État espagnol.

La profession agricole manifeste peu d'oppositions face à cette orientation gestionnaire. Guido, animateur au niveau national au sein du syndicat *Unión de Pequeños Agricultores y Ganaderos* (UPA), explique que « même si ça a constitué une limitation qui va contre les intérêts des agriculteurs – car on limite les possi-

---

8 – Entretien n° 114, 28.09.2017 : Felipe, conseiller PAC, ministère de l'Agriculture, Secrétariat général de l'Agriculture et de l'Alimentation.

9 – Entretien n° 105, 13.09.2017 : Bernardo, Graziela, Marco, Jeronimo, *Fondo Español de Garantia Agraria,* équipe responsable des paiements directs.

10 – Entretien n° 103, 11.09.2017 : Marcelo, ministère de l'Agriculture, DGPMA, responsable des paiements couplés PAC.

bilités d'éléments qui peuvent être comptabilisés –, on peut toutefois adopter une vision plus générale et comprendre le point de vue de l'administration : l'avoir fait [intégrer des éléments du paysage] aurait supposé un coût énorme car il aurait fallu redéfinir tous les îlots. Ça aurait supposé un coût très très élevé. Pour un bénéfice certainement limité »[11].

Dans l'intérêt des agriculteurs, il aurait pu être profitable d'obtenir davantage de possibilités de choix quant aux moyens de respecter les 5 % de SIE. Cependant, les syndicats comprennent et acceptent le « point de vue de l'administration » mis en avant dans l'extrait ci-dessus. Un animateur de l'*Asociación Agraria – Jovenes Agricultores* (ASAJA) explique aussi que, relativement au paiement vert, son syndicat a privilégié d'autres demandes politiques, notamment à cause des contraintes informatiques qui concernaient les SIE : « De toute façon, on n'avait pas un système informatique assez performant pour pouvoir mettre les haies, les murs de terrasses, etc. Et, en fait, on était déjà soulagés d'avoir réussi à exclure les cultures permanentes des obligations du paiement vert […] donc après ça nous allait de n'avoir que quatre types de SIE : de toute façon c'était impossible informatiquement de faire plus. »[12]

Le troisième syndicat représentatif au niveau national, la *Coordinadora de Organizaciones de Agricultores y Ganaderos* (COAG), rejoint l'ASAJA en ce qu'il n'a pas considéré le sujet des SIE comme prioritaire : « C'est-à-dire que toute cette affaire du paiement vert, c'est déjà assez compliqué pour les gens. Ici, on ne peut pas dire qu'il y ait eu de polémique autour des SIE. Et puis il faut dire qu'avec toutes les zones peu productives qu'on a, on a peu de problèmes pour respecter les 5 % »[13].

La COAG porte ainsi un discours qui défend la simplicité du paiement vert et s'aligne facilement avec les choix opérés par l'administration. Une forme de consensus implicite s'établit ainsi en Espagne entre les principaux acteurs étatiques et non-étatiques autour de l'importance d'une gestion administrative maîtrisée des SIE, attentive aux contraintes de calendrier, de contrôle et de rationalisation des coûts de gestion. Pour comprendre pourquoi un tel répertoire gestionnaire s'impose avec peu de conflictualité, il faut s'intéresser aux modes nationaux de répartition de la responsabilité financière et administrative rattachée à la gestion des fonds FEAGA.

Un consensus motivé par le nombre et l'influence des organismes gestionnaires

Les fonds PAC constituent des financements à gestion « partagée » entre les États-membres et la Commission européenne : la Commission est gestionnaire du FEAGA mais elle délègue aux États-membres la responsabilité du paiement des aides au destinataire final. La gestion nationale des fonds n'est contrôlée (et éventuellement sanctionnée) qu'*a posteriori* par la Commission, selon un calendrier

---

11 – Entretien n° 111, 22.09.2017 : Guido, syndicat UPA, salarié en charge des sujets PAC.
12 – Entretien n° 102, 08.09.2017 : Lucas, syndicat ASAJA, salarié en charge des sujets PAC.
13 – Entretien n° 107, 15.09.2017 : Alfredo, syndicat COAG, salarié en charge des sujets PAC.

qui s'échelonne sur environ deux années[14]. Ce contrôle communautaire s'appuie, depuis 1992, sur un Système Intégré de Gestion et de Contrôle des aides (SIGC) mis en place obligatoirement par chaque État-membre. Aujourd'hui le SIGC se compose de quatre sous-systèmes obligatoires : un Système d'Identification des Parcelles Agricoles (SIPA), un système d'identification des agriculteurs, un système d'identification des droits au paiement et enfin un système d'identification des animaux. La gestion administrative des aides doit aussi être supervisée par des organismes de paiement et des organismes de certification indépendants, au niveau national ou régional (on compte dix-sept organismes de paiement en Espagne, deux en France). Sur la base des informations stockées dans ce SIGC, la Commission procède à des contrôles documentaires et applique de corrections financières aux États-membres en cas de manquement gestionnaire. C'est donc la traçabilité et l'audit, outils privilégiés du gouvernement contemporain des risques (Torny, 1998 ; Bonnaud et Joly, 2012), qui sont utilisés par l'UE pour gouverner les risques budgétaires associés à la gestion partagée des dépenses de la PAC.

L'Espagne a accumulé 1,46 milliard d'euros de corrections financières entre 1999 et 2013, ce qui correspond à 1,7 % de l'ensemble des fonds FEAGA reçus par le pays et le place au-dessus de la moyenne européenne établie à 1,5 %[15]. Les sanctions les plus récentes correspondent surtout à des anomalies dans la gestion des contrôles et à des retards de paiement. Dans ce contexte, il n'est pas surprenant que l'organisme payeur national (le FEGA) soit soucieux de minimiser les risques gestionnaires pour améliorer ses performances auprès des auditeurs européens.

Les agents du FEGA travaillent en collaboration étroite avec les agents agricoles du ministère, ce qui accroît leur capacité à sensibiliser ces derniers aux enjeux des audits européens. Le FEGA est pleinement intégré dans l'organigramme du ministère et la circulation des personnels entre les deux institutions est importante[16]. Par contraste, les agents agricoles sont moins proches de leurs collègues de l'environnement : il n'existe aucune démarche de coordination systématique entre les deux branches du ministère avant 2015[17]. Ces dispositions organisationnelles facilitent la diffusion d'un *ethos* gestionnaire parmi les responsables politiques nationaux.

Par ailleurs, dans le système institutionnel original de « l'État des autonomies » espagnol (Peres, Roux, 2016), la gestion des aides agricoles constitue une compétence partagée entre le niveau national et les gouvernements des communautés autonomes : chaque communauté est dotée d'un organisme payeur indépendant de l'organisme national. Depuis 2003, les régions encourent elles aussi des risques budgétaires en cas de sanctions européennes : le secteur agricole est le premier secteur dans lequel un principe de coresponsabilité financière entre le niveau national

---

14 – Cour des Comptes européenne. 2013. Rapport spécial n°18. *La fiabilité des résultats des contrôles opérés par les États-membres sur les dépenses européennes*, p. 12.

15 – European commission. 2014. COM/2014/0618. *Communication from the commission to the european parliament and the council protection of the eu budget to end 2013*, p. 13.

16 – Felipe (entretien n°114, 28.09.2017) a, par exemple, été président de l'organisme payeur national, le FEGA, avant de prendre ses fonctions de conseiller politique PAC auprès de la ministre.

17 – Entretien n° 109, 20.09.2017 : Angelo, Astrid, Carmen, Office Espagnol pour le Changement Climatique (OECC), agents attentifs aux questions agricoles.

et le niveau régional est établi[18]. Aussi, dans leur ensemble, les régions sont partisanes du répertoire gestionnaire. Dès 2009, en prévision de la présidence espagnole du Conseil de l'UE, l'ensemble des communautés autonomes propose une position commune autour de la « simplification » de la PAC[19]. La menace de corrections financières ne permet cependant pas d'expliquer l'adhésion de la profession agricole à ce répertoire. Un autre facteur institutionnel intervient alors : le partage du travail administratif de mise en œuvre entre acteurs étatiques et non-étatiques.

Un consensus soutenu par la participation de la profession agricole au travail administratif de mise en œuvre

En Espagne, une partie importante du travail bureaucratique lié à la PAC (constitution des dossiers de demande d'aides, accompagnement de l'agriculteur en cas de contrôle, etc.) est accompagné ou pris en charge par les syndicats.

Le syndicalisme agricole espagnol est jeune : il ne s'implante pleinement qu'avec la reconnaissance de la liberté d'association en 1977. Sur le plan idéologique, les trois principaux syndicats nationaux – l'ASAJA, la COAG et l'UPA – se distinguent essentiellement par la vision qu'ils proposent du secteur et de ses fonctions économiques et sociales, et chacun entend en revanche s'adresser à tous les types d'entreprise agricole (Moyano, 1997 ; Rueda-Catry, 2005). Dans ce contexte et tandis que la professionnalisation du secteur reste lente et inachevée (Jesus Gonzalez, Gomez Benito, 2000), on observe le développement d'un syndicalisme de services davantage que politique, largement tourné vers le renforcement du capital social local grâce à plusieurs aides aux agriculteurs (aide à la gestion de la PAC, conseil fiscal et juridique) (Moyano, 2006 : 14). Comme le signale Felipe au ministère, cela explique pourquoi les syndicats ont autant de facilité pour intégrer l'approche gestionnaire : « Tous les acteurs étaient conscients qu'il fallait créer un outil simple. Même les organisations professionnelles, car elles enregistrent les dossiers donc elles ont aussi intérêt à ce que l'outil soit prêt et simple »[20].

Les syndicats, dans le cadre des services d'accompagnement qu'ils proposent, sont aussi souvent en position de dénoncer publiquement les dysfonctionnements des procédures administratives. Par exemple, ASAJA-Andalousie pointe, en mars 2017, les imperfections du logiciel informatique régional et des instructions qui s'y rattachent : le communiqué syndical souligne que ces problèmes « ne nous permettent pas d'offrir à nos adhérents un service de qualité » et « nous oblige, une fois de plus, à devoir demander un allongement de la période de dépôt des dossiers au moins jusqu'au 15 mai »[21]. En 2018, les dysfonctionnements persistent et plusieurs organisations professionnelles régionales formulent à nouveau des de-

---

18 – Real Decreto 327/2003.

19 – « Posición común de las CCAA sobre la Simplificación de la PAC », *Documento para la Presidencia Española en el Consejo de Ministros de la UE*, 9 de diciembre de 2009.

20 – Entretien n° 114. 28.09.2017, Felipe, conseiller PAC, ministère de l'Agriculture, Secrétariat général de l'agriculture et de l'alimentation.

21 – ASAJA (site internet). 03.09.2017. *Las entidades colaboradoras sin herramientas ni normativa para tramitar la PAC*, communiqué syndical.

mandes de report de la date limite de dépôt des dossiers[22]. Le répertoire gestion-naire répond ainsi à certaines préoccupations du syndicalisme agricole et en parti-culier à sa volonté d'offrir des prestations de services de qualité autour de la PAC.

Le cas de l'Espagne montre donc comment le partage des responsabilités fi-nancières entre plusieurs niveaux de gouvernement et la participation de la pro-fession au travail bureaucratique de mise en œuvre favorisent l'adoption d'un répertoire que l'on peut qualifier de gestionnaire. Par contraste, le processus de mise en œuvre observé en France met en exergue un style national différent, et qui soulève d'autres spécificités de la traduction nationale des objectifs agroenviron-nementaux européens.

En France, un répertoire conservateur négocié par la profession agricole

La France apparaît parmi les États-membres ayant élaboré les listes les plus longues d'éléments SIE, avec dix-huit choix possibles. En plus des quatre éléments surfaciques retenus en Espagne, on retrouve dans cette liste d'autres éléments ar-borés (haie, arbres alignés, arbre isolé, bosquets, taillis à courte rotation), d'autres surfaces de terre avec ou sans production agricole (bordure de champ non cultivée, bande tampon le long des cours d'eau, bande d'hectares admissible le long d'une forêt sans production, cultures dérobées ou à couverture végétale, bande d'hectares admissible le long d'une forêt avec production) et enfin des éléments du paysage bénéfiques pour la biodiversité (murs traditionnels en pierres, fossés, mares, ter-rasses)[23]. Quelles sont les variations nationales qui structurent et expliquent ces choix opposés ? Les entretiens rétrospectifs menés avec les acteurs administratifs français montrent que le risque gestionnaire est également mis en avant. Cepen-dant, ces acteurs ne parviennent pas, comme en Espagne, à faire naître un consen-sus autour de leurs préoccupations gestionnaires. Cette différence peut d'abord s'expliquer par la tendance du ministère de l'Agriculture à orienter davantage son action politique en fonction des préférences exprimées par la profession agricole, qui occupe, de ce fait, une place centrale dans la configuration nationale de mise en œuvre. Par ailleurs, les syndicats agricoles français – du fait de leur histoire et du rôle différent qu'ils jouent dans la mise en œuvre – défendent des positions moins gestionnaires qu'en Espagne.

Un risque gestionnaire perçu mais négligé

Les corrections financières accumulées par la France entre 1999 et 2013 at-teignent 1,27 milliard d'euros et placent le pays dans une position équivalente à

---

22 – Agropopular.com. 11.04.2018. *Varias OPAS piden que se amplíe el plazo para trami-tar la PAC ante los problemas informáticos.*

23 – Commission européenne, 2016 – *Review of greening after one year*, SWD(2016) 218 final, PART 1/6, PART 4/6. Le nombre de SIE a par la suite été réduit à 17 : les « ter-rasses » ont été exclues des éléments admissibles comme SIE.

celle de l'Espagne[24]. À l'époque de la mise en œuvre des SIE, la situation est même encore plus préoccupante puisque, en septembre 2013, la Commission européenne a lancé une procédure d'apurement prévoyant une correction financière de 3,5 milliards d'euros appliquée à la France, en répercussion d'insuffisances constatées sur la gestion des fonds entre 2008 et 2012. Le risque encouru est loin d'être négligeable pour les finances publiques nationales et le montant retenu est finalement rabaissé à 1,08 milliard d'euros après une procédure de conciliation au cours de laquelle la France s'engage à mettre en place un « Plan FEAGA » de redressement de son système de gestion intégré. Dans ce contexte, les contraintes de gestion et de contrôle ont bien orienté les préférences de certains acteurs, principalement des acteurs administratifs. Christophe, chargé à l'époque du pilotage de la mise en œuvre, explique que, en 2014, il a passé son temps à dire : « « Le texte, le texte, le texte ! » (…) il fallait partir du texte car c'est ça que tout le monde va regarder au moment des audits »[25].

Sa collègue d'alors explique que l'objectif était aussi de dessiner des dispositifs « simples » puisque « plus on fait complexe, plus on risque le refus d'apurement ! »[26].

Pourtant, ces acteurs administratifs n'ont pas le sentiment d'être parvenus à imposer leur approche gestionnaire. Les services de l'organisme payeur et gestionnaire des programmes informatiques, l'Agence de Services et de Paiement (ASP), affirment encore, à l'été 2017, travailler « dans un système de sprint, où on ne peut pas se permettre de faire les choses proprement »[27]. La mise en œuvre française de la réforme de 2013 a été marquée par de nombreux dysfonctionnements administratifs : certaines aides du FEAGA dues en 2015 ont été versées aux agriculteurs avec plus d'un an et demi de retard, pour cause d'outils informatiques défaillants. La mise en œuvre des SIE n'est pas la seule responsable des difficultés rencontrées. Cependant, la longueur de la liste retenue est symptomatique de la place secondaire accordée aux enjeux d'ordre gestionnaire dans la configuration française de mise en œuvre. Ceci s'explique d'abord par l'isolement relatif du principal acteur gestionnaire en France, à savoir l'organisme payeur : l'ASP[28].

En France, le ministère a la possibilité d'agir en complète autonomie vis-à-vis de l'ASP. Le travail des deux organismes n'est pas coordonné par un service indépendant comme c'est le cas en Espagne. L'ASP a le statut d'établissement public interministériel : elle met en œuvre les décisions du ministère sans pour autant être soumise à son autorité. De manière respective, le ministère n'est pas obligé de

---

24 – European commission, 2014 – COM/2014/0618. *Op. cit.*

25 – Entretien n° 86, 06.06.2017 : Christophe, ancien agent du ministère de l'Agriculture, DGPAAT (ex-DGPE).

26 – Entretien n° 88, 19.06.2017 : Sylvie, Ancienne agent du ministère de l'Agriculture, DGPAAT (ex-DGPE).

27 – Entretien n° 89, 20.06.2017 : Martial, Agent de direction ASP. Ce retard dans la gestion des campagnes 2015 et 2016 est lié à la mise en place de la réforme de 2015, mais il est aussi dû à la gestion en 2014 -2015 du « Plan FEAGA » qui implique une refonte du SIPA français.

28 – La France compte un second organisme payeur agréé à gérer les fonds FEAGA en métropole, FranceAgriMer, cependant son rôle reste circonscrit à la gestion des mesures de marché et donc bien moindre à celui de l'ASP.

faire valider ses arbitrages de mise en œuvre par l'organisme payeur. Lorsque des erreurs de gestion sont sanctionnées, c'est au ministère de l'Agriculture d'en assumer la responsabilité financière. Cependant les entretiens avec les responsables des deux institutions donnent à voir une situation où la forte séparation organisationnelle entre les deux entités leur permet de se renvoyer mutuellement les responsabilités. L'isolement relatif de l'organisme payeur français est, par ailleurs, accentué par l'absence d'organismes payeurs régionaux comme en Espagne, susceptibles de favoriser la diffusion de l'*ethos* gestionnaire parmi les acteurs politiques. Dans ce contexte, les acteurs politiques du ministère de l'Agriculture se montrent d'autant plus attentifs au point de vue de la profession agricole pour orienter leurs choix de mise en œuvre.

Une mise en œuvre aux allures de compromis politique avec la profession

Le ministre de l'Agriculture socialiste de l'époque, Stéphane Le Foll, lance dès 2012 un grand « projet agro-écologique pour la France ». Une Loi d'avenir pour l'agriculture, l'alimentation et la forêt est votée en 2014 et accorde une place centrale à l'objectif de transition écologique (Rémy, 2014). Dans ce contexte, on peut s'interroger : si le risque gestionnaire a été négligé en France, est-ce au bénéfice d'un souci plus important de traduction de l'objectif environnemental fixé à Bruxelles ? À première vue et en comparaison avec l'Espagne, l'arbitrage français en matière de SIE apparaît plus équilibré d'un point de vue environnemental : il valorise l'ensemble des éléments favorables à la biodiversité et transmet ainsi un message cohérent aux agriculteurs. Pourtant le large choix laissé aux agriculteurs est aussi la cible de critiques : avec une telle palette de possibilités dont plusieurs types de surfaces productives, peu d'exploitants seraient dans les faits forcés de modifier leurs pratiques pour se conformer aux exigences requises[29]. Aussi, d'après le ministère de l'Environnement, les SIE contribuent à protéger et à légitimer la PAC mais elles ont peu d'incidence concrète sur la protection de la biodiversité. Comme en Espagne, la place laissée aux acteurs de l'environnement (étatiques ou non-étatiques) dans la configuration nationale est faible : les agents du ministère de l'Environnement estiment ne pas être assez souvent associés, et souvent de manière trop tardive, y compris après la profession dans le cas de la liste des SIE . La PAC semble en effet présenter des spécificités qui justifient de mettre l'ambition environnementale de côté.

Au cabinet du ministre, on précise que « l'approche du gouvernement à l'époque, c'est le dialogue social » : les discussions avec les organisations professionnelles sont jugées indispensables pour « comprendre les logiques internes à la profession », et le cabinet organise lui-même (souvent en association avec la direction administrative concernée) des rencontres formelles et informelles avec les différents représentants syndicaux[30]. Ainsi pour les acteurs politiques la

---

29 – Voir, par exemple, le rapport de France Nature Environnement, 2016 : *La PAC 2015-2020, du verdissement au greenwashing*, p. 7.

30 – Entretien n° 96, 10.08.2017 : Marvin, ancien membre du cabinet du ministre de l'Agriculture (entretien téléphonique)

construction d'un compromis avec la profession agricole s'impose comme un objectif primordial de la mise en œuvre de la PAC. Cette attitude du ministre et de son cabinet est cohérente avec la tradition de « cogestion » qui caractérise les politiques agricoles françaises depuis les années 1960, et qui consiste à associer très étroitement la profession au processus de décision (Muller, 2000 ; Hervieu et Purseigle, 2013 : 195). Analysant la réforme de la PAC de 1992, E. Fouilleux parlait déjà du polycentrisme européen comme d'une ressource économique et politique pour les États-membres : « Du fait de la grande opacité des instruments, elle permettait aux gouvernements français d'externaliser les coûts budgétaires et financiers de la régulation agricole, et d'en internaliser les bénéfices sur le plan politique national » (Fouilleux, 2003 : 359-360).

La mise en œuvre de la réforme de 2013 par Stéphane Le Foll montre que cet usage de la PAC comme ressource nationale perdure en France à propos de son volet environnemental, souvent au détriment de la prise en compte des objectifs environnementaux. L'implication des organisations professionnelles dans la gestion nationale du Paiement vert s'explique aussi par le fait que l'espace national reste un espace essentiel de l'action syndicale autour de la PAC (Roullaud, 2017 : 94-95), dans un contexte où le Comité européen des Organisations Professionnelles Agricoles (COPA) souffre d'une incapacité structurelle à former un groupe cohérent de représentation des intérêts de l'agriculture européenne (Fouilleux, 2003 : 280-289). Une autre différence importante avec l'Espagne se situe dans le type d'intérêts défendus par les organisations professionnelles en France.

Des syndicats agricoles moins sensibles à l'enjeu gestionnaire qu'en Espagne

À entendre ce représentant de l'organisme payeur, la profession agricole serait entièrement à l'origine des choix de SIE opérés, du fait du pouvoir que lui ont laissé les acteurs politiques : « Le fait de se dire 'je vais faire un dispositif simple qui certes sera moins bien ciblé, qui aura un montant qui va être peut-être moins parfaitement adapté à chaque situation, mais qui sera beaucoup plus simple' : c'est pas une option qui est vraiment vue (…) très clairement dans les discussions portées par les professionnels, c'est plutôt en gros 'faites tout ce que je veux, et puis vous vous débrouillez pour que ça reste simple'. Mais c'est contradictoire. (…) Si on fait du sur mesure c'est compliqué. Sur les SIE, par exemple, c'est les professionnels qui ont voulu que tout soit SIE. Y compris le moindre arbre. C'est absurde. Aujourd'hui on doit gérer le moindre arbre, sa localisation, est-ce qu'il fait moins de quatre mètres, s'il fait moins de quatre mètres est-ce que c'est un arbre têtard, etc. »[31].

Contrairement aux syndicats espagnols, les syndicats français s'investissent peu dans l'accompagnement des agriculteurs dans leurs démarches administratives PAC : seul le syndicat majoritaire propose une offre de services PAC, de façon inégale en fonction des départements. De ce fait, peu sensible aux enjeux gestionnaires, le syndicalisme majoritaire cherche essentiellement à utiliser la marge de

---

31 – Entretien n° 89, 20.06.2017 : Martial, agent de direction ASP.

manœuvre offerte par les Règlements européens pour déstabiliser le moins possible le modèle d'entrepreneur-paysan qu'il défend (Cordellier et Le Guen, 2010). Un salarié du syndicat majoritaire, la FNSEA, confirme l'existence d'une telle posture défensive et peu soucieuse des enjeux gestionnaires : « On en est là aussi parce que le syndicalisme a poussé, et que le ministère a traîné sur la prise de décision. Nous on a poussé – on a fait notre boulot – pour que les préoccupations des agriculteurs soient prises en compte et que ça se rapproche le plus possible des attentes (…) donc s'il y a de la complexité, je suis désolé mais c'est parce qu'on a trop bien fait notre boulot (de syndicat). Donc désolé pour eux, chacun son rôle. »[32]

Par contraste avec l'Espagne, le cas français montre ainsi que lorsque les acteurs publics de la gestion des fonds européens sont faiblement coordonnés et que, dans le même temps, des acteurs sectoriels (ici la profession agricole) disposent d'un pouvoir important dans la configuration nationale sans pour autant assumer une responsabilité dans le travail concret de mise en œuvre, on est susceptible de voir advenir une mise en œuvre qui ne respecte ni les objectifs gestionnaires, ni les objectifs environnementaux fixés à Bruxelles.

Conclusion

Ce chapitre rappelle que, pour les fonds FEAGA comme pour les fonds FEADER (Ansaloni, 2015), la responsabilité des États-membres dans la faiblesse des changements produits par la PAC en matière d'agroécologie ne s'arrête pas à leur participation au processus européen de décision, mais elle se prolonge dans les stratégies nationales de mise en œuvre privilégiées. La comparaison France-Espagne souligne le rôle déterminant du partage des responsabilités administratives et gestionnaires entre les différents acteurs nationaux de la mise en œuvre pour comprendre les répertoires d'action collective déployés par les États-membres. Lorsque les organismes payeurs sont multiples et participent pleinement aux arbitrages nationaux, et lorsque la profession agricole est impliquée dans la gestion administrative des aides, on observe, comme en Espagne, l'adoption d'un répertoire de mise en œuvre de type gestionnaire, faisant passer au second plan l'enjeu environnemental. Le cas français montre, quant à lui, que lorsque la profession agricole participe aux arbitrages nationaux sans pour autant participer significativement au travail administratif de mise en œuvre, elle a tendance à faire adopter des orientations complexes et néanmoins peu favorables à l'enjeu environnemental.

On peut s'interroger sur la stabilité dans le temps des deux répertoires nationaux identifiés. Pour qu'un répertoire d'action s'institutionnalise et soit mobilisé de manière répétée par les acteurs, il faut qu'il ait rencontré un certain succès (Tilly, 1984 : 99). Or, les choix opérés en France ont produit des effets chaotiques, occasionnant des retards de paiement et des dysfonctionnements importants au niveau de l'organisme payeur et des administrations de terrain[33]. On peut supposer, dès lors que, fort de ces apprentissages, le répertoire français de mise en œuvre évoluera à l'avenir.

---

32 – Entretien n° 87, 16.06.2017 : Bernard, ancien animateur syndical national FNSEA.

33 – Voir ce rapport de la Cour des comptes française, 2018. *La chaîne de paiement des aides agricoles (2014-2017). Une gestion défaillante, une réforme à mener*, 110 p..

Par contraste, l'approche privilégiée en Espagne pourrait s'institutionnaliser comme un répertoire protecteur face aux aléas gestionnaires et aux menaces de corrections financières. Le répertoire gestionnaire pose toutefois des limites importantes en matière de prise en charge par le niveau national des objectifs environnementaux fixés au niveau européen. La Commission s'en inquiète dans un récent rapport : « Les préoccupations liées aux données et à la cartographie ont été identifiées comme un facteur qui a influencé les décisions de mise en œuvre du paiement vert. (…) C'est un sujet qui mérite d'être davantage exploré dans les évaluations futures »[34].

Pour résoudre ce paradoxe, notamment, un grand programme de simplification administrative a été lancé sous l'autorité du commissaire Phil Hogan sans que ses effets sur les stratégies nationales de mise en œuvre puissent encore être observés. La proposition législative de la Commission européenne pour la PAC post-2020[35] opte, par ailleurs, pour davantage de territorialité de la PAC et de responsabilité des États-membres. Ces derniers seraient chacun en charge d'élaborer leur propre « plan stratégique » national pour répondre à des objectifs d'ordre général fixés par Bruxelles. En laissant une grande liberté de choix d'instruments à chaque État-membre, ce nouveau mode de gouvernance de l'agroécologie pourrait réduire les efforts d'adaptation nationale au cadre gestionnaire fixé par Bruxelles. Si les objectifs européens restent évasifs on peut supposer que leurs appropriations par les États-membres continueront d'être guidées par des préoccupations nationales éloignées de l'objectif de transition agroécologique.

Références bibliographiques

Bezes P., 2009 – *Réinventer l'État : les réformes de l'administration française, 1962-2008*, Paris, Presses universitaires de France (« Le lien social »).

Bongrand P. et Laborier P., 2005 – L'entretien dans l'analyse des politiques publiques : un impensé méthodologique ?, *Revue française de science politique, 55.1*, 73-111.

Bonnaud L. et Joly N., 2012 – L'alimentation sous contrôle, *L'alimentation sous contrôle. Tracer, auditer, conseiller*, Editions Quæ.

Börzel T. A. et Risse T., 2003 – Conceptualizing the Domestic Impact of Europe, *in* Featherstone K., Radaelli C. (dir.) *The Politics of Europeanization*, Oxford University Press, 57-80.

Cordellier S. et Le Guen R., 2010 – Chapitre 5 / Élections professionnelles et conceptions de l'entrepreneuriat (1983-2007), *Les mondes agricoles en politique*, Paris, Presses de Sciences Po, 145-192.

Fouilleux E., 2003 – *La politique agricole commune et ses réformes : une politique européenne à l'épreuve de la globalisation*, Paris, L'Harmattan, « Collection Logiques politiques ».

---

34 – European Commission, 2016. *Mapping and analysis of the implementation of the CAP – Final Report*, p. 193. Traduit par l'auteure.

35 – Commission européenne, 1er juin 2018. *Proposition de règlement du Parlement européen et du Conseil établissant des règles régissant l'aide aux plans stratégiques devant être établis par les États membres dans le cadre de la politique agricole commune*, COM (2018) 392 / final2018/0216 (COD).

Garzon I., 2006 – *Reforming the Common Agricultural Policy History of a Paradigm Change*, Basingstoke, Palgrave Macmillan.

Hassenteufel P. et Surel Y., 2000 – Des politiques publiques comme les autres ? : Construction de l'objet et outils d'analyse des politiques européennes, *Politique européenne* 1.1, 8-24.

Hervieu B. et Purseigle F., 2013 – *Sociologie des mondes agricoles*, Paris, Armand Colin, Collection U. Sociologie.

Moyano E., 1997 – Acción colectiva y sindicalismo agrario en España, *in* González Rodríguez J., Gómez Benito C. (dir.), *Agricultura y sociedad en la España contemporánea*, CIS, 773-796.

Moyano E., 2006 – El asociacionismo en el sector agroalimentario y su contribucion a la generacion de capital social, *IESA Working Paper Series* 20, 1-28.

Muller P., 2000 – La politique agricole française : l'État et les organisations professionnelles, *Économie rurale* 255.1, 33-39.

Musselin C., 2005 – Sociologie de l'action organisée et analyse des politiques publiques : deux approches pour un même objet ?, *Revue française de science politique*, 55.1, 51-71.

Peres H. et Roux C. (dir.), 2016 – *La démocratie espagnole. Institutions et vie politique*, Rennes, Presses universitaires de Rennes.

Pressman J.-L. et Wildavsky A.B., 1984 – *Implementation: How Great Expectations in Washington Are Dashed in Oakland*, Berkeley, Univ. of California Press, Oakland Project series.

Rémy J., 2014 – La « Loi d'avenir pour l'agriculture » entre avancées et régression, *Pour*, 224.4, 7-14.

Roederer-Rynning C., 2015 – The Common Agricultural Policy: The Fortress Challenged, *in* Wallace H., Pollack M., Young A. (dir.), *Policy-Making in the European Union* (7th edition), Oxford University Press, 196-219.

Roullaud É., 2017 – *Contester l'Europe agricole : la Confédération paysanne à l'épreuve de la PAC*, Presses universitaires de Lyon.

Rueda-Catry C., 2005 – Les conceptions de la nouvelle PAC en Espagne, *in* Delorme H. (dir.), *La politique agricole commune*, Paris, Presses de Sciences Po, 159-181.

Theys J., 2002 – L'approche territoriale du « développement durable », condition d'une prise en compte de sa dimension sociale, *Développement durable et territoires*, Dossier 1, 1-14.

Tilly C., 1984 – Les origines du répertoire d'action collective contemporaine en France et en Grande-Bretagne, *Vingtième Siècle. Revue d'histoire*, 4, 89-108.

Torny D., 1998 – La traçabilité comme technique de gouvernement des hommes et des choses, *Politix* 11.44, 51-75.

Chapitre 6

Le territoire comme catalyseur de la transition agroécologique

Territory As A Catalyst For Agroecological Transition

Perrine Vandenbroucke*, Michel Jabrin**, Lucile Guirimand***,
Claire Heinisch*, Hélène Brives*

Résumé : Appréhendé comme lieu d'apprentissages et d'affirmation d'une gouvernance intégrée et alternative des systèmes alimentaires, le territoire est souvent invoqué dans un rôle facilitant la transition agroécologique. Nous questionnons cette hypothèse en analysant la gouvernance territoriale de la transition dans le territoire du Pilat, en nous appuyant plus spécifiquement sur la grille d'analyse de la gouvernance adaptative. L'agroécologie est soutenue, dans le Pilat, par une volonté politique forte du Parc Naturel Régional et de nombreux projets à l'initiative de citoyens, agriculteurs, entreprises ou institutions sur le territoire, même si ces acteurs ont des visions différentes. L'analyse des réseaux et acteurs ayant joué un rôle dans le développement de ces projets révèle une dynamique d'apprentissage collectif dans les réseaux citoyens et agricoles inscrite dans la longue durée et en lien avec l'environnement régional. Le Parc, institution passerelle avec les politiques régionales, nationales et européennes et accompagnateur de la transition agroécologique, est lui aussi engagé dans une adaptation de son rôle et de sa posture. Le Pilat peut ainsi être qualifié de territoire apprenant. Néanmoins, les contextes socio-économiques gardent un rôle déterminant dans la transition agroécologique : alors qu'une mutation significative est engagée en élevage, elle reste beaucoup plus réservée dans les filières arboricoles et viticoles. Ainsi, le territoire est un catalyseur de la transition agroécologique dans le cadre plus large d'une adaptation des systèmes au contexte climatique, socio-économique et politique, mais il ne peut infléchir les facteurs macroéconomiques et politiques générés à d'autres échelles et qui restent déterminants d'une écologisation de l'agriculture.

Abstract: *Considered as places of learning and innovation, and a site for alternative and integrated governance of food systems, territories are often quoted as playing a facilitating role in agroecological transitions (place-based approach). We tested this hypothesis by analyzing the territorial governance of the agroecological transition in the Pilat Regional Natural Park, through the prism of adaptive governance. Agroecology enjoys strong support in this area*

* ISARA,Laboratoire d'études rurales.
** Parc naturel régional du Pilat.
*** Stagiaire, ISARA, PNR du Pilat.

from the public authorities, but also within the numerous initiatives undertaken by citizens, farmers, companies, institutions and NGOs. All those different stakeholders, however, have a different approach. Our analysis of the resources and networks that supported the development of agroecological projets has revealed a long-term learning process within agricultural and citizen networks, closely linked to the above level, regional environment. The Regional Natural Park, both in its role as an institution bridging European, national and regional politics and as a facilitator in the agroecological transition, is also involved in a process of adaptation regarding its role and posture in a changing political environment and in light of the new learning approaches suggested by agroecology. Thus, the Pilat area can be seen as a learning community. Nevertheless, socio-economic factors remain decisive: while the transition is well underway in the breeding sector, progress is much slower in the fruit and wine sectors. So, the territory can be considered as a catalyzer of agroecological transition within the broader framework of farming systems adapting themselves to the new climatic, socio-economic and political background, but it cannot influence large scale macroeconomic and political factors, which remain decisive when assuming agriculture is to follow a greener path.

Abordée comme un changement de paradigme du développement agricole, la transition agroécologique se joue à l'interface entre des formes situées d'expérimentation collective et des processus institutionnels et politiques (Mendez *et al.*, 2003). Or, l'hypothèse selon laquelle le territoire, dans ses dimensions sociales, matérielles, identitaires ou politiques (Laganier *et al.*, 2002), joue un rôle de levier dans la transition agroécologique se dégage de manière significative dans la littérature scientifique.

Marquant une inflexion dans les modes de production et de circulation des connaissances, l'agroécologie met en effet l'accent sur l'importance des « savoirs locaux », enchâssés dans les relations sociales et le milieu (Compagnone *et al.*, 2018). Revalorisant les logiques ascendantes de développement agricole, elle vient donc réinterroger le territoire dans son rôle de milieu innovateur, de « système apprenant » (Laperche *et al.*, 2011), capable de susciter des effets d'entraînements autour des changements de pratiques agricoles (Bidaud *et al.*, 2013). Au Brésil, en réponse à une recherche d'autonomie et de viabilité des systèmes sociaux, l'agroécologie est d'ailleurs qualifiée d'innovation socio-territoriale (Piraux *et al.*, 2010).

De plus, lieu de partage d'un espace et de ressources naturelles, lieu de controverses et de coordinations, le territoire révèle et suscite des processus d'écologisation. La transition vers des pratiques plus respectueuses de l'environnement est rendue possible par la médiation d'acteurs mais aussi d'objets, inscrits dans un réseau de relations passées produisant de la confiance (Brives, Mormont, 2008). Ceci devient notamment prégnant dans un contexte où les citoyens s'impliquent de plus en plus dans les sujets agricoles et alimentaires. Aurélie Cardona montre ainsi le rôle des ajustements réciproques, dans les discours et les actions, entre agriculteurs et citoyens, dans les changements de pratiques agricoles (Cardona, 2012). Les agronomes appellent à raisonner la transition agroécologique avec une approche systémique impliquant un agencement spécifique de ressources matérielles, cognitives, techniques et socio-économiques dans trois domaines en interaction : les exploitations agricoles, les filières et les arènes de gestion des ressources naturelles (Duru *et al.*, 2015).

La territorialisation de l'action publique ouvre enfin la voie à une approche plus intégrée des politiques agricoles et alimentaires (Berriet-Solliec *et al.*, 2008). Dans la continuité du débat européen autour de la multifonctionnalité de l'agriculture, l'affirmation d'une gouvernance alimentaire territorialisée, valorisant ressources locales et relations de proximité, est une alternative au système agro-industriel mondialisé (Lamine *et al.*, 2012). Le territoire est appréhendé comme le lieu d'une possible intégration des démarches de transition portées par les agriculteurs, élus, entreprises et citoyens sur un même espace (Wezel *et al.*, 2016). Ces travaux conduisent à questionner les ressorts de cet effet levier attendu du territoire dans la transition agroécologique.

Dans le cadre du projet de recherche participative Territoires d'agroécologie, TERRAE[1], les techniciens du Parc Naturel Régional du Pilat se sont interrogés sur les voies de l'innovation agroécologique, sur le rôle d'une institution telle que le PNR et sur la gouvernance et les méthodes pour accompagner les agriculteurs dans un changement de pratiques. Caractérisé par un projet affirmé d'agriculture durable, le territoire du Pilat est également foyer de nombreux projets de transformation des systèmes agricoles et alimentaires, à l'initiative tant des agriculteurs que de citoyens (magasins, collectifs, événements, etc.). Pour autant, les évolutions restent étroitement liées aux politiques supra-territoriales et aux déterminants marchands. Ainsi, ce cas d'étude permet de questionner les effets territoriaux de la transition, mais aussi leurs limites.

L'objet de cet article consiste donc à saisir la gouvernance territoriale, c'est-à-dire les processus de coordination, d'apprentissage et de régulation (Rey-Valette *et al.*, 2014), qui se mettent en place autour de la transition agroécologique. Nous nous sommes inspirés du cadre d'analyse de la gouvernance adaptative. Approche mobilisée pour les systèmes à forte complexité et incertitude, la gouvernance adaptative a pour objectif de comprendre les processus de décision et d'accompagner l'action pour favoriser l'adaptabilité et la résilience du système, sa capacité de réponse au changement (Folke *et al.*, 2005). En plus d'une analyse des coordinations et régulations multi-scalaires (Pahl Wostl, 2009), elle s'intéresse aux processus d'apprentissage et au rôle des réseaux formels et informels (Angeon *et al.*, 2014). En nous appuyant sur l'analyse des ressources et acteurs impliqués dans le développement de cinq projets agroécologiques, nous questionnons, dans une première partie, les effets de réseaux et dynamiques d'apprentissage à l'œuvre dans le Pilat. Nous nous intéresserons ensuite au rôle du Parc comme institution passerelle avec les niveaux supra-territoriaux. Enfin, explorant les freins et leviers au changement de pratiques dans les filières (élevage, arboriculture, viticulture), nous questionnerons les liens entre politiques publiques, dynamiques des filières et dynamiques des réseaux locaux, afin de caractériser les gouvernances émergentes autour de la transition agroécologique.

---

1 – Le projet Territoires d'agroécologie, porté par l'Isara en partenariat avec les trois territoires du Pilat, du Roannais et de la Boucle du Rhône-en-Dauphiné, a pour objectif d'étudier et d'accompagner la transition vers des systèmes agricoles et alimentaires territorialisés et durables. Ce projet a été financé par le fonds de dotation TERRA ISARA et la fondation de France de 2013 à 2018.

L'article repose sur la connaissance fine qu'ont du territoire les techniciens du Parc, l'analyse de différents documents (charte, projets de territoires) et un *corpus* de 80 entretiens semi-directs conduits entre 2015 et 2017 auprès d'agriculteurs, des techniciens du Parc et des structures de développement agricole (Chambres, contrôle laitier, ADDEAR – Association Départementale pour le Développement de l'Emploi Agricole et Rural), d'élus locaux et d'acteurs impliqués dans des projets.

Dynamique d'un territoire « apprenant »

L'agroécologie, projet fédérateur dans le Pilat ?

En 2015-2017, période de réalisation des enquêtes, nous observons une grande diversité de formes d'appropriation de l'agroécologie dans le Pilat où se confrontent projets militants, scientifiques et politiques.

L'agroécologie est d'abord, dans le cadre du projet TERRAE, saisie comme démarche de recherche-action, portée par une volonté d'étudier la transition de manière globale à l'échelle des systèmes alimentaires, et de renouveler les modalités de production et circulation des connaissances. La transition vers des territoires d'agroécologie embrasse ainsi de manière large un ensemble de démarches qui relèvent de changements de pratiques, de réorganisation des systèmes, de réappropriation citoyenne des problématiques agricoles et alimentaires (Wezel *et al.*, 2016). Guidés par cette approche, nous avons sélectionné un panel de projets qui permette de saisir ces différentes formes d'engagement vers des systèmes durables, portés par différents acteurs publics, professionnels ou citoyens (voir Tab. 1).

Mise à l'agenda politique national en 2012 par S. Le Foll, l'agroécologie s'affirme aussi dans une dimension institutionnelle dont on perçoit deux formes de réappropriation à l'échelle locale. Les structures de développement agricole et plus particulièrement les Chambres d'agriculture l'ont reformulée autour de la triple performance agronomique, sociale et environnementale. Cela se traduit, dans les faits par du conseil, des présentations de nouveaux matériels ou la réalisation de diagnostics pour la conversion à l'agriculture biologique. Les agriculteurs se saisissent de telles offres de manière variable : mise à distance des enjeux environnementaux assimilés à un cadre normatif trop prégnant, traduction autour de points de vigilance (« faire attention à l'environnement notamment aux effluents », « limiter les intrants pour limiter l'impact carbone »[2]), recherche de solutions à des préoccupations techniques telles que l'autonomie fourragère ou l'érosion des sols.

Cette « mise en politique » de l'agroécologie se traduit également par une requalification du rôle des Parcs Naturels Régionaux qui s'affirment comme « moteurs d'actions agroécologiques à l'échelle territoriale, vecteurs de nouvelles alliances agriculture – environnement – économie »[3]. Cette redéfinition du rôle des

---

2 – Agriculteurs, novembre 2015, Pilat

3 – Séminaire organisé en 2015 par la Fédération des PNR, dans le cadre d'une convention pluriannuelle d'objectifs avec le Ministère.

**Encadré n° 1 – Le Parc Naturel Régional du Pilat :
un projet d'agriculture durable, diversifiée et créatrice d'emplois**

Le Parc Naturel Régional du Pilat est situé sur la frange orientale du Massif central. Il s'étend sur 70 000 hectares entre la vallée du Rhône, la vallée du Gier et les frontières avec l'Ardèche et la Haute Loire. Il comprend 47 communes et 16 « villes portes » adhérentes au syndicat mixte du Parc. 56 000 habitants en 2015. C'est un territoire de moyenne montagne. La forêt couvre la moitié des surfaces (36 000 hectares). L'agriculture, avec 1 000 exploitations dont 650 professionnelles, crée 1 700 emplois directs, génère 70 à 80 millions de produit brut annuel et gère 24 500 hectares (PNR du Pilat, 2013 d'après RGA 2010). Les principales filières agricoles sont celles des bovins laitiers, des caprins laitiers, de l'arboriculture et de la viticulture. La proximité avec Saint-Étienne, Lyon, Annonay et les vallées du Gier et du Rhône confère au PNR du Pilat un caractère périurbain : 64 % des résidents actifs du territoire travaillent à l'extérieur et sont des « navetteurs » ; le PNR est ainsi confronté à un afflux de nouveaux habitants ayant pour conséquence une forte pression foncière et environnementale (INSEE, 2011).

Proche des agglomérations lyonnaises et stéphanoises, le Pilat est un territoire de moyenne montagne situé à l'interface entre les vallées du Rhône et du Gier. Le Parc Naturel Régional du Pilat a été créé en 1974 pour répondre à des problématiques de gestion du patrimoine paysager et environnemental, de gestion d'une périurbanisation sur ses coteaux et de pérennisation d'une dynamique agricole diversifiée et créatrice d'emplois. Le PNR du Pilat, dont sont membres les Communes, les Communautés de Communes, les Départements et la Région Auvergne Rhône Alpes, a inscrit dans sa Charte, en concertation avec ses partenaires, un projet d'agriculture durable ainsi qualifié: « Conforter une agriculture durable dans le Pilat nécessite de s'appuyer sur des agriculteurs suffisamment nombreux, en les aidant à accroître leur autonomie et leur revenu. Pour faire de l'agriculture un partenaire à part entière de l'amélioration de l'environnement et de la sauvegarde des ressources naturelles, il convient aussi de reconnaître la valeur et les fonctions de l'agriculture » (Charte du Parc « Objectif 2025 » : 97).

Ce projet se structure autour des quatre objectifs suivants :
- préservation des espaces agricoles et de leurs rôles,
- amélioration de la performance environnementale des exploitations,
- diversification et valorisation locale des produits et services de l'agriculture du Pilat
- revalorisation du métier d'agriculteur.

Si ces orientations sont assez communes à différents territoires, la spécificité de ce projet réside dans l'affirmation d'objectifs ambitieux autour des indicateurs suivants : en moyenne, 40 % d'exploitations labellisées AB, 100 % d'entre elles engagées dans une certification environnementale, 100 % de la SAU de 2010 conservée, 80 % des exploitations agricoles pérennisées et maintien de la population active agricole.

Tab. 1 – Les cinq projets de transition agroécologique étudiés

	Émergence du projet	Développement en 2017-18
Groupement d'Intérêt Écologique et Économique (GIEE)- Projet Innovant Lié à l'Agro-écologie du Travail de nos Sols (PILATS)	Démarche initiée en 2015 par quelques agriculteurs d'une Cuma souhaitant améliorer les performances de leurs exploitations en incluant des techniques culturales innovantes (techniques culturales simplifiées, co-compostage...)	L'animatrice du PNR accompagne le collectif pour le dépôt du dossier de labellisation GIEE, et tente d'en élargir le champ (expérimentation, formation et lien au lycée agricole...)
Centre agroécologique et touristique de la Rivoire	Projet de lieu de production, de tourisme et de formation porté par un collectif de nouveaux paysans maraîchers, arboriculteurs à partir de 2014	Ancrage et reconnaissance progressifs dans le territoire. Élargissement du collectif à de nouveaux créateurs d'activité (ex : paysans boulangers)
Magasin de producteurs « Le Quart d'heure paysan »	Démarche initiée en 2011 par deux producteurs souhaitant faciliter leur commercialisation en vente directe	Magasin stabilisé dans sa configuration et son fonctionnement
Collectif citoyen « Vent de Bio »	Démarche initiée en 2014 par des habitants souhaitant mieux connaître et faire connaître les producteurs et productions en Agriculture Biologique sur le territoire	Différents évènements (conférences, ateliers) et une foire annuelle du Bio sont organisés sur le territoire.
Marché de producteurs d'Echalas	En 2009, volonté d'une élue dont le fils est agriculteur de rapprocher les agriculteurs des habitants sur cette commune périurbaine	Un marché de producteurs se tient en sortie d'école les vendredis soir, c'est devenu un lieu significatif pour la commune (associations, communication des élus...)

Source : P. Vandenbroucke, L. Guirimand.

PNR a été fortement investie par les techniciens du Pilat. Elle fait écho aux ambitions inscrites dans la Charte : l'amélioration de la performance environnementale passe ainsi par la mise en place de « systèmes d'exploitation viables économiquement, favorables à la biodiversité, économes en énergie, eau et intrants, adaptés au changement climatique et respectueux des sols, de la qualité des eaux, de la santé et du bien-être humain et animal»[4]. Mais l'agroécologie fait aussi l'objet d'une forte appropriation par les chargés de mission du PNR, tant comme modèle agricole affirmé pour le Pilat – « l'agroécologie, il faut vraiment qu'on y aille. C'est l'idée de marquer l'agriculture hyper clean, qu'on reconnaisse le Pilat là-dessus.

4 – Charte du PNR du Pilat « Objectif 2025 », p. 99.

Pas faire de l'agroécologie de bazar »[5] –, que comme nouvelle façon d'aborder les changements de pratiques, avec un poste dédié à l'agroécologie dont la chargée de mission exprime ainsi « une volonté d'impulser, de relayer sur des thématiques « nouvelles » innovantes pour le territoire »[6].

L'agroécologie est enfin portée, dans le Pilat, par un important réseau militant autour de l'agriculture paysanne, composé d'agriculteurs et de citoyens, en lien avec les réseaux internationaux et nationaux (Via Campesina, Confédération Paysanne, Semences Paysannes) et les réseaux citoyens des villes environnantes, notamment Saint-Étienne (Colibri, Terres de Liens, librairies engagées, Semences Paysannes, associations pour le maintien d'une agriculture paysanne, etc.). Ce réseau militant, mobilisé en 2016 avec l'ambition de construire dans le Pilat un « territoire d'agroécologie paysanne », revendique « un modèle d'agroécologie paysanne associé à la souveraineté alimentaire (droit des peuples à produire leur propre alimentation) »[7]. Il revendique un contre-modèle par rapport à ce qui se joue sur le territoire : « C'est un modèle beaucoup plus large que celui proposé par l'agriculture biologique puisqu'il intègre, outre les composantes agronomiques et économiques des composantes sociales, politiques, et culturelles. L'agroécologie est une notion récupérée par le ministère de l'Agriculture, les instituts de recherche (INRA notamment) et les lobbies. Seul le mot est le même et c'est pour contrer cette dérive qu'un collectif s'est constitué en octobre 2013 pour une agroécologie paysanne »[7].

L'agroécologie fait donc l'objet de différentes formes d'appropriation et ne constitue pas un projet fédérateur dans le Pilat. La confrontation entre ces projets et visions est rarement directe. Elle peut se cristalliser dans des tensions entre acteurs intermédiaires, par exemple entre le PNR et la chambre d'Agriculture, qui cependant sont rarement explicitées. On constate d'ailleurs presque un évitement de la notion d'agroécologie. Dans les différents projets étudiés, un seul s'en prévaut, le projet de centre agroécologique et touristique de la Rivoire qui se déploie dans la mouvance militante paysanne.

Des ressources adaptatives consolidées dans la longue durée

Pour saisir la gouvernance territoriale de l'agroécologie, nous avons étudié les trajectoires de cinq projets. Nous les avons décomposées en séquences, et analysé pour chacune les objectifs, le contexte, les acteurs en présence, les actions mises en œuvre, leurs moteurs, les problèmes rencontrés et moyens mobilisés. Ceci nous a permis de produire une analyse des réseaux et ressources, des dynamiques d'apprentissage et de la gouvernance interne de ces projets.

L'analyse des trajectoires des projets révèle le rôle central de réseaux socles territoriaux, formels et informels, agricoles et non agricoles. On repère d'abord l'importance d'un savoir-faire d'action collective agricole, qui prend appui sur un

---

5 – Intervention du chargé de mission agriculture et développement économique, conseil scientifique du PNR du 26 mars 2014
6 – Chargée de mission du PNR, juin 2017, Pélussin
7 – Compte-rendu de la « Première réunion pour essayer de construire ensemble un territoire d'agroécologie paysanne », 2 avril 2016

tissu historique d'interconnaissances et sur l'organisation de la profession agricole autour des comités de développement, Cuma, coopératives. Structuré autour des différentes vallées du massif, des productions, des orientations syndicales ou modèles de production, ce réseau agricole peut être traversé par des tensions internes, mais certains agriculteurs « passerelles », les comités de développement, le comité agriculture durable du Parc, contribuent à une certaine fluidité. En écho avec ce qui a pu être analysé dans les monts du Lyonnais (Vandenbroucke, 2014), cette élite agricole est très présente et influente.

De plus, la consolidation de dynamiques citoyennes militantes organisées autour de l'agriculture et de l'alimentation, facilite l'ancrage de projets innovants sur le territoire. Comme le mentionne le porteur du projet de centre agroécologique : « par les réseaux tout va très vite [...]. Par ricochet on a eu des contacts avec plein de personnes engagées, au sein d'associations ou de collectifs comme Terre de liens, les CIGALES, le PNR, les réseaux paysans... »[8].

Plusieurs « noyaux » se distinguent dans ces réseaux citoyens : ainsi, les démarches de la Rivoire et de Vent de Bio ne s'inscrivent pas dans la même dynamique géographique et sociologique, mais, là encore, on retrouve des acteurs et des dispositifs qui favorisent les interfaces.

Loin d'être repliés sur le territoire, ces réseaux sont étroitement liés aux dynamiques associatives des agglomérations voisines et se nourrissent d'une proximité entre agriculteurs et citoyens générée par le développement de la vente directe.

Ces projets mobilisent d'autres ressources dans et hors du territoire. Ils s'appuient sur l'expertise d'acteurs intermédiaires organisés à l'échelon régional ou départemental, par exemple le réseau « Terre d'envies » pour les magasins de producteurs, et sur la référence à des initiatives existantes faisant figure de « prototypes ». La foire bio de Vernosc (Ardèche) est ainsi une référence pour la mise en place d'une foire bio du Pilat. L'analyse des processus d'apprentissage révèle ainsi beaucoup d'hybridations et de circulations des connaissances dans et hors du territoire. Par exemple, dans le cas du GIEE PILATS, le projet a démarré à l'initiative d'un agriculteur engagé dans des expérimentations en lien avec le réseau national BASE, réseau d'échanges entre agriculteurs et techniciens autour de l'agriculture de conservation : « Moi ça fait deux ans que je teste un peu des choses, du semis direct, des inter-cultures, des couverts »[9]. La Cuma a été le creuset de constitution du groupe. Un appui en ingénierie de projet a d'abord été assuré par un bureau d'études puis par le PNR qui a ouvert le projet à d'autres acteurs territoriaux tel le lycée agricole, et qui assure l'ingénierie financière pour le dossier de labellisation GIEE. Enfin, le groupe, qui fonctionne essentiellement sur l'échange de pratiques, peut avoir recours à une expertise agronomique dont l'objectif est d'accompagner l'agriculteur dans ses choix, en le dotant d'une meilleure compréhension de son milieu et de ses évolutions.

Enrichissant un cercle vertueux d'apprentissage, les projets sont eux aussi créateurs de nouvelles ressources territoriales, que nous qualifions de « ressources

8 – Porteur de projet, mai 2017, Saint-Julien-Molin-Molette
9 – Agriculteur, mars 2017, Pélussin

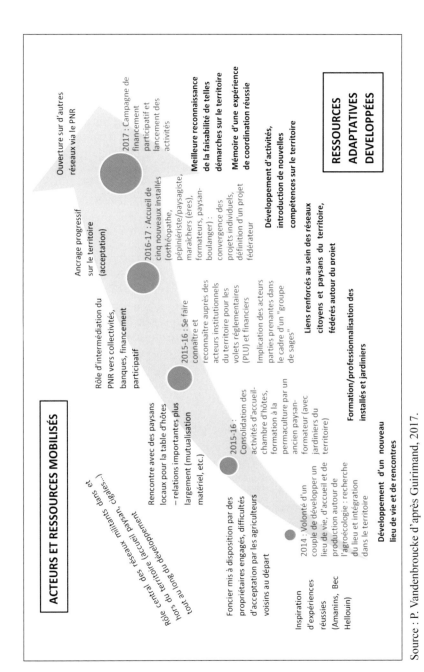

Source : P. Vandenbroucke d'après Guirimand, 2017.

Fig. 1 – Réseaux et ressources mobilisés et développés au cours de l'installation du Centre agroécologique de la Rivoire

adaptatives » en ce qu'elles facilitent la capacité des acteurs du territoire à engager d'autres démarches de transition en renforçant les liens de coordination et en multipliant les occasions, pour les différents protagonistes, de mieux connaître le réseau dans sa globalité. Tel que le suggèrent G. Colletis et B. Pecqueur, chacun de ces projets participe à un « patrimoine du territoire entendu comme mémoire de situation de coordinations antérieures réussies », activable pour de nouveaux enjeux (Colletis, Pecqueur, 2018). La figure 1 montre que l'installation progressive du Centre agroécologique de la Rivoire a stimulé de nouveaux liens de coordination, la formation des parties prenantes, l'attractivité du territoire, une reconnaissance institutionnelle qui entraineront d'autres installations. Ceci participe à ancrer une mémoire de coordination réussie, ressource adaptative en ce qu'elle renforce la capacité du territoire à construire des réponses innovantes aux défis qui peuvent advenir.

« Pour la transition agroécologique » : adaptations du PNR du Pilat

Une institution passerelle à l'interface avec les politiques supra-territoriales

Institution passerelle avec les niveaux européens, nationaux et régionaux, le PNR du Pilat assure la gestion de dispositifs territorialisés de développement rural ou agro-environnementaux en concertation avec ses partenaires institutionnels et locaux. Portée par une mobilisation active des techniciens et des élus, l'agriculture se dégage comme enjeu prioritaire. Deux fiches-actions sont spécifiquement dédiées à l'enjeu de « Maintenir une agriculture active et développer l'agroécologie » dans le cadre du programme LEADER (Liaison Entre les Actions de Développement de l'Économie Rurale).

Dans ce territoire, où la transition agroécologique est une composante centrale du projet territorial, tant les dispositifs de développement rural que les dispositifs agroenvironnementaux sont mobilisés pour cette finalité :
- Soutien à des projets de développement local, *via* par exemple LEADER/
- Soutien à des projets collectifs de réorientation des pratiques agricoles tels que le dispositif des Groupements d'Intérêts Écologiques et Économiques (GIEE) animé par le ministère de tutelle .
- Mesures de gestion et protection de milieux spécifiques, qui peuvent être accompagnées de soutiens contractuels pour les agriculteurs *via* les Mesures Agro-Environnementales et Climatiques (MAEC).

Le PNR du Pilat assure l'animation et la gestion des dispositifs, l'accompagnement de l'ingénierie financière pour les porteurs de projets, et il peut en être directement bénéficiaire comme organisme gestionnaire de la biodiversité ou des espaces pastoraux. Il permet de relier les décisions prises à différentes échelles avec les besoins et enjeux des acteurs (Angeon *et al.*, 2014), il peut affirmer cette orientation forte autour de l'agroécologie, mais il est également tributaire des divergences politiques. L'alternance politique en 2015 pour la région Auvergne-Rhône-Alpes a ainsi marqué une rupture à deux niveaux : l'ambition pour l'agriculture régionale s'est davantage axée sur la compétitivité des filières que sur l'agroenvironnement ; et à une approche fortement territorialisée de l'action publique sous la précédente mandature succède une volonté de concentrer les financements sur l'investissement matériel plus que sur le développement. Cela s'est traduit par l'interruption du dispositif PSADER (Projet Stratégique pour l'Agriculture et le DÉveloppement Rural), volet des contrats de territoires qui s'accompagnait de 720 K€ de subventions fléchées pour l'agriculture et la forêt dans le Pilat pour la période 2015-2020. La divergence peut aussi se cristalliser sur des critères techniques ou économiques. Par exemple, dans le cadre du Projet Agro-Environnemental et Climatique (PAEC), à l'ambition du PNR de déployer la mesure Systèmes Herbager et Pastoral afin de favoriser la prairie permanente à haut potentiel de biodiversité, s'est opposée la Direction Régionale de l'Agriculture et de la Forêt qui considère que l'indemnité compensatoire de handicap naturel suffit à cet objectif et qui privilégie un ciblage des Zones d'Intérêt Prioritaires (sites Natura 2000). Le PNR du Pilat et la Fédération de Parcs ont contesté cette décision et obtenu de proposer cette mesure « SHP » (Systèmes Herbagers Pastoraux) en 2018. La complexité de mise en œuvre des programmes européens tel que LEADER (Vollet *et al.*, 2018), ou les retards de paiement des mesures agro-environnementales, peuvent également impacter l'engagement des chargés de mission du PNR et leurs relations avec les agriculteurs, l'institution étant perçue comme un des maillons d'une lourde machine administrative.

Ainsi, bien qu'existent de nombreuses politiques en faveur de la transition agroécologique, celle-ci ne fait pas l'objet d'une coordination sans écueils entre niveaux institutionnels. La volonté politique portée par le PNR pour la transition agroécologique suppose l'activation d'un maximum de leviers à l'échelle territoriale, ainsi que la contestation au niveau supra-territorial de décisions pouvant impacter le territoire. Le recul observé en région Auvergne-Rhône-Alpes en matière de territorialisation des dispositifs affecte la réalisation de ce projet agroécologique, mais on note une capacité des institutions locales à rebondir et mobiliser d'autres dispositifs. Le PNR s'engage ainsi, en 2019, dans l'élaboration d'un plan pastoral territorial, dispositif régional pour les zones pastorales auquel il vient d'avoir accès. Cette résilience s'observe aussi dans le recours à d'autres formes de financement, tel par exemple une plateforme territoriale de financement participatif, mobilisée pour le centre de la Rivoire.

Changement de posture dans l'accompagnement de l'agroécologie

L'agroécologie, en ce qu'elle suscite de nouveaux modes de production des connaissances et d'organisation des acteurs, réinterroge également les chargés de mission du PNR dans ce qu'ils peuvent impulser comme dynamiques à l'échelle du territoire.

Considérant l'importance des groupes locaux dans la mise en place d'une démarche de transition agroécologique, « apporteurs des solutions à même de réaliser les objectifs inscrits dans la Charte »[10], le Parc réoriente depuis 2018 son action

---

10 – Chargé de mission du PNR, juin 2017, Pélussin

vers le repérage de projets portés par des groupes et en correspondance avec les objectifs de la Charte. Puis, prenant en compte la capacité plus ou moins forte de ces groupes à apprendre, produire des connaissances et mobiliser des réseaux, il propose un accompagnement technique à géométrie variable, soit directement, soit par ses partenaires. Cela peut aller de la simple information, jusqu'à la mise en place d'une animation complète du groupe, tant pour l'aide à son fonctionnement que pour le conseil technique, la formation ou la recherche de solutions juridiques, ou encore l'ingénierie financière. Cette implication du Parc varie selon les projets. Il n'a pas été sollicité pour la création du marché d'Echalas. Pour le centre agroécologique de la Rivoire, ses techniciens ont facilité les mises en relation avec les élus et la mobilisation de fonds participatifs tels que les Cigales ou encore le lien avec les banques, participant ainsi au déblocage de leviers fonciers et financiers. Dans le cas du GIEE PILATS, la technicienne du PNR est devenue animatrice du collectif. Elle incite à un élargissement des acteurs et périmètre du projet (d'un projet initial d'acquisition de matériel à une démarche d'expérimentation collective). Enfin, pour le GIEE PILATS ou le magasin collectif « Le Quart d'Heure paysan », le PNR a joué un rôle d'ingénierie financière et d'acteur-passerelle avec les niveaux supra-locaux en mobilisant les dispositifs régionaux, nationaux et européens.

La concertation se poursuit au travers du Comité de pilotage agricole du Parc[11] qui a pour rôle de définir des stratégies en fonction des besoins, d'évaluer la pertinence des projets avec les objectifs de la Charte, et de porter à connaissance des différents partenaires les diverses initiatives afin de faciliter la mise en réseau. La mise en place du programme « Agroécologie et élevage » permet d'illustrer cette nouvelle approche d'une gouvernance de la transition agroécologique.

Un diagnostic partagé des besoins techniques, sociaux, économiques et environnementaux a été réalisé avec les éleveurs pilatois. Il a fait émerger une cartographie de sujets autour de quatre pôles : ressource fourragère, réduction des charges opérationnelles, valorisation des produits et travail en élevage. Autour de ces piliers, le programme « Agroécologie et élevage » rassemble une vision stratégique pour les parties prenantes et pour trouver des leviers de financement dans les dispositifs politiques supra-territoriaux. Sa mise en œuvre s'envisage selon une approche ascendante à l'initiative des groupes d'éleveurs, avec un accompagnement du PNR ajusté selon les besoins. Le collectif d'échanges de pratiques « Pâtur'en Pilat », pour une meilleure valorisation de la ressource fourragère, en est un exemple. À l'initiative de quatre éleveurs, ce groupe en mobilise désormais soixante avec des résultats significatifs dans les changements de pratiques et un impact paysager positif sur l'embroussaillement et la qualité écologique des milieux pastoraux.

Ainsi, le changement de posture suscité par l'agroécologie dans le conseil agricole, qui met l'accent sur l'importance des « savoirs locaux », enchâssés dans les relations sociales et le milieu (Compagnone *et al.*, 2018), trouve son répondant dans les évolutions de posture des chargés de mission du PNR qui combinent des

---

11 – Le Comité de pilotage agricole du PNR réunit les représentants des collectivités locales, des organisations agricoles, des associations environnementales, des administrations intéressées et des acteurs économiques de l'agriculture.

méthodes classiques de diagnostics et une façon nouvelle d'aborder la recherche de solutions innovantes en favorisant les échanges d'expériences. Cet ajustement des modes de gouvernance du PNR est révélateur d'une dynamique adaptative à l'œuvre dans le Pilat, qui peut être qualifié de « territoire apprenant » (Bertrand, Fouqueray, 2017).

Synergies et verrous des régulations de filières

Malgré cette dynamique territoriale d'adaptation, les cadres économiques et politiques, filière par filière, sont déterminants des changements de pratiques, mettant en jeu les dynamiques de valorisation des produits, les formes d'organisation des producteurs, le contexte socio-économique des exploitations et les procédures d'accompagnement par les politiques publiques. S'opposent ainsi, de manière emblématique, dans le Pilat, l'évolution des filières élevage et celle, plus lente, des filières vitivinicoles et arboricoles.

Élevage : un environnement socio-économique favorable à la transition agroécologique

La convergence entre la stratégie de l'industrie laitière, une crise des revenus agricoles et les ambitions locales de transition vers l'agroécologie, créent un environnement propice au changement de pratiques chez les éleveurs du territoire. En effet, la coopérative SODIAAL, confrontée à une demande croissante de produits AB, a voulu consolider son approvisionnement. À proximité de l'usine de la Talaudière, le Pilat, territoire où se sont développés les pionniers du bio dans les années 1990 et zone d'élevage plus extensive que les monts du Lyonnais voisins, a fait figure de candidat idéal. S'observe ainsi un effet d'opportunité à la confluence d'une stratégie de filière et d'enjeux territoriaux. Sans relever d'une co-construction, cet engagement parait solide, en partie garanti par le statut coopératif de SODIAAL. Le développement de l'AOP Rigotte de Condrieu (chèvre) relève quant à lui d'un développement porté par un collectif d'éleveurs avec l'entreprise Guilloteau. Cependant, l'éloignement de la gouvernance de cette entreprise rachetée récemment par Eurial, questionne quant aux convergences futures.

Les éleveurs, confrontés depuis 2009 à la volatilité des prix et des revenus, ont pu saisir ces opportunités et créer un réseau favorable à la transition reposant sur de nombreux groupes locaux, techniques ou politiques. C'est dans la continuité de cette recherche d'évolution et d'adaptation de leur modèle au changement climatique, à de nouvelles ambiances de travail, à l'enjeu de la rémunération, que se dessine le programme « Agroécologie et élevage » du PNR. Enfin, le lien avec la société civile sur le territoire est fort grâce à l'implication des éleveurs dans les circuits courts : 45 % des éleveurs de chèvres laitières et 27 % des éleveurs de vaches laitières vendent une partie de leur production en circuit court. L'élevage présente par ailleurs une dimension paysagère, patrimoniale, identitaire. Il s'inscrit donc dans une dynamique locale favorable à la transition, même si certains restent en marge. Les politiques publiques, bien que bouleversant les équilibres en supprimant les quotas (2015), ont cependant participé à cet environnement favorable : soutien à l'élevage renforcé à partir du bilan de santé de la PAC de 2008, mobilisation par l'intermédiaire du PNR des dispositifs de mesures agro-environnementales et développement rural. Certaines décisions politiques fragilisant les exploitations, comme l'exclusion, par exemple, de l'Indemnité Compensatoire de Handicap Naturel de quatre communes du Pilat dans le cadre d'une révision de la carte (Les Haies, Loire-sur-Rhône, Échalas et Trèves), peuvent en réaction encourager à l'Agriculture Biologique dans une recherche de meilleurs revenus.

Ainsi, la dynamique d'apprentissage observée autour des systèmes d'élevage s'ancre-t-elle dans un environnement socio-économique favorable à cette écologisation de pratiques, porté tant par des éléments moteurs que par une fragilisation économique qui conduit à rechercher plus de résilience.

Fig. 2 – Composantes d'une transition agroécologique
en élevage dans le Pilat

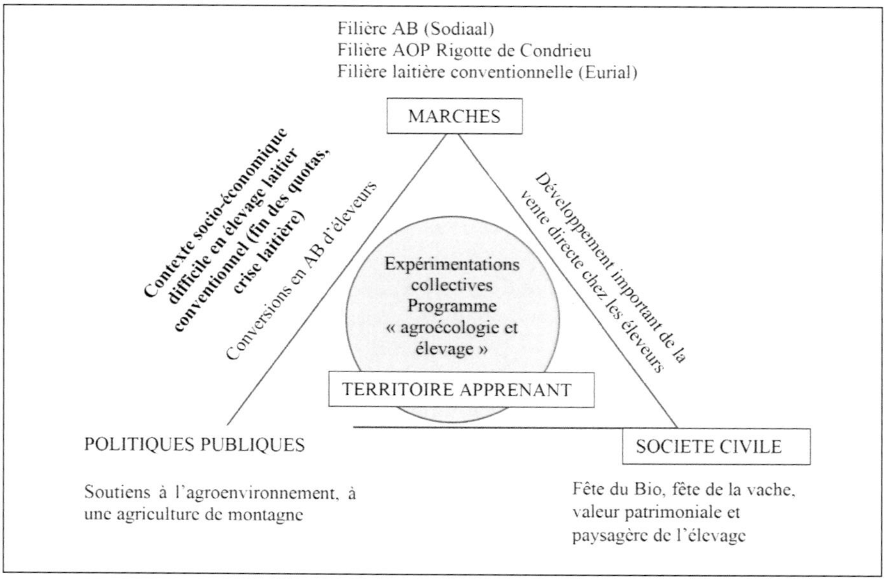

Source : P. Vandenbroucke sur le modèle de Lamine *et al.*, 2012.

Des filières viticoles et arboricoles moins enclines au changement de pratiques

À l'inverse, les filières arboricoles et viticoles restent en marge de cette dynamique, bien que les enjeux écologiques soient forts au niveau phytosanitaire : même si cela a diminué en vingt-cinq ans, six (viticulture) à vingt (arboriculture) traitements par culture et par an sont effectués, dont certains ont des impacts sur la qualité de l'eau.

La filière viticole est caractérisée par des logiques individuelles, entretenant peu de liens avec les instances collectives ou le territoire, à l'exception de la dynamique autour des organismes de défense et de gestion des appellations, de la vente directe (25 %) et de l'œnotourisme. Le niveau élevé de valorisation du produit dans un contexte de contrainte foncière freine toute velléité de changement susceptible d'engendrer une baisse de production. Pour les vins du Pilat (Côte Rôtie, Condrieu, Saint-Joseph) le niveau de qualité, réel et perçu, est élevé. Les clients connaisseurs de ces crus n'expriment pas de demande sur les conditions agroécologiques de production, l'aspect organoleptique restant prioritaire. Ceci ne motive pas les professionnels à changer un système qu'ils maîtrisent. Les craintes de pertes de production sont fortes dans cette vallée du Rhône très exposée aux risques sanitaires. De plus, les itinéraires de conduite des vignobles en coteaux et terrasses sont simplifiés (moins de passages, moins de traitements que dans d'autres vignobles...) d'où des impacts modérés. C'est plutôt la crainte d'une contrainte réglementaire (par exemple sur le traitement aérien) qui inciterait à la recherche d'alternatives du côté de l'agroécologie.

La filière arboricole se situe quant à elle dans une position plus éclatée, intermédiaire. Une partie s'organise autour de la coopérative des Balcons du Mont Pilat qui a son propre technicien et une stratégie commune pour les agriculteurs. Le reste trouve d'autres interlocuteurs, une technicienne de la chambre d'Agriculture 42 et l'ARDAB[12] pour les bios, des techniciens privés pour les autres. De faibles volumes en vente directe (5 %). Les arboriculteurs sont en quête d'une identité territoriale pour valoriser leur production, l'origine Pilat étant souvent mise en avant, par le nom de la coopérative ou par la variété Rosée du Pilat. Une dynamique discrète apparaît autour de la conversion en AB. Les producteurs sont méfiants mais s'y dirigent. Cinq parmi les trente exploitations arboricoles ont labellisé une partie de leurs vergers entre 2010 et 2019, la Coopérative des Balcons du Mont Pilat met en place des expérimentations et prévoit une filière de pommes bios.

Conclusion

S'observe ainsi au Pilat un effet catalyseur du territoire pour la transition agroécologique, sous l'effet de trois déterminants. Le premier est l'importance des réseaux agricoles et citoyens, et une recherche permanente d'apprentissage par les acteurs publics et privés. Qualifiés d'« incubateurs de nouvelles approches pour gouverner les systèmes socio-écologiques » (Folke *et al.*, 2005), ces réseaux permettent de créer les interfaces nécessaires au déploiement des projets agroécologiques : accès au foncier, à l'immobilier, au financement, à une ingénierie de projet, participation large et ancrage territorial des initiatives.

Le second déterminant qui participe à la vitalité de ces dynamiques d'apprentissage est la mobilisation, par l'intermédiation du PNR, de nombreux dispositifs de politiques publiques, voire dans la négociation des règles d'application de ces politiques en faveur du projet agricole territorial. L'enchâssement des échelles

---

12 – ARDAB : Association Rhône Loire pour le Développement de l'Agriculture Biologique.

d'action publique est à la fois ressource et contrainte pour le Parc (contrôles, attentes, appels à projets…). Cette ambition agroécologique territoriale, produit de synergies implicites entre des stratégies privées, une élite agricole, un réseau citoyen militant et le projet d'un PNR, éclipse-t-elle d'autres enjeux de développement, tels que l'emploi dans d'autres secteurs d'activité, ou les dimensions socio-culturelles ?

Le troisième déterminant est la présence d'un environnement socio-économique favorable à la transition. On observe des degrés inégaux d'écologisation des filières selon différentes variables : stratégie des entreprises, organisation des producteurs, niveaux de revenus, marché et demande des consommateurs. L'éloignement de la gouvernance de certaines filières, et le recul au niveau régional en matière de territorialisation des politiques, pourraient-ils cependant fragiliser cette capacité du territoire à faciliter les processus d'écologisation ? Cette hypothèse peut être posée mais aussi relativisée, car la transition agroécologique est à mettre en perspective de logiques d'adaptation du système agricole pilatois dans la longue durée.

Références bibliographiques

Angeon V., Ozier-Lafontaine H., Lesueur-Jannoyer M. et Larade A., 2014 – Agroecology Theory, Controversy and Governance, *Sustainable Agriculture Reviews*, 14, 133-141.

Berriet-Solliec M., Després C. et Trouvé A., 2008 – La territorialisation de la politique agricole en France. Vers un renouvellement de l'intervention publique en agriculture ?, *in* Laurent C. et Du Tertre C., *Secteurs et territoires dans les régulations émergentes,* Paris, L'Harmattan, 121-136.

Bertrand F. et Fouqueray T., 2017 – Un Parc Naturel Régional en apprentissage : enseignements d'une démarche d'adaptation aux changements climatiques des actions en faveur de la biodiversité, *Norois*, 245, 47-61.

Bidaud F., 2013 – Transitions vers la double performance : quelques approches sociologiques de la diffusion des pratiques agroécologiques, *Analyse, centre d'études et de prospective*, 63, 4 p.

Brives H. et Mormont M., 2008 – Les médiations de l'action collective environnementale, *in* Melard F. (dir.), *Écologisation : Objets et concepts intermédiaires*, Éditions P.I.E.-Peter-Lang, Bruxelles, 129-139.

Cardona A., 2012 – *L'agriculture à l'épreuve de l'écologisation : éléments pour une sociologie des transitions*, Thèse de doctorat de sociologie sous la direction de Francis Chateauraynaud et de Claire Lamine, EHESS, Paris, 405 p.

Colletis, G. et Pecqueur, B., 2018 – Révélation des ressources spécifiques territoriales et inégalités de développement : Le rôle de la proximité géographique, *Revue d'Économie Régionale et Urbaine*, 5, 993-1011.

Compagnone C., Lamine C., Dupré L., 2018 – La production et la circulation des connaissances en agriculture interrogées par l'agro-écologie : De l'ancien et du nouveau, *Revue d'anthropologie des connaissances*, 12/2, 111-138.

Duru M., Therond O. et Fares M., 2015 – Designing agroecological transitions; A review. *Agronomy for Sustainable Development,* Springer Verlag/EDP Sciences/INRA, 35/4, 22 p.

Folke C., Hahn T., Olsson P. et Norberg J., 2005 – Adaptative governance of social-ecological systems, *Annual Review of Environnment and Resources*, 30/1, 441-473.

Guirimand L., 2017 – *Quelle(s) forme(s) de gouvernance territoriale favorise(nt) la transition agroécologique ? Analyse et réflexion autour de la gouvernance agricole dans le massif du Pilat*, Mémoire de fin d'études, ISARA, Lyon, 73 p.

Laganier R., Villalba B. et Zuindeau B., 2002 – Le développement durable face au territoire : éléments pour une recherche pluridisciplinaire, *Développement durable et territoires*, 1, 20 p.

Lamine C, Renting H, Rossi A, Wiskerke J.S.C. et Brunori G, 2012 – Agrifood systems and territorial development: innovations, new dynamics and changing governance mechanisms, *in* Darnhofer I, Gibbons D, Dedieu B (eds)*, Farming systems research into the 21st century:the new dynamic*, Springer Dordrecht, 229–255.

Laperche B. et Uzunidis D., 2011 – Crise, innovation et renouveau des territoires : dépendance de sentier et trajectoires d'évolution, *Innovations*, 35/2, 159-182.

Méndez V.E., Bacon C.M. et Cohen R., 2013 – Agroecology as a Transdisciplinary, Participatory, and Action-Oriented Approach*, Agroecology and Sustainable Food Systems*, 37/1, 3-18.

Pahl-Wostl C., 2009 – A conceptual framework for analysing adaptive capacity and multi-level learning processes in ressource governance regimes, *Global environmental Change*, 19, 354–365.

Piraux M., Silveira L., Diniz P. et Duque G., 2010 – La transition agroécologique comme une innovation socio-territoriale, *Colloque ISDA Innovation et développement durable dans l'agriculture et l'agroalimentaire*, Montpellier, 9 p.

Rey-Valette H., Chia E., Mathé S., Michel L., Nougarèdes B., Soulard C. et Guiheneuf, P., 2014 – Comment analyser la gouvernance territoriale ? Mise à l'épreuve d'une grille de lecture, *Géographie, économie, société,* Vol. 16/1, 65-89.

Vandenbroucke P., 2014 – Le maintien d'une élite agricole au cœur de la définition des orientations territoriales dans les monts du Lyonnais (1970-2010), *in* Sarrazin F., *Les élites agricoles et rurales : concurrences et complémentarités des projets*, PUR, 195-209.

Vollet D. et Bosc C., 2018 – Mesure de la performance des politiques européennes de développement rural par l'estimation de leur « valeur ajoutée territoriale » : Application au programme Leader du pays d'Aurillac, *Revue d'Économie Régionale et Urbaine*, Vol. 2, 353-388.

Wezel A., Brives H., Casagrande M., Clément C., Dufour A. et Vandenbroucke P., 2016 – Agroecology territories: places for sustainable agricultural and food systems and biodiversity conservation, *Agroecology and Sustainable Food Systems*, 40/2, 132-144.

Chapitre 7

Quand de petites communes s'impliquent dans la transition agroécologique. Expériences municipales dans les départements du Gard et de l'Hérault

When Small Municipalities Get Involved In The Agroecological Transition. Municipal Experiences In The Departments Of Gard And Hérault

Pascale Scheromm* et Lucette Laurens**

Résumé : En France, la légitimité politique de l'agroécologie est posée dans le cadre de la Loi d'avenir pour l'agriculture, l'alimentation et la forêt de 2014, qui la définit comme un projet de société. Les différents échelons institutionnels et politiques s'en emparent progressivement. Dans ce chapitre, nous interrogeons la diffusion du projet agroécologique en tant que projet politique à l'échelle des petites communes. Comment les élus se saisissent-ils de l'injonction à l'agroécologie ? Font-ils de l'agroécologie un projet pour leur territoire ? L'étude que nous avons menée dans quinze communes des départements de l'Hérault et du Gard a pour objectif d'explorer cette question. Elle s'attache à définir la nature de la relation d'actions agroécologiques mises en place par des élus sur leur territoire. Nous avons en particulier identifié des initiatives visant à réhabiliter ou développer une agriculture plus respectueuse de l'environnement et à relocaliser pour partie le système alimentaire. Au-delà de la construction de connaissances sur la réalité de la territorialisation politique de l'agroécologie dans ces petites communes, nous souhaitons identifier, au travers des initiatives qu'ils mettent en œuvre, les enjeux qui motivent les élus.

Abstract: *In France, the political legitimacy of agroecology is put within the framework of the State-level Law on agriculture, food and forest which defines it as a society project. The different institutional and political levels seize it gradually. In this chapter, we question the dissemination of the agroecological project at the scale of the small municipalities. How do the elected representatives take up this issue? Do they make of agroecology a real project for their territories? The study which we led in 15 municipalities of the Hérault and Gard*

* INRAE, UMR Innovation INRAE, Université de Montpellier, CIRAD, Montpellier Supagro, 2 place Viala, 34 060 Montpellier cedex.
** Université de Montpellier 3, UMR Innovation INRAE, Université de Montpellier, CIRAD, Montpellier Supagro, 2 place Viala, 34 060 Montpellier cedex.

departments has for objective to explore these questions. It attempts to define the nature of the relation of the agroecological actions to the municipal territories. We have identified initiatives which aimed at rehabilitating or developing environmentally friendly agriculture and partially relocating the food system. Beyong constructing knowledge of the reality of the political territorialization of agroecology in these small municipalities, we wish to identify the issues at which elected representatives associate their action.

La transition agro-écologique propose un nouveau paradigme renouvelant les manières de consommer, produire et travailler. Son ambition est de repenser globalement et à différentes échelles les systèmes de production agricoles et les systèmes alimentaires pour les rendre plus durables écologiquement, socialement et économiquement (Dalgaard *et al.*, 2003 ; Francis *et al.*, 2003). Cette mise en œuvre est lente et difficile car elle nécessite des changements concomitants dans les techniques agricoles, les procédés de transformation, la mise en marché des produits alimentaires, mais aussi dans les politiques, les lois, les règlements, et dans les coordinations entre acteurs. Les agriculteurs sont aujourd'hui toujours « captifs » du système de production dominant (Lamine, 2012). La plupart des exploitations restent centrées sur le modèle de l'agriculture intensive et cohabitent dans les territoires avec une minorité d'exploitations pratiquant une agriculture de type agroécologique. Certains auteurs soulignent que l'agroécologie est insuffisamment ancrée dans le champ du politique et que sa progression ne pourra être accélérée que si des changements sont effectués à la fois dans les politiques publiques et dans les cadres institutionnels qui leur sont afférents (de Molina, 2015). Créer un environnement politique favorable s'avère effectivement essentiel au développement de l'agroécologie, et ce à différentes échelles territoriales. En effet, des politiques globales peuvent apparaître inopérantes aux échelles locales (Isgren, 2016), les facteurs influençant leur mise en œuvre variant selon les contextes et les particularismes locaux, les motivations, les capacités des acteurs publics locaux et leur légitimité face à la demande sociale (Prové *et al.*, 2016). L'émergence de projets politiques agroécologiques locaux est donc essentielle ; pensés à l'échelle de territoires d'action, ils permettent la mise en œuvre d'initiatives réunissant des acteurs et des enjeux pluriels (santé, environnement, cadre de vie, développement économique). Le projet agroécologique peut alors contribuer à la valorisation des territoires en orientant les pratiques de développement territorial en activant les ressources, les espaces et les acteurs, au travers de la mobilisation de nouvelles compétences et de nouveaux réseaux les mettant en interaction.

L'agroécologie est l'objet d'un grand nombre de travaux relatifs aux systèmes de production agricole et aux sols (Gómez *et al.*, 2013), mais trop peu d'études de cas documentent aujourd'hui son lien au territoire, qui constitue un front de recherche à investir (Sanderson *et al.*, 2017). Ce lien se construit pourtant progressivement. Il se nourrit d'initiatives élaborées par des acteurs de nature hétérogène, publics, privés, urbains et agricoles, possédant leurs propres représentations de ce qu'est l'agroécologie. Un territoire d'agroécologie peut être défini comme un système socioécologique qui réunit des acteurs, des ressources naturelles, matérielles, cognitives, autour d'une réinterprétation de la question agricole et alimentaire pour penser des agricultures et des systèmes alimentaires territoriaux plus durables et en partie relocalisés (Duru et Therond, 2014 ; Wezel *et al.*, 2016). La relocalisation des systèmes alimentaires est souvent placée au centre de la réflexion de la durabilité de ces derniers, bien qu'elle soit l'objet de débats au sein de la communauté scientifique (Lamine, 2015).

Pour saisir la question de la mise en politique de l'agroécologie à l'échelle locale, nous avons choisi de nous intéresser aux petites municipalités qui constituent la grande majorité des communes françaises, 54 % de celles-ci comptant moins de 500 habitants (INSEE, 2015). En effet, si un certain nombre de travaux portent sur les actions mises en place par de grandes métropoles (Bricas *et al.*, 2017 ; Michel et Soulard, 2017), les conditions dans lesquelles des communes à faibles moyens s'engagent dans l'agroécologie sont mal connues. Depuis les dernières réformes territoriales, de par leur intégration dans des périmètres intercommunaux, ces communes ont pu perdre ou transférer peu à peu certaines de leurs prérogatives, en particulier en zone urbaine. Mais elles se caractérisent toujours par les projets de leurs élus visant à développer la vie communale. Possédant souvent des terres agricoles, les petites municipalités peuvent, de leur propre initiative, s'impliquer dans de nouvelles manières de produire et de consommer, notamment en préservant et remettant en valeur du foncier agricole.

Nous posons ici l'hypothèse que les petites communes peuvent être des acteurs déterminants dans la territorialisation politique de l'agroécologie. Comment les élus se saisissent-ils de l'injonction à l'agroécologie à l'échelle de leur territoire d'action, au travers de quelles initiatives ? Font-ils de l'agroécologie un projet pour leurs territoires, vécus, perçus, appropriés (Di Méo, 1996) ? Au-delà de la construction de la connaissance de la réalité de la territorialisation politique de l'agroécologie dans ces petites communes, nous souhaitons identifier les enjeux et les valeurs auxquels les élus associent leur action lors de la mise en œuvre de leurs initiatives.

Dans cet objectif, nous avons mené une série d'entretiens auprès d'élus de petites communes. Après avoir présenté nos cas d'études et la méthode utilisée, nous proposons une typologie des communes enquêtées sur la base du type d'initiatives agroécologiques qu'elles développent et de l'analyse des entretiens. L'engagement des communes dans des initiatives agroécologiques est ensuite discuté en termes d'enjeux pour le développement des territoires communaux

Cas d'étude et méthode

Ce travail s'insère dans le programme de recherche-action Abeille (2016-2018) financé par les Fondation de France / Fondation Carasso, visant à documenter, accompagner et dynamiser des initiatives agroécologiques dans des territoires périurbains autour de Montpellier et de Nîmes. Notre étude porte sur quinze communes de moins de 10 000 habitants des départements de l'Hérault et du Gard. Ces deux départements rassemblent près de 696 communes, dont 678 comptent moins de 10 000 habitants. Comme il n'existe pas de bases de données permettant de connaître les communes menant des actions que nous qualifions d'agroécologiques, nous avons utilisé quatre critères de « contextualisation » (Laurens *et al.*, 2018) dans l'objectif de constituer un échantillon de communes potentiellement porteuses de telles actions. Ces critères correspondent soit à une injonction politique (préservation des périmètres de captage issus du Grenelle de l'environnement), soit à un engagement des communes en faveur de l'environnement (charte Terre saine / zéro phyto), d'une alimentation plus saine et plus durable (« un fruit à la récré ») ou du développement d'une agriculture respectueuse de l'environnement (part d'exploitants en agriculture biologique sur la commune). Nous avons repéré un ensemble de communes rassemblant au moins trois de ces critères. Ces communes sont localisées dans les deux départements du Gard et de l'Hérault (Fig.1). Certaines sont incluses dans le périmètre des aires urbaines de Montpellier et de Nîmes ou se situent à proximité immédiate. Ces dernières sont donc en proie à des processus de métropolisation. *A contrario*, d'autres sont plus éloignées et se trouvent dans des secteurs de moyenne montagne (Cévennes et massif de l'Espinouse-Caroux), beaucoup plus ruraux.

Les communes ont été contactées par téléphone afin de déterminer si des actions ciblées sur l'agriculture et/ou l'alimentation étaient développées sur leur territoire. Suite à ce ciblage, onze entretiens ont été menés auprès d'élus ayant accepté d'être enquêtés dans le temps imparti à l'étude, d'avril à juillet 2017 (Fig. 1). Quatre autres communes, déjà identifiées dans le cadre du programme de recherche action Abeille, dans lequel s'insère cette recherche, ont complété l'échantillon. Des entretiens avec les élus ont été menés dans l'objectif d'identifier :

- leurs points de vue quant au développement d'une agriculture respectueuse de l'environnement et à la relocalisation du système alimentaire,
- la place et le sens qu'ils donnent à ces problématiques sur leur territoire d'action,
- le type d'actions qu'ils mènent en la matière.

L'analyse des entretiens nous a permis de dresser une typologie des communes étudiées, en lien avec l'engagement (ou pas) des élus dans une initiative agroécologique communale. Nous rappelons que le terme « agroécologie » est, dans cet article, utilisé pour qualifier des actions ou des initiatives municipales mettant en œuvre des modes de production agricole respectueux de l'environnement. Lors du démarchage des communes et dans les entretiens, nous avons peu mobilisé le terme « agroécologie », très polysémique, peu utilisé par les acteurs de manière générale, et donc pouvant porter à confusion sur les objectifs de l'entretien et de la recherche. Nous avons utilisé pour engager les conversations la périphrase « projets agricoles et alimentaires respectueux de l'environnement », permettant de cibler une entrée par l'action. Car c'est bien les types d'action menées que nous cherchons à identifier, de même que les enjeux auxquels ils se rapportent.

Quel engagement des communes dans des initiatives agroécologiques ?

Les communes dans lesquelles nous avons enquêté se répartissent en trois catégories dans lesquelles l'engagement de la municipalité dans des actions de type agroécologique est plus ou moins fort, voire absent.

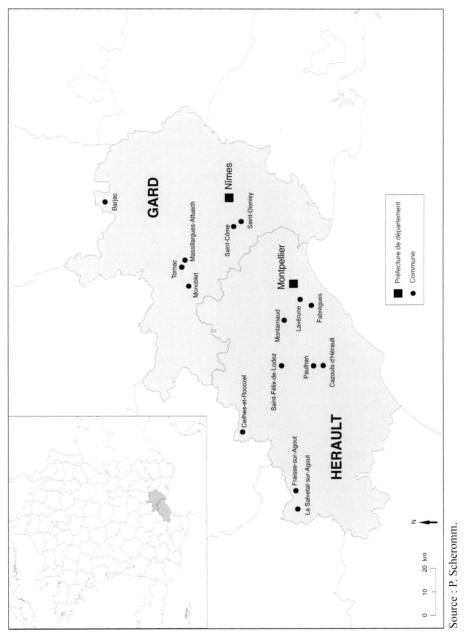

Fig. 1 – Carte de localisation des communes de l'échantillon

Source : P. Scheromm.

• La première catégorie rassemble quatre communes : Saint-Cômes-et-Maruéjols (800 habitants) dans le Gard, Saint-Félix de Lodez (1 200 habitants), Ceilhes-et-Rocozel (300 habitants) et Fraïsse-sur-Agout (350 habitants) dans l'Hérault. L'agriculture (viticulture ou élevage de brebis avec AOC Roquefort suivant les cas) y est encore présente mais les municipalités ne s'impliquent pas ou peu dans des actions agroécologiques. Ces communes agricoles et rurales soutiennent l'activité agricole locale en menant un ensemble de travaux relatifs à l'agriculture (débroussaillage, dessouchage, entretien de clôtures), en intégrant des produits locaux, parfois issus de l'agriculture biologique, dans la restauration scolaire. Une des communes a développé un hameau agricole pour faciliter le logement et l'activité des agriculteurs.

Les élus de ces municipalités connaissent bien les agriculteurs et l'activité agricole de leur commune, reconnaissent la place de cette dernière dans l'identité communale, mais ne la considèrent pas comme relevant des missions municipales, évoquant un manque de moyens, de terres, de temps :« S'impliquer financièrement, ce n'est pas notre rôle, on ne peut pas s'impliquer dans tous les domaines, sinon il faudrait le faire pour un artisan, c'est plutôt le rôle de l'État, la mise en place des législations européennes. C'est la vision des agriculteurs qui est intéressante, bien autant que celle des élus locaux » (maire d'une commune de l'Hérault, 2018).

Les élus interviewés affichent un point de vue positif sur les circuits courts et sur ce que la plupart nomment « la nouvelle loi de l'alimentation », qui met la question de la qualité de la production agricole et de l'alimentation de proximité au cœur des stratégies de restauration collective et scolaire. Leur point de vue est plus nuancé sur les possibilités de développement de l'agriculture biologique : « Les circuits courts, c'est une opportunité de faire vivre les économies locales tout en offrant des produits de qualité. En ce qui concerne l'agriculture bio, les contraintes sont trop nombreuses pour qu'elle se développe mais cette agriculture est intéressante. Le changement viendra de la fin du lobbying des multinationales » (maire d'une commune de l'Hérault, 2018).

En résumé, ces communes où des agriculteurs sont bien présents mènent des actions pour l'agriculture, mais pas d'actions spécifiques pour l'agroécologie. Leurs élus considèrent que la transition agroécologique est nécessaire, mais qu'elle est avant tout une question qui doit être portée par les agriculteurs et qu'elle relève davantage de politiques à développer à l'échelon national et européen qu'à l'échelle locale.

• La seconde catégorie rassemble six communes où l'activité agricole est plus ou moins vivace : Tornac (900 habitants) et Monoblet (700 habitants) dans le Gard, Massillargues-Attuech (700 habitants), La Salvétat-sur-Agout (1 200 habitants), Montarnaud (3 700 habitants) et Paulhan (3 900 habitants) dans l'Hérault. Ces communes mènent des actions ponctuelles en faveur de l'agriculture biologique et pour promouvoir une alimentation de proximité. Ces actions sont de quatre types.

   • Des actions de sensibilisation vers le grand public et les scolaires comme l'organisation d'événements autour du terroir et de l'agriculture biologique, faisant appel à des producteurs locaux.
   • Des actions relatives au foncier agricole : mise en relation de porteurs de projets en agriculture biologique avec des propriétaires fonciers ; mise

à disposition de terres auprès d'agriculteurs sous condition de cultiver en agriculture biologique, cette clause apparaissant cependant très difficile à contrôler par les municipalités ; achat de terres situées dans les périmètres de captage pour une commune possédant une source de captage.

• Dans le cas des communes possédant un captage d'eau, des actions de financement pour soutenir le passage des agriculteurs présents sur le territoire communal à l'agriculture biologique.

• Achat des produits locaux et/ou issus de l'agriculture biologique pour la restauration scolaire.

Les élus de ces communes affichent une sensibilité agroécologique s'inscrivant dans une réflexion personnelle écologique plus globale, comme lutter contre les pollutions ou développer des énergies alternatives, ou liée aux incitations réglementaires pour le développement d'une agriculture sans pesticides dans le cadre de la protection des sources de captage. Comme dans la première catégorie, certains élus restent cependant partagés sur le développement de l'agriculture biologique, arguant du fait que ce dernier pose problème tant du côté de l'offre que du marché : « Les circuits courts, c'est une très bonne idée car c'est le moyen de court-circuiter les grandes surfaces et au moins c'est de la trésorerie pour l'agriculteur du territoire. En ce qui concerne l'agriculture bio, c'est des normes de plus, ma femme a un petit jardin, c'est agréable de manger des produits sains. Mais à un échelon plus grand, c'est compliqué. Les produits sont chers » (maire d'une commune de l'Hérault, 2018).

S'ils s'impliquent dans des actions ponctuelles autour de l'agriculture biologique et sont animés par une volonté d'en soutenir le développement, ils ne considèrent cependant pas que la commune soit l'échelon politiquement adapté pour porter la transition écologique. Leurs actions restent donc de nature incitative : « La transition agroécologique n'est pas du rôle des communes, qui n'ont que peu de foncier et ne peuvent avoir qu'un rôle d'appui. Le rôle de l'État, des régions, du département est très important » (maire d'une commune du Gard, 2018). « La transition agricole est du ressort du porteur de projet, la commune ne peut qu'encourager et inciter les porteurs de projets » (maire d'une commune de l'Hérault, 2018).

Ces élus se différencient des élus de la première catégorie par la mise en œuvre d'actions d'accompagnement à la transition agroécologique ; pour autant, ils considèrent que cette dernière relève d'autres acteurs responsables – les porteurs de projets agricoles, les chambres d'agriculture, les collectivités, l'État, l'Europe.

• La dernière catégorie rassemble cinq communes rurales ou urbaines menant des politiques volontaristes en faveur de l'agriculture biologique : Saint-Dionisy (800 habitants) et Barjac (1 600 habitants) dans le Gard, Cazouls d'Hérault (500 habitants), Lavérune (3 000 habitants) et Fabrègues (7 000 habitants) dans l'Hérault. Les enjeux liés à la mise en œuvre des initiatives que mènent ces communes sont pluriels. Ils peuvent concerner l'environnement (limiter les pollutions, protéger la biodiversité) : « Alors, c'est plus qu'une fibre écologique, je pense que l'environnement est devenu une évidence pour tout le monde. Notre patrimoine naturel est en péril. S'il y a quelque chose d'intérêt général, il est bien là ! Et ça concerne tout le monde ! » (maire d'une commune de l'Hérault, 2018).

Ils peuvent se rapporter à la qualité de l'alimentation et à la santé publique : « Manger sain, c'est important, il y a tant de maladies liées à l'agriculture industrielle. Vous voyez comment on restructure le monde à partir de l'assiette, on restructure le territoire, à partir de l'assiette, on repense le monde. La nourriture bio, c'est un paradigme complet ! » (maire d'une commune du Gard, 2018).

Les élus de ces communes soulignent également la nécessité de faire vivre l'activité agricole dans leurs territoires tout en préservant le cadre de vie, en maîtrisant l'urbanisation : « Au fond du fond, ce sont des territoires et des paysages qui sont à l'abandon. C'est revitaliser, créer de l'emploi, avoir de bons produits agricoles » (maire d'une commune de l'Hérault, 2018).

En fonction des élus, certains enjeux prédominent, quelquefois en lien avec leur vécu et leur histoire personnelle : « Il faut préserver l'environnement. Ce qui me fait dire ça, ce sont des problèmes qui sont survenus sur la santé des gens, je peux en parler puisque quelqu'un de ma famille est décédé, on le sait par les professeurs à Montpellier, ça venait de l'emploi de pesticides » (élu d'une commune de l'Hérault, 2018).

Les élus de cette catégorie portent une vision intégrative des problématiques agricoles, alimentaires, sociales et économiques à l'échelle de leur territoire. Elle repose sur la mise en œuvre de stratégies conjointes visant à :
- Soutenir le développement d'une agriculture de type biologique, productive et qu'ils considèrent comme garante de la protection du cadre de vie et de la biodiversité. Cette stratégie consiste, pour toutes les communes enquêtées, à acquérir des terres agricoles, sur fonds propres ou en créant des structures collectives de portage foncier, qui permettent d'associer des partenaires, publics ou privés. Ce sont aussi quelquefois d'anciens domaines agricoles qui sont réhabilités en vue de l'installation d'agriculteurs en agriculture biologique. Les élus souhaitant accueillir de nouveaux agriculteurs sur leur commune peuvent évoquer le fait de pouvoir proposer des logements pour ces derniers (maires de deux communes du Gard et de l'Hérault).
- Sensibiliser les habitants aux problématiques écologiques et agroécologiques tout en créant du lien social : mise en place de jardins collectifs familiaux ou partagés, actions de sensibilisation pour l'intermédiaire des lettres municipales, d'animations autour de l'agroécologie et de l'alimentation (films, conférences, dégustations…).
- Promouvoir et commercialiser les produits locaux et issus de l'agriculture biologique : intégration de la production locale dans les repas scolaires, soutien à l'activité des agriculteurs par la création ou la rénovation de bâti destiné à accueillir des points de vente ou des ateliers de transformation.
- Créer des emplois et développer des compétences agroécologiques par l'organisation de formations dans le cas des projets les plus élaborés.

Des outils spécifiques peuvent être mis en place pour attirer et soutenir les porteurs de projets agricoles : c'est par exemple le cas pour la commune de Saint-Dionisy, où la municipalité souhaite que des agriculteurs viennent s'installer en agriculture biologique, sur des parcelles communales ou privées, et qui propose depuis plusieurs années déjà un dégrèvement d'impôt foncier aux agriculteurs s'inscrivant dans cette pratique.

Dans deux des municipalités étudiées, l'initiative agroécologique s'est accompagnée de la mise en place d'un dispositif de gouvernance réunissant différents types de partenaires dans l'objectif d'une montée en compétences : organismes professionnels agricoles historiques (chambre d'Agriculture) ou associatifs (comme Terre de Liens dont la stratégie est de racheter des terres agricoles pour y installer des agriculteurs ou Coup d'Pousses, structure d'accompagnement à l'installation d'agriculteurs), collectivités territoriales (intercommunalités, départements, régions apportant leur soutien financier), associations de la société civile présentes dès l'origine de l'initiative ou sollicitées pour exprimer leurs attentes et leurs besoins, parfois opérateurs gestionnaires de l'environnement tel le Conservatoire des espaces naturels. En effet, dans une des communes étudiées, la municipalité, qui avait déjà travaillé avec le Conservatoire des Espaces Naturels dans le cadre de mesures compensatoires ciblées sur la restauration de périmètres d'élevage, lui a délégué la maîtrise d'ouvrage de l'initiative.

Les élus des municipalités appartenant à cette catégorie affichent une volonté politique d'inscrire leur projet municipal autour de la relocalisation de l'agriculture et de l'alimentation, dont ils font un élément central. Ils s'engagent donc de manière volontariste dans une finalité agroécologique, parfois assumée par un investissement financier de l'élu lui-même dans le projet. Ils promeuvent des actions conjuguées et concertées autour de différents types d'acteurs (Fig. 2). Ils se

**Fig. 2 – Les différentes dimensions et enjeux territoriaux
d'un projet communal intégrateur**

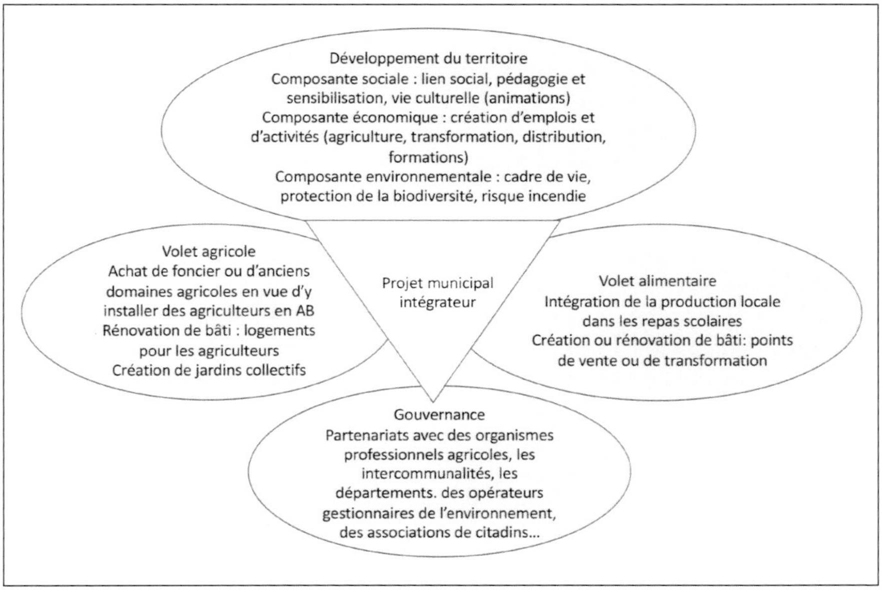

Source : entretiens avec les élus, 2018.

saisissent donc de l'agroécologie en tant que projet d'écologie politique et social pour orienter le développement de leur territoire, dans l'affirmation d'un modèle alternatif au modèle productiviste dominant.

L'écologisation et la relocalisation de l'agriculture et de l'alimentation : une nouvelle valeur pour les territoires d'action ?

L'écologisation et la relocalisation de l'agriculture et de l'alimentation sont considérées positivement par l'ensemble des élus enquêtés. Mais seuls les élus de la troisième catégorie se donnent comme mission de participer activement au projet politique agroécologique et se l'approprient au service du développement de leur territoire. Bien que l'écologisation et la relocalisation de l'agriculture et de l'alimentation apparaissent comme des valeurs partagées, les points de vue relatifs à la mise en œuvre d'un projet agroécologique municipal divergent selon les élus ; ils se situent sur un gradient représentatif d'une vision de l'implication de l'échelle communale, qui justifie l'absence d'engagement ou de l'engagement dans l'action. Dans le bas du gradient (catégorie 1), si les élus sont convaincus du bien-fondé de la cause agroécologique, ils émettent toutefois des réserves de faisabilité à l'échelle locale : difficulté d'approvisionner les populations avec des produits issus de l'agriculture biologique, en raison des faibles productions et du coût élevé pour les consommateurs. Ils sont dans une démarche attentiste et ne se sentent finalement que peu concernés par la nécessité d'agir. Au milieu du gradient (catégorie 2), les actions municipales de nature agroécologique sont considérées comme des actions parmi d'autres. Dans le haut du gradient (catégorie 3), les élus s'engagent dans un projet politique agroécologique local intégrateur qui se construit dans la durée et mobilise une diversité d'acteurs partenaires. Tous les projets agroécologiques des communes appartenant à cette catégorie portent à leur source une volonté politique de reterritorialiser l'agriculture et l'alimentation : ici, l'installation d'un maraîcher en agriculture biologique sur des terres communales va permettre de recréer un commerce dans le village (boutique de producteurs), là un projet de réhabilitation de bâtiments agricoles va permettre de transformer les produits du domaine racheté par la municipalité et de créer des emplois sur la commune… Ces projets opèrent en particulier par un renforcement de la propriété agricole publique, pour ensuite y installer des agriculteurs en agriculture biologique. La maîtrise foncière est en effet souvent considérée comme un préalable des stratégies de développement territorial visant une meilleure préservation de l'environnement (Boisson, 2005).

Les élus de la catégorie 3 s'inscrivent dans une conception élargie de l'agroécologie, « où la territorialisation de l'agriculture désigne un processus de construction d'une activité agricole qui réponde aux enjeux de l'alimentation, de la gestion de l'environnement, de l'emploi et des autres activités du territoire » (Magrini *et al.*, 2016). Les initiatives agroécologiques menées sont au cœur du projet municipal ; l'agroécologie devient alors une orientation concrète au service du développement territorial, un objet intermédiaire entre idéalités et matérialités (Chivallon, 2008).

Une combinaison de significations, de pratiques et d'objets matériels renouvelle les espaces dédiés en leur fabriquant une nouvelle identité issue de la confrontation de l'idée à la matérialité du terrain et de l'action. Les enjeux agricoles et alimentaires associés à ces initiatives relèvent d'associations de valeurs (protéger l'environnement et le cadre de vie, créer des emplois, du lien social, de la vie culturelle, préserver la santé des habitants, redonner vie à une agriculture nourricière…) qui les orientent et leur donnent une dimension systémique. De nouvelles pratiques agricoles, mais aussi de gouvernance locale associant acteurs politiques, professionnels et société civile sont mises en place. Ces pratiques, fruits d'un imaginaire social en mouvement (Debarbieux, 2015) et de politiques et d'injonctions publiques, influencent l'évolution du territoire. Pour cela, les élus actionnent les ressources spatiales du territoire communal pour reconstruire un maillage entre production, distribution et consommation ; ils mobilisent l'agroécologie comme levier politique d'action territoriale. Devenant agroécologique, la nature du projet agricole change, passant du sectoriel au transversal, et contribue au renouvellement des stratégies de développement territorial.

En résumé, nos résultats montrent que les élus des petites communes sont aujourd'hui un des acteurs déterminants du développement de l'agroécologie territoriale. Les plus impliqués renouvellent, de par leurs initiatives, les pratiques de développement de leur territoire ; ils font de l'agroécologie une ressource territoriale à la fois immatérielle et matérielle appropriée au service de l'action, une construction sociale qui, pour s'inscrire dans la durabilité, doit dépasser le clivage entre logiques publiques et privées (Landel *et al.*, 2009). Mais ce type d'initiative reste la signature de seulement quelques communes. Ces communes constituent des niches institutionnelles d'innovation caractéristiques des processus de transition (Geels, 2004), où se construisent de nouveaux apprentissages partagés par des acteurs agricoles et urbains, publics et privés, politiques et de la société civile.

Conclusion

L'agroécologie pourrait-elle devenir un nouveau référentiel de l'action politique locale au sens de Muller (2010) ? Si un ralliement majoritaire à la cause agroécologique peut être perçu dans la plupart des propos des élus, peu se donnent cependant encore les moyens d'y participer activement et les initiatives agroécologiques identifiées restent peu nombreuses. Des cadrages politiques de soutien plus globaux seraient sans doute à même d'accompagner et de stimuler les initiatives menées aux échelles municipales, qui restent marginales et donc aventureuses. Ces initiatives font cependant la preuve de la volonté politique d'élus dans la promotion de la démarche agroécologique à l'échelle locale, des élus de petites municipalités qui revendiquent des représentations du monde et des rêves qu'ils entendent partager et faire vivre dans leur territoire d'actions (Faure, 2017). Leur volonté politique et leur capacité à entraîner d'autres acteurs sont déterminantes dans la mise en œuvre de leurs initiatives. Cependant, les types d'agriculture présents sur les différents territoires municipaux (viticulture, élevage, labellisés ou non…), la réalité communale de l'agriculture (disparition des exploitations, enfrichement des terres agricoles, présence ou non de porteurs de projets agricoles…), l'application de la réglementation environnementale (périmètres de protection, enjeux sanitaires, mesures compensatoires…) apparaissent comme des facteurs impactant la mise en œuvre des initiatives agroécologiques aux échelles communales. D'autres facteurs plus spécifiquement politiques (dimension partisane de l'engagement politique local, formes locales de militantisme écologique politique et associatif, histoire de la commune…) sont sans doute aussi des déterminants à prendre en compte. Des recherches spécifiques menées dans ces directions seraient à même d'éclairer plus avant les dynamiques en jeu.

Références bibliographiques

Boisson J.-P., 2005 – La maîtrise foncière : clé du développement rural, *Notes d'Iéna, informations du Conseil économique et social*, 138 p. https://www.lecese.fr/sites/default/files/pdf/Fiches/2005/NI_2005_05_jean_pierre_boisson.pd.

Bricas N., Soulard C.T. et Arnal C., 2017 – Croiser enjeux de durabilité et leviers des politiques urbaines, *in* C. Brandt., N. Bricas., D. Conaré, B. Daviron, J. Debru, L. Michel, C.T. Soulard (coord), *Construire des politiques alimentaires urbaines : concepts et démarches,* Editions Quae, 121-136.

Chivallon C., 2008 – L'espace, le réel et l'imaginaire : a-t-on encore besoin de la géographie culturelle ?, *Annales de géographie*, 2 (660-661), 67-89.

Dalgaard T., Hutchings N.J. et Porter J.R., 2003 – Agroecology, scaling and interdisciplinarity, *Agriculture, Ecosystems & Environment*, 100 (1), 39-51.

Debarbieux B., 2015 – *L'espace de l'imaginaire*, Essais et détours, CNRS Editions, Paris, 305 p.

Di Méo G., 1996 – *Les territoires du quotidien*, Paris, L'Harmattan, Coll. Géographie sociale, 207 p.

Duru M. et Therond O., 2014 – Un cadre conceptuel pour penser maintenant (et organiser demain) la transition agroécologique de l'agriculture dans les territoires, *Cahiers Agricultures*, 23(2), 84-95.

Faure A., 2017 – *Des élus sur le divan*, PUG, 198 p.

Francis C., Lieblein G., Gliessman S., Breland T.A., Creamer N., Harwood R., Salomonsson L., Helenius J., Rickerl D., Salvador R., Wiedenhoeft M., Simmons S., Allen P., Altieri M., Flora C. et Poincelot R., 2003 – Agroecology: the ecology of food systems. *Journal of sustainable agriculture,* 22(3), 99-118.

Isgren E., 2016 – No quick fixes: four interacting constraints to advancing agroecology in Uganda. *International Journal of Agricultural Sustainability*, 14(4), 428–447. http://doi.org/10.1080/14735903.2016.1144699).

Geels F.W., 2004 – From sectoral systems of innovation to socio-technical systems: Insights about dynamics and change from sociology and institutional theory, *Research policy*, 33(6-7), 897-920.

Gómez L.F., Ríos-Osorio L. et Eschenhagen M.L., 2013 – Agroecology publications and coloniality of knowledge, *Agronomy for sustainable development*, 33(2), 355-362.

INSEE, 2015 – Plus d'une commune métropolitaine sur deux compte moins de 500 habitants, *Insee Focus* 52, https://www.insee.fr/fr/statistiques/1908488.

Lamine C., 2012 – « Changer de système » : une analyse des transitions vers l'agriculture biologique à l'échelle des systèmes agri-alimentaires territoriaux, *Terrains travaux*, 1, 139-156.

Lamine C., 2015 – Sustainability and resilience in agrifood systems: reconnecting agriculture, food and the environment, *Sociologia ruralis*, 55(1), 41-61.

Landel P.A., Senil N., 2009 – Patrimoine et territoire, les nouvelles ressources du développement, *Développement durable et territoires. Économie, géographie, politique, droit, sociologie*, Dossier 12.

Laurens L., Scheromm P. et Prud'hon T., 2018 – L'agroécologie dans les actions politiques locales : entre enjeux de société et engagement de pionniers, *in* P. Caril V., Lois Gonzàles R., Trillo Santamaria J.M., Haslam McKenzie F. (eds), *Infinite Rural Systems in a Finite Planet: Bridging Gaps towards Sustainability*, Universidade de Santiago de Compostela, 495-502.

Magrini M.B., Duvernoy I. et Plumecocq G., 2016 – Territorialisation de l'agriculture, *Dico AE, dictionnaire d'agroécologie*, https://dicoagroecologie.fr/encyclopedie/territorialisation-de-lagriculture/.

Méndez V.E., Bacon C.M. et Cohen R., 2013 – Agroecology as a transdisciplinary, participatory, and action-oriented approach, *Agroecology and Sustainable Food Systems*, 37(1), 3-18.

Michel L., Soulard C.-T., 2017 – Comment s'élabore une gouvernance alimentaire urbaine ? Le cas de Montpellier méditerranée métropole, *in* Brandt C., Bricas N., Conaré D., Daviron B., Debru J., Michel L., Soulard C.T. (coord.), *Construire des politiques alimentaires urbaines : concepts et démarches*, Éditions Quae, 137-151.

de Molina Navarro M.G., 2015 – Agroecology and Politics: On the Importance of Public Policies in Europe, *Law and Agroecology*, Berlin Heidelberg: Springer, 395-410.

Muller P., 2010 – **Référentiel,** *Dictionnaire des politiques publiques*, Presses de sciences Po, 3, 555-562.

Prové C., Dessein D., de Krom M., 2016 – Taking context into account in urban agriculture gouvernance: Case studies of Warsaw (poland) and Ghent (Belgium), *Land Use Policy*, 56, 16-26.

Sanderson Bellamy A., Ioris A., 2017 – Addressing the knowledge gaps in agroecology and identifying guiding principles for transforming conventional agri-food systems, *Sustainability*, 9(3), 330.

Wezel A., Brives H., Casagrande M., Clément C., Dufour A., Vandenbroucke P., 2016 – Agroecology territories: places for sustainable agricultural and food systems and biodiversity conservation, *Agroecology and sustainable food systems*, 40 (2), 132-144.

Identités en lutte, métiers et savoir-faire en agroécologie

Deuxième partie

Chapitre 8

Une agroécologie silencieuse au sein de l'agriculture française

A Silent Agroecology In French Agriculture

Véronique Lucas*, Pierre Gasselin*, Jean-Marc Barbier*,
Anne-Claire Pignal**, Roberto Cittadini**, Franck Thomas***,
Stéphane de Tourdonnet*

Résumé : Alors que l'agroécologie est fortement débattue depuis 2012 en France, cet article révèle une agroécologie silencieuse et peu visible parmi les agriculteurs conventionnels, à partir d'études de cas de Cuma (Coopératives d'utilisation de matériel agricole). Ces agriculteurs mobilisent davantage les fonctionnements écologiques grâce à la coopération entre pairs, avant tout pour gagner en autonomie, d'où une faible explicitation des bénéfices environnementaux de leur part. Ce silence est renforcé par les outils publics de recensement agricole accordant peu d'attention à leurs pratiques collectives particulières. Les performances agroécologiques contrastées de leurs nouvelles pratiques révèlent les difficultés qu'ils rencontrent, faute de ressources appropriées de la part des autres opérateurs du secteur.

Abstract: While the agroecology is strongly debated since 2012 in France, this article reveals a silent agroecology, and barely visible, among conventional farmers from case studies of farm machinery cooperatives (Cuma). These farmers make better use of their ecological functionalities through peer-to-peer cooperation, to firstly increase their autonomy, hence their little justification of the environmental benefits generated by their new practices. The public tools of agricultural census, giving little attention to their specific collective practices, strengthen this silence. The contrasted agroecological performances of their new practices reveal the difficulties they face, due to a lack of appropriate resources from other sector operators.

L'agroécologie est mise en lumière et en débat de manière croissante en France dans une diversité d'arènes (politiques, académiques, professionnelles, médiatiques) (Arrignon et Bosc, 2017). En parallèle, des agriculteurs développent des pratiques correspondant à certains principes agroécologiques (Nicholls *et al.*, 2016)

---

* Innovation, Univ Montpellier, CIRAD, INRAE, Montpellier SupAgro, Montpellier, France.
** Innovation, Univ Montpellier, CIRAD, INRAE, Montpellier SupAgro, Montpellier, France ; INTA Argentine.
*** FNCuma (Fédération Nationale des Coopératives d'utilisation de matériel agricole).

sans pourtant se référer explicitement à cette notion. Cette agroécologie silencieuse interroge l'action publique et l'accompagnement du changement en agriculture.

Nous explorons les questions posées par cette agroécologie silencieuse *via* l'examen des processus d'amélioration agroécologique développés par des agriculteurs membres de Cuma (Coopérative d'utilisation de matériel agricole). Ces coopératives forment l'un des plus importants réseaux de collectifs d'agriculteurs, impliquant au moins un tiers des exploitations françaises. Le nouvel instrument de politique publique que constitue le Groupement d'Intérêt Économique et Environnemental (GIEE) y a révélé des processus de développement de pratiques agroécologiques, se concrétisant entre autres par de nouveaux processus de mutualisation de ressources.

C'est pourquoi la Fédération Nationale des Cuma (FNCuma) a entrepris une recherche-action interdisciplinaire impliquant une thèse en sociologie et des travaux agronomiques. Cinq Cuma ont été étudiées, dont les équipements favorisent des pratiques mobilisant davantage les fonctionnements écologiques de l'agroécosystème.

Dans ce chapitre, nous caractérisons l'agroécologie en train de se faire dans ces Cuma et justifiée par des objectifs d'autonomisation, ainsi que les raisons de son invisibilisation institutionnelle. Nous concluons par des recommandations pour l'action publique et l'accompagnement du changement.

Une démarche de recherche interdisciplinaire

Notre approche sociotechnique s'est appuyée sur les concepts et méthodes sociologiques de Darré (1996) et de Lémery (2003), et a également mobilisé des travaux en agronomie systémique (Milleville, 1987 ; Craheix *et al.*, 2016).

Notre grille analytique incluait les dimensions des pratiques sociotechniques individuelles et collectives des agriculteurs, leurs conditions d'émergence et de mise en œuvre, ainsi que les justifications exprimées.

La prépondérance de l'objectif d'autonomisation dans la justification des agriculteurs a conduit à développer une approche évaluative de leurs gains en autonomie, en s'inspirant de plusieurs travaux (Zham *et al.*, 2015 ; Lopez-Ridaura *et al.*, 2005 ; Ploeg, 2008). Nous en avons retenu trois grandes dimensions de l'autonomie : moindre recours aux biens et services dispensés par les marchés d'amont (intrants, emprunts) ou d'aval (vente de produits non transformés indifférenciés sur des marchés de masse), moindre dépendance aux subventions et aides publiques et autonomie décisionnelle (choix de ses orientations et pratiques agricoles)[1].

La collecte des données a concerné cinq expériences de Cuma, identifiées avec l'aide de la FNCuma, et réparties dans toute la France afin de couvrir une diversité de contextes géographiques et de types de systèmes productifs (Tab. 1).

Ces cinq situations ont été choisies parce que l'action commune y facilite deux types de pratiques contribuant à l'amélioration agroécologique des systèmes productifs agricoles : le développement de légumineuses et/ou de l'agriculture de

---

1 – Faute de place pour détailler le cadre analytique ainsi construit, il est possible de se reporter aux publications suivantes pour en prendre connaissance : Lucas, 2018 ; De Tourdonnet *et al.*, 2018.

conservation avec un usage modéré d'herbicides (Encadré n° 1). Les données capitalisées par la FNCuma montrent en effet que les investissements dans les équipements spécifiques à ces pratiques augmentent (FNCuma, 2019).

Tab. 1 – Caractéristiques des Cuma enquêtées

	Exploitations enquêtées dans chaque Cuma	Principales activités collectives organisées	Pratiques développées en exploitation
Pays basque	2 élevages ovin–lait, 1 élevage ovin et caprin–lait	Partage d'un séchoir à foin collectif, programme de formation pour les membres	Développement de légumineuses prairiales
Tarn	2 élevages bovin– lait avec robot de traite, 4 exploitations céréalières	Partage de matériels de semis direct/TCS·, entraide, échange de semences	TCS· et semis direct, développement de couverts complexes, diversification culturale
Ain	4 élevages bovin–lait, 1 élevage caprin - lait, 1 exploitation céréalière	Partage d'un séchoir à foin collectif, avec un salarié partagé, entraide	Développement de légumineuses prairiales, diversification culturale
Aube	2 élevages ovin–viande, 1 élevage bovin–viande, 3 exploitations céréalières	Partage de matériels de semis direct/TCS·, entraide avec banque de travail, échange de semences, pâturage croisé de couverts	TCS· et semis direct, développement de couverts complexes, diversification culturale
Touraine	2 élevages caprin - lait, 7 élevages bovin - lait (dont 5 avec robot de traite), 1 élevage bovin - viande	Partage d'équipements de fenaison adaptés aux légumineuses, programme collectif d'expérimentation, arrangements éleveurs-céréaliers.	Développement de légumineuses prairiales et couverts complexes, diversification culturale

*TCS : Techniques Culturales Simplifiées

Trente entretiens individuels qualitatifs ont été réalisés auprès d'agriculteurs de ces Cuma. Ils visaient à recueillir leurs conceptions de la recherche d'autonomie, le récit des pratiques d'autonomisation développées sur l'exploitation et du travail de réorganisation du système productif, ainsi que de leur implication dans la Cuma et d'autres modes de coopération. Ces entretiens ont aussi permis d'obtenir leur évaluation des impacts technico-économiques de ces pratiques. À partir de ce matériau, des analyses de discours ont permis de dégager les justifications du changement exprimées par ces agriculteurs, ensuite mises au regard des pratiques développées au niveau de l'exploitation et de la Cuma. Les singularités et points communs à l'ensemble des exploitations ont été identifiés au niveau de chaque Cuma, avant de procéder à une analyse transversale à l'ensemble des cinq cas étudiés.

**Encadré n° 1 – Agriculture de conservation,
légumineuses et agroécologie**

La réduction du travail du sol est une des bases de l'agriculture de conservation,
modèle technique visant à restaurer la fertilité des sols, comprenant aussi le principe de
diversification des rotations et celui de protection des sols *via* les plantes de couverture.
Des études ont mis en avant ses atouts environnementaux : réduction de la consommation
d'énergie fossile, développement d'un milieu plus favorable aux organismes du sol,
diminution de l'érosion, accroissement du taux de matière organique et du stockage de
carbone dans le sol. Des impacts négatifs sont aussi mis en évidence, liés à l'usage des
herbicides pour compenser l'absence de l'effet désherbant du labour (De Tourdonnet
et al., 2007 ; Scopel *et al.*, 2013). Landel (2015) a identifié un rôle significatif des Cuma
parmi les initiatives existantes de groupes d'agriculteurs expérimentant l'agriculture de
conservation avec un usage modéré d'herbicides.

De par leur capacité à exploiter l'azote gazeux pour la fertilisation, les légumineuses
fourragères contribuent à réduire certains flux polluants (par exemple ceux liés
à la fabrication de fertilisants azotés à partir d'énergies fossiles) tout en favorisant la
diversification culturale susceptible de diminuer l'usage des pesticides. Leur récolte en
foin est plus délicate en l'absence de matériels adaptés et coûteux, ce qui explique en
partie la faible présence de légumineuses dans les prairies en France malgré leurs atouts
agroécologiques (Schneider et Huyghe, 2015).

Des changements pour gagner en autonomie, concrétisés grâce à la coopération

Chez les agriculteurs enquêtés, le moteur du changement n'est pas en premier lieu
un projet d'écologisation du système productif : le développement de légumineuses
fourragères ou de l'agriculture de conservation vise à répondre à divers problèmes
rencontrés, lesquels exacerbent une recherche d'autonomie. Celle-ci signifie une volonté de réduire les dépendances vis-à-vis des marchés (en particulier d'intrants), et
de mieux maîtriser leurs conditions d'activité. Ainsi, les stratégies des agriculteurs
pour réduire les coûts et mettre à profit des ressources internes aux exploitations
(en particulier les fonctionnements écologiques des agroécosystèmes) sont souvent
justifiées à travers les expressions suivantes : « gagner en autonomie », « travailler
sur l'autonomie alimentaire du troupeau », « éviter de subir », etc.

Une partie des agriculteurs pratiquant aujourd'hui l'agriculture de conservation
avait d'abord commencé à réduire le travail du sol pour résoudre des problèmes de
dégradation des sols ou diminuer les coûts et/ou charges de travail. Une autre partie
s'y est intéressée par l'implantation des cultures intermédiaires, soit en réponse à
l'obligation de couverture hivernale des sols et/ou soit pour produire des fourrages
riches en protéines. Le développement des légumineuses fourragères, généralement plus récemment pratiqué dans les exploitations enquêtées, a visé à réduire
le recours aux compléments protéiques achetés, parfois pour mieux répondre aux
nouvelles conditions des cahiers des charges de leur AOP (Appellation d'Origine
Protégée), voire à produire des fourrages d'appoint afin de faire face aux sécheresses devenues plus fréquentes.

Ces changements en ont entraîné d'autres, à différents degrés selon les conditions des exploitations, notamment en fonction du temps que chaque agriculteur peut dédier à la conception et au perfectionnement des nouvelles pratiques. Pour suppléer au manque de moyens adaptés de la part de leurs fournisseurs habituels, les agriculteurs ont entrepris d'autoproduire des ressources nécessaires à ces pratiques (semences, équipements adaptés, ou connaissances). Pour atténuer les besoins d'équipements et de main-d'œuvre induits par cette autoproduction, ils ont cherché à accroître la productivité du travail de certaines tâches ou la polyvalence d'équipements. Toutes ces démarches associées à leurs nouvelles pratiques ont progressivement constitué des trajectoires pas à pas de reconfiguration plus ou moins partielle des systèmes productifs.

Ces nouvelles pratiques conduisent les producteurs à se tourner vers leurs pairs pour prendre en charge les besoins qu'elles génèrent, *via* trois types de modalités de coopération de proximité.

- Des processus de mutualisation en Cuma, telles la production de foin dans des unités collectives de séchage pour réduire les coûts de ces outils, ou encore l'embauche de salariés pour déléguer certaines tâches afin d'atténuer le surcroît de travail.
- Des arrangements de partage et d'échange d'autres ressources : ceux-ci sont organisés en dehors du champ statutaire des Cuma. Ainsi, l'échange de semences fermières est l'arrangement le plus fréquemment organisé de manière récente, principalement pour constituer les mélanges multi-espèces implantés en cultures intermédiaires.
- Des collectifs d'échange et de co-construction de connaissances entre pairs, avec l'appui de tiers animateurs : ils permettent de partager et comparer les expérimentations et résultats technico-économiques entre exploitations, et de suivre des formations avec des experts spécialisés.

Une écologisation incrémentale et contrastée

Quels impacts sur le fonctionnement de l'exploitation ?

Les agriculteurs ont tous gagné en autonomie décisionnelle ainsi que dans leurs capacités à mobiliser des ressources internes et territoriales. Néanmoins, peu d'agriculteurs ont gagné en performance et autonomie économiques.

L'autonomie décisionnelle s'est accrue par le recours à une plus grande diversité de sources d'informations techniques, réduisant ainsi la dépendance aux sources traditionnelles (coopératives, entreprises d'agrofourniture, etc.). Ceci va de pair avec une plus grande mobilisation de ressources territoriales de proximité (participation à des collectifs d'agriculteurs, échanges de services et travail entre pairs, mutualisation d'équipements et de ressources productives comme les semences, l'échange paille/fumier ou fourrage/fumure). Concernant l'autonomie technique, on note de faibles variations des achats de fertilisants azotés, et ce malgré le développement des légumineuses : les agriculteurs considèrent avant tout la légumineuse comme un moyen d'améliorer l'alimentation de leurs troupeaux et leurs sols (structure et matière organique), et manquent de conseils appropriés pour évaluer la restitution d'azote ainsi fournie, sujet sur lequel l'état des connaissances scientifiques est encore mouvant (Schneider et Huyghe, 2015). La dépendance aux produits phytosanitaires reste stable, avec un recours accru au glyphosate, majoritairement dans un premier temps, avant d'être modéré ensuite par une partie des agriculteurs (voir plus loin), et souvent un recul de l'usage des autres molécules. En revanche, on observe un gain d'autonomie concernant l'alimentation du bétail (achats de fourrages et d'aliments protéiques en baisse) et une moindre dépendance aux énergies fossiles (en lien avec la pratique du non-labour). Ces résultats contrastés sur le volet de l'autonomie technique expliquent en partie l'absence d'effets constatés sur l'autonomie financière. Néanmoins, le moindre recours à l'alimentation animale externe conforte l'engagement de la majorité des éleveurs dans des filières de qualité dans le contexte économique actuellement défavorable aux productions de masse.

Ces résultats confirment la volonté des agriculteurs de s'autonomiser par rapport aux circuits traditionnels de conseil et d'approvisionnements ; toutefois, on assiste plutôt à une reconfiguration des postes de dépenses qu'à une réduction importante des consommations intermédiaires, au-delà de l'alimentation animale. Cela corrobore la mise en évidence (voir plus loin) de leurs difficultés à dépasser certaines craintes et carences techniques (par manque de connaissances et conseils adaptés). Ceci les amène à superposer les pratiques plutôt qu'à les substituer, au moins dans un premier temps ; en effet, ces dernières nécessitent du temps pour que les nouveaux équilibres (floristique, chimique, microbiologique…) se matérialisent. Des agriculteurs escomptent diminuer davantage certains achats externes à plus long terme et se considèrent « en situation de transition ».

Des processus de transition ou d'amélioration agroécologique ?

Les résultats contrastés de ces pratiques permettent-ils de qualifier ces trajectoires de changement de processus de transition agroécologique ? Leur caractère incrémental, aboutissant pour certaines d'entre elles à des reconceptions significatives des systèmes productifs sur le long terme, présente des analogies avec d'autres types de processus de transition agroécologique documentés par la littérature (voir par exemple Coquil, 2014 ; De Tourdonnet et Brives, 2018). L'étude des conversions en agriculture biologique montre, ainsi, qu'elles font souvent suite à des processus de changements préalables, parfois inscrits dans la longue durée (Lamine et Bellon, 2009).

Par ailleurs, la reconception des systèmes productifs induite par les nouvelles pratiques introduites dépasse ici l'échelle de l'exploitation : la diversité des modalités de coopération de proximité configure en effet des réseaux permettant de mettre à profit des synergies inter-exploitations et une meilleure efficacité d'usage des ressources mutualisées. Ceci rejoint l'accent mis par différents auteurs sur le niveau d'action territorial, comme condition essentielle pour assurer la transition agroécologique (Wezel *et al.*, 2016 ; Lucas *et al.*, 2019).

Le caractère partiel de la concrétisation des recherches d'autonomie de ces agriculteurs a aussi été mis en évidence dans d'autres travaux concernant différentes formes écologiques d'agriculture (Goulet et Vinck, 2012 ; Nicourt, 2013 ; Dumont, 2017). Ces études révèlent les compromis qu'opèrent les agriculteurs pour concrétiser le principe d'autonomie, et illustrent les verrouillages des systèmes sociotechniques dans lesquels ces producteurs s'inscrivent (Guichard *et al.*, 2017).

Extension du domaine de la recherche d'autonomie, au-delà des agricultures alternatives

Nos résultats confirment par ailleurs que le recours à la notion d'autonomie est actuellement un phénomène en expansion parmi les formes conventionnelles d'agriculture, alors qu'elle a longtemps été considérée comme un marqueur majeur des formes paysannes et écologiques (Deléage, 2004 ; Coolsaet, 2016). Par exemple, elle a été, en 2018, le thème du congrès du syndicat des Jeunes Agriculteurs, allié traditionnel de la FNSEA (Fédération Nationale des Syndicats d'Exploitants Agricoles) (Jeunes Agriculteurs, 2018). Cette quête d'autonomie apparaît déterminante dans l'engagement d'un nombre croissant d'agriculteurs conventionnels pour développer des pratiques mobilisant les fonctionnements écologiques de l'agroécosystème, au-delà de nos cas étudiés, comme le montrent divers travaux récents (Thomas, 2018 ; Arnauld de Sartre *et al.*, 2019).

Une amélioration agroécologique peinant à être mise en mots

La recherche d'autonomie est d'autant plus centrale dans leurs explications, que l'amélioration écologique permise par leurs pratiques est peu verbalisée par ces agriculteurs, à la fois individuellement et collectivement.

Faible appropriation de la notion d'agroécologie et évitement des termes de l'écologie

Peu d'agriculteurs recourent à la notion d'agroécologie dans leurs discours. Les quelques agriculteurs qui l'utilisent sont, par exemple, engagés dans les réseaux de l'agriculture de conservation, tels que le réseau BASE (Biodiversité Agriculture Sol et Environnement). Ceux-ci conçoivent l'agroécologie comme un concept se déclinant sous la forme de l'agriculture de conservation : ils reçoivent donc la promotion de l'agroécologie comme une reconnaissance *a posteriori* de leurs pratiques déjà en place. Mais beaucoup la méconnaissent ou ne la voient que comme un nouvel habillage rhétorique de l'ensemble des réglementations agro-environnementales.

La faible appropriation de la notion d'agroécologie par ces agriculteurs s'explique également par leur tendance à éviter les références à l'écologie. Les agriculteurs ont recours à un vocabulaire propre pour justifier leur engagement environnemental, plutôt d'ordre agronomique (par exemple en parlant d'« amélioration des sols »). En effet, la sphère écologiste est vue comme émettrice de reproches, voire d'accusations, vis-à-vis de l'agriculture ; aussi, endosser la notion d'agroécologie ou d'écologie reviendrait pour eux à donner raison à la critique environnementaliste de l'agriculture.

En raison de cet évitement des termes à connotation écologique, une partie des agriculteurs étudiés peine à qualifier leur façon de contribuer aux enjeux environnementaux. On voit alors apparaître des termes tels que « agriculture différente », « agriculture moins destructrice », « diminution des impacts », etc.

Des difficultés de verbalisation accentuées par les limites empiriques rencontrées

Ces difficultés pour argumenter les bénéfices environnementaux des nouvelles pratiques résident également dans le manque de moyens pour approfondir l'amélioration agroécologique des systèmes productifs, laquelle, par conséquent, garde un caractère partiel.

Ainsi, dans les Cuma où les équipements facilitent le développement des légumineuses prairiales, les agriculteurs trouvent difficilement les semences pour les espèces souhaitées ainsi que les informations techniques adéquates sur leur production. Il existe un besoin de nouveaux apprentissages en matière de conduite prairiale (choix des espèces, implantation, fertilisation, contrôle des adventices) sur laquelle leurs conseillers et fournisseurs habituels (notamment les coopératives) manquent de compétences.

De même, dans les deux Cuma dont les équipements facilitent l'agriculture de conservation, le glyphosate conserve toujours un rôle pivot, même avec un usage modéré. Ces agriculteurs ont mis au point par eux-mêmes plusieurs leviers de modération de l'utilisation des herbicides, leurs combinaisons faisant appel à différents domaines de compétences, tels que les agroéquipements, l'observation et l'interprétation de l'activité biologique des sols, la conduite des cultures intermédiaires, etc. Une telle mobilisation de divers champs de compétences reste difficile à réaliser pour un agriculteur seul, sauf à s'appuyer sur le partage d'expériences et de compétences entre pairs. Or, les quelques appuis extérieurs reçus proviennent majoritairement d'acteurs privés. Une partie de ces agriculteurs exprime donc une difficulté à pouvoir se passer définitivement du glyphosate.

Les limites rencontrées et la difficulté à trouver les ressources pour les dépasser génèrent toutefois des insatisfactions. Une partie des agriculteurs étudiés constate que, à moins d'adhérer à des évolutions à la mode tels les circuits courts, leurs stratégies d'autonomisation sont peu promues et soutenues en dehors de leurs propres collectifs ; leurs pratiques sont montrées du doigt « pour ce qu'elles font de mal, jamais pour ce qu'elles font de bien » et « si on laissait parler les agriculteurs, on se rendrait compte qu'ils ont beaucoup de choses à dire et que la solution ils l'ont entre eux. Alors que souvent, on nous amène un schéma, un moule dans lequel il faut se glisser ; on n'est pas écouté » (Éleveur de Touraine).

Au niveau collectif, un silence convenu au sein des Cuma

En plus des difficultés pour verbaliser et valoriser le caractère écologique, même partiel, de leurs pratiques agricoles, leur principale forme collective d'organisation (la Cuma) ne se révèle pas un lieu d'échange adéquat sur leurs situations dans un contexte sociotechnique plutôt défaillant. En effet, afin de préserver la fonctionnalité première de la Cuma, basée sur le partage d'équipements et de travail, les sujets susceptibles de mettre à jour des divergences (telles que les appartenances syndicales) sont évités dans une sorte de silence convenu. Les acteurs du réseau revendiquent souvent que, dans les Cuma, « on laisse ses idées aux vestiaires » afin que le « jeu » de la coopération technique puisse avoir lieu. Pour coexister entre agriculteurs aux orientations différentes en Cuma (par exemple bio et non bio), les débats relatifs aux significations données par chacun aux nouvelles pratiques engagées tendent à être évités. Ceci limite d'autant plus les possibilités de verbalisation « écologique » autour de ces enjeux.

Des difficultés constatées dans le reste du secteur agricole, voire au-delà

Ces observations convergent avec celles d'autres auteurs qui constatent un affaiblissement problématique des débats professionnels entre pairs agriculteurs (Lémery, 2011 ; Thareau *et al.*, 2015). Ce phénomène est à resituer dans un contexte plus général d'évitement du politique dans nos sociétés contemporaines, dans lesquelles la discussion publique par les citoyens ordinaires des préoccupations à portée potentiellement politique advient difficilement (Eliasoph, 2010).

La faible mise en mots des effets agroécologiques des pratiques entreprises semble *a priori* les distinguer de comportements plus volontaristes et revendicatifs observés en agriculture biologique. Cependant, différentes tendances coexistent au sein des producteurs biologiques, certains développant une faible affirmation critique et alternative par rapport aux modèles techniques dominants qui perpétuent les logiques de la modernisation agricole (Hellec et Blouet, 2012).

D'autres travaux mettent également en évidence la disjonction actuelle entre la visée de transition agroécologique promue par l'action publique et le manque de moyens à disposition des agriculteurs pour y parvenir, les mettant ainsi en difficulté (Landel, 2015 ; Guichard *et al.*, 2017). Ceci fait écho aux constats, révélés par le récent mouvement des « gilets jaunes », de sur-responsabilisation individuelle et d'injustice sociale induites par certaines interventions publiques actuelles visant à répondre aux dérèglements écologiques et climatiques (Dubuisson-Quellier et Martin, 2019).

Une logique institutionnelle d'invisibilisation ?

La diversité de modalités de coopération de proximité activées par ces agriculteurs est très peu renseignée par les instruments de connaissance actuels relatifs à l'agriculture. Les études statistiques (recensement agricole, enquêtes « structures » ou « pratiques culturales ») comptabilisent peu les exploitations qui adhèrent à des collectifs formels d'agriculteurs ou qui participent à des modes de coopération informels. Pourtant, ces formes collectives correspondent à des réalités conséquentes en France (près de 12 000 Cuma existantes), sur lesquelles l'action publique a choisi de s'appuyer pour favoriser la transition agroécologique du secteur, notamment à travers le plan Ecophyto et le GIEE (Guichard *et al.*, 2017 ; Arnauld de Sartre *et al.*, 2019).

Les limites des instruments de connaissance actuels pour repérer les pratiques contribuant à l'amélioration agroécologique sont aussi soulignées par d'autres auteurs (voir par exemple Assens, 2002 ; Altukhova-Nys *et al.*, 2017).

Plusieurs facteurs expliquent cette inadéquation. Les instruments de l'action publique sont largement fondés sur l'exploitation, considérée comme l'unité socio-économique fondamentale en agriculture, ce qui a façonné l'orientation des instruments de connaissance statistiques, comptables et scientifiques sur les pratiques individuelles à ce niveau. Par ailleurs, ces outils ont été développés de manière volontariste par l'État lors des processus de modernisation et d'organisation des marchés impulsés à partir des années 1960. Or l'État a réduit ses investissements dans ce domaine, surtout à partir des années 1990, ce qui restreint les informations actuellement disponibles sur les évolutions agricoles et limite la rénovation des instruments de connaissances pour servir l'action publique visant la transition agroécologique (Laurent et Landel, 2017). Cette invisibilisation de la gamme des modalités par lesquelles s'opèrent les processus d'amélioration agroécologique des systèmes agricoles, entraîne, par conséquent, une sur-visibilité des pratiques perpétuant les logiques de la modernisation agricole promue depuis les années 1960.

Il en résulte un contraste paradoxal entre l'affichage politique en faveur de la transition agroécologique et l'inadaptation actuelle des instruments disponibles d'action publique. En plus de renforcer le caractère silencieux d'une partie des pratiques agroécologiques, cette inadéquation empêche de constater les avancées des politiques mises en œuvre. À cet égard, la caractérisation de cette agroécologie silencieuse et peu visible nous conduit à faire l'hypothèse que les cinq cents GIEE actuellement reconnus (Ministère de l'Agriculture, 2019) correspondent à la « partie immergée de l'iceberg » des processus de transition agroécologique actuellement en cours en France.

Conclusion

Nous définissons l'agroécologie silencieuse comme le phénomène résultant de la mise en œuvre, par des agriculteurs, de principes de l'agroécologie qui ne sont pas revendiqués en tant que tels mais justifiés plutôt par l'objectif prépondérant d'autonomisation agricole. Ces volontés d'autonomie se manifestent actuellement parmi les agriculteurs conventionnels français, notamment vis-à-vis des opérateurs marchands de l'agrofourniture, dans un contexte multipliant les facteurs de fragilisation (d'ordre climatique, économique, etc.). Les modalités de concrétisation de ces recherche d'autonomie rejoignent en partie celles des formes écologiques aujourd'hui identifiées et revendiquées par leurs initiateurs en France (comme l'agriculture biologique, les systèmes économes et autonomes promus par le Réseau Civam, etc.). Grâce à un approfondissement de la mutualisation de leurs ressources au sein et en parallèle de leurs Cuma, les expériences de ces agriculteurs présentent, par ailleurs, une grande intensité de coopération localisée entre exploitations.

Cette agroécologie silencieuse et peu visible d'un point de vue statistique invite à rénover les instruments de connaissance afin qu'ils rendent mieux compte des processus individuels et collectifs d'adaptation agroécologique. Cela permettrait également d'améliorer l'évaluation et le ciblage des politiques publiques visant la transition agroécologique. D'ores et déjà, la FNCuma a inclus dans son travail syndical la revendication d'ajouter dans le recensement agricole la question de l'appartenance aux Cuma et autres formes collectives.

Pour accompagner la recherche d'autonomie (enjeu d'ailleurs inclus dans la définition législative de l'agroécologie promulguée en 2014) et les processus d'écologisation des agriculteurs à travers leurs coopérations de proximité, il convient de dédier davantage de moyens à l'animation territoriale en appui aux agriculteurs. Dans cette perspective, de nouvelles synergies entre collectivités locales et organisations agricoles sont à favoriser de manière adaptée dans chaque territoire, en fonction des acteurs en présence et enjeux sociotechniques spécifiques, afin de dépasser l'actuelle segmentation et sous-dotation des dispositifs existants (PNR[2], bassins versants, GAL[4], PAEC[4], etc.). De même, lever les freins au développement de pratiques agroécologiques est impératif et implique des transformations au niveau des opérateurs du secteur (agrofourniture, recherche-développement, filières agroalimentaires, etc.), chargés de fournir des ressources appropriées aux agriculteurs : par exemple, en soutenant de nouvelles filières propices à la diversification culturale pour mettre fin à l'actuelle spécialisation agroalimentaire régionale.

Références bibliographiques

Altukhova-Nys Y., Bascourret J.-M., Ory J.-F. et Petitjean J.-L., 2017 – Mesurer la compétitivité des exploitations agricoles en transition vers l'agro-écologie : un état des lieux des problématiques comptables, *La Revue des Sciences de Gestion*, 3, 41-50.

Arnauld De Sartre X., Charbonneau M. et Charrier O., 2019 – How Ecosystem services and agroecology are greening French agriculture through its reterritorialization, *Ecology and Society,* 24(2), 2.

Arrignon M. et Bosc C., 2017 – Le plan français de transition agroécologique et ses modes de justification politique. La biodiversité au secours de la performance agricole ?, *in* D. Compagnon, E. Rodary (eds), *Les politiques de biodiversité*, Paris, Presses de Sciences Po, 17-26.

Assens P., 2002 – *Les compétences professionnelles dans l'innovation : le cas du réseau des coopératives d'utilisation de matériel agricole*, Thèse de doctorat, Université de Toulouse.

Coolsaet B., 2016 – Towards an agroecology of knowledges: Recognition, cognitive justice and farmers' autonomy in France, *Journal of Rural Studies*, 47, 165-171.

Coquil X., 2014 – *Transition des systèmes de polyculture élevage laitiers vers l'autonomie. Une approche par le développement des mondes professionnels*, Thèse de doctorat, AgroParisTech.

Craheix D., Angevin F., Doré T., et de Tourdonnet S., 2016 – Using a multicriteria assessment model to evaluate the sustainability of conservation agriculture at the cropping system level in France, *European Journal of Agronomy*, 76, 75-86.

2 – PNR : Parc Naturel Régional ; GAL : Groupe d'Action Locale ; PAEC : Projet Agro-Environnemental et Climatique

Darré J.-P., 1996 – *L'invention des pratiques dans l'agriculture : vulgarisation et production locale de connaissance*, Paris, Karthala.

De Tourdonnet S., Barbier J.-M., Courty S., Martel P.et Lucas V., 2018 – How can collective organization and the search for autonomy lead to an agroecological transition? The example of farm machinery cooperatives in France, *13th European IFSA Symposium*, IFSA, Chania (Greece).

De Tourdonnet S. et Brives H., 2018 – Innovation agroécologique : comment mobiliser les processus écologiques dans les agrosystèmes ?, *in* G. Faure, Y. Chiffoleau, F. Goulet, L. Temple, J.-M. Touzard (eds.), *Innovation et développement dans les systèmes agricoles et alimentaires*, Quae, 71-80.

De Tourdonnet S., Chenu C., Straczek A., Cortet J., Felix I., Gontier L., Heddadj D., Labreuche J., Laval K., Longueval C., Richard G. et Tessier D., 2007 – Impacts des techniques culturales sans labour sur la qualité des sols et la biodiversité, *Rapport projet ADEME 'Impacts environnementaux des TCSL'*.

Deléage E., 2004 – *Paysans, de la parcelle à la planète : socio-anthropologie du Réseau agriculture durable*, Paris, Syllepse.

Dubuisson-Quellier S. et Martin S., 2019 – Face à l'urgence climatique, méfions-nous de la sur-responsabilisation des individus, *The conversation*. https://theconversation.com/face-a-lurgence-climatique-mefions-nous-de-la-sur-responsabilisation-des-individus-116481) (Consulté le 2-06-2019).

Dumont A-M., 2017 – *Analyse systémique des conditions de travail et d'emploi dans la production de légumes pour le marché du frais en Région wallonne (Belgique), dans une perspective de transition agroécologique*, Thèse de doctorat, Université Catholique de Louvain.

Eliasoph N., 2010 – *L'évitement du politique : comment les Américains produisent l'apathie dans la vie quotidienne*, Paris, Economica.

FNCuma, 2019 – *Chiffres Clés – Édition 2019*, FNCuma.

Goulet F., Vinck D., 2012 – L'innovation par retrait. Contribution à une sociologie du détachement. *Revue française de sociologie*, 53(2), 195-224.

Guichard L., Dedieu F., Jeuffroy M.-H., Meynard J.-M., Reau R. et Savini I., 2017 – Le plan Ecophyto de réduction d'usage des pesticides en France : décryptage d'un échec et raisons d'espérer, *Cahiers Agricultures*, 26(1), 14002.

Hellec F., Blouet A., 2012 – Technicité versus autonomie. Deux conceptions de l'élevage laitier biologique dans l'est de la France, *Terrains & travaux*, 20, 157-172.

Jeunes Agriculteurs, 2018 – Élevons notre autonomie pour cultiver notre résilience, *Rapport d'orientation au Congrès de Lourdes*, 5-7 juin 2018.

Lamine C. et Bellon S., 2009 – *Transitions vers l'agriculture biologique : Pratiques et accompagnements pour des systèmes innovants*, Versailles, Quae/Educagri.

Landel P., 2015 – *Participation et verrouillage technologique dans la transition écologique en agriculture. Le cas de l'Agriculture de Conservation en France et au Brésil*, Thèse de doctorat, AgroParisTech.

Laurent C. et Landel P., 2017 – Régime de connaissances et régulation sectorielle en agriculture, *in* G. Allaire, B. Daviron (eds), *Transformations agricoles et agroalimentaires : entre écologie et capitalisme*, Versailles, Quae, 305-324.

Lémery B., 2003 – Les agriculteurs dans la fabrique d'une nouvelle agriculture, *Sociologie du Travail*, 45, 9-25.

Lémery B., 2011 – Les agriculteurs : une profession en travail, *in* P. Béguin, B. Dedieu, E. Sabourin (eds), *Le travail en agriculture : son organisation et ses valeurs face à l'innovation*, Paris, L'Harmattan, 243-254.

Lopez-Ridaura S., Keulen H. van, Ittersum M.K. Van et Laffelaar P.A., 2005 – Multiscale methodological framework to derive criteria and indicators for sustainability evaluation of peasant natural resource management systems. *Environment, Development and Sustainability*, 7, 51-69.

Lucas V., 2018 – *L'agriculture en commun : Gagner en autonomie grâce à la coopération de proximité. Expériences d'agriculteurs français en Cuma à l'ère de l'agroécologie*, Thèse de doctorat, Université d'Angers.

Lucas V., Gasselin P. et Ploeg J.D. van der., 2019 – Local inter-farm cooperation: A hidden potential for the agroecological transition in northern agricultures, *Agroecology and sustainable food systems*, 43(2), 145-179.

Milleville P., 1987 – Recherches sur les pratiques des agriculteurs, *Cahiers de la Recherche Développement*, 16, 3-7.

Ministère de l'Agriculture, 2019 – Les groupements d'intérêt économique et environnemental (GIEE). https://agriculture.gouv.fr/les-groupements-dinteret-economique-et-environnemental-giee (consulté le 24/05/2019).

Nicholls C.I., Altieri M.A. et Vazquez L., 2016 – Agroecology: Principles for the Conversion and Redesign of Farming Systems, *Journal of Ecosystem and Ecography*, S5:010.

Nicourt C., 2013 – *Être agriculteur aujourd'hui : l'individualisation du travail des agriculteurs*, Versailles, Quae.

Ploeg J.D. van der, 2008 – *The New Peasantries: Struggles for Autonomy and Sustainability in an Era of Empire and Globalization*, London, Routledge.

Schneider A. et Huyghe C., 2015 – *Les légumineuses pour des systèmes agricoles et alimentaires durables*, Versailles, Quae.

Scopel E., Triomphe B., Affholder F., Macena da Silva F.A., Corbeels M., Valadares Xavier J.H., Lahmar R., Recous S., Bernoux M., Blanchart E., Mendes I. et de Tourdonnet S., 2013 – Conservation agriculture cropping systems in temperate and tropical conditions, performances and impacts. A review, *Agronomy for Sustainable Development*, 33, 113-130.

Thareau B., Fabry M. et Gosset M., 2015 – Mobiliser les agriculteurs pour le climat sans en parler... Réflexions sur des apprentissages inachevés, *Revue d'Études En Agriculture et Environnement*, 96(4), 569-598.

Thomas J., 2018 – Reconnaissance politique des savoirs professionnels. Expérimentation, légitimation, réflexivité et organisation d'un groupe d'agriculteurs autour des connaissances professionnelles, *Revue d'anthropologie des connaissances*, 12, 229-257.

Wezel A., Brives H., Casagrande M., Clément C., Dufour A. et Vandenbroucke P., 2016 – Agroecology-Territories: Places for sustainable agricultural and food systems and biodiversity conservation, *Agroecology and Sustainable Food Systems*, 40, 132-144.

Zahm F., Alonso Ugaglia A., Boureau H., Del'homme B., Barbier J.M., Gasselin P., Gafsi M., Guichard L., Loyce C., Manneville V., Menet A. et Redlingshofer B., 2015 – Agriculture et exploitation agricole durables : état de l'art et proposition de définitions revisitées à l'aune des valeurs, des propriétés et des frontières de la durabilité en agriculture, *Innovations Agronomiques*, 46, 105-125.

Chapitre 9

Ré-écologiser l'agriculture, enjeux et défis de l'agroécologie

Re-Ecologizing Agriculture: Issues And Challenge Of Agroecology

Sylvie Bonny*

Résumé : L'agroécologie est promue aujourd'hui par beaucoup d'acteurs en France. Cependant, sa mise en œuvre et les appels en la matière posent diverses questions du fait des déterminants économiques des pratiques agricoles, de la diversité des conceptions de l'agroécologie et de certains défis soulevés par l'utilisation de services écosystémiques. Ces divers enjeux sont examinés dans ce chapitre à partir d'une présentation des facteurs qui ont conduit à l'intensification de l'agriculture, d'une mise en évidence de divergences de vues sur l'agroécologie et d'une exploration de certaines difficultés à sa mise en œuvre. D'une part, divers facteurs économiques à l'origine de l'intensification de l'agriculture dans les dernières décennies continuent de peser sur le choix des pratiques agricoles. D'autre part, derrière le consensus apparent, il existe des conceptions fort différentes de l'agroécologie, notamment la vision paysanne et celle plus technoscientifique ; aussi, sa déclinaison pratique peut-elle faire l'objet d'antagonismes. Enfin, travailler avec la nature peut s'avérer un défi. Une injonction à un changement ne suffit pas, *a fortiori* si, naguère, le mot d'ordre était l'exact opposé. En outre, l'agroécologie peut s'avérer assez difficile à mettre en œuvre en raison de la complexité des pratiques, de leur incertitude et d'une plus forte charge en travail.

Abstract: *Agroecology is promoted today by many actors in France. However, both calls for agroecology and the reality of putting it into practice raise various issues, due to the economic determinants of agricultural practices, the diversity of approaches to agroecology, and some of the challenges posed by the use of ecosystem services. These various issues are examined in this chapter by analyzing the factors that led to the intensification of agriculture, by highlighting some divergences of views on agroecology, and by exploring certain difficulties in its implementation. On the one hand, various economic factors that have led to the intensification of agriculture in recent decades continue to influence the choice of agricultural practices. On the other hand, behind the apparent consensus, there are very different conceptions of agroecology, notably farmer-driven ones and more technoscientific ones. Furthermore, its practical application can be the subject of antagonism. Finally, working with nature can be a challenge. A call for change is not enough, especially if in the*

* UMR Économie Publique, INRA, AgroParisTech, Université Paris-Saclay, 78850 Grignon (au moment de la rédaction de l'article).

past the watchword was the exact opposite. In addition, agroecology can be quite difficult to implement due to the complexity of practices, their uncertainty and the higher workload they involve.

« Les générations balayent en passant jusqu'au vestige des idoles qu'elles trouvent sur leur chemin, et elles se forgent de nouveaux dieux qui seront renversés à leur tour. »
Balzac, *Les paysans*, 1844-1855

En apparence, l'agroécologie fait désormais quasi consensus en France. Depuis la FAO (Organisation des Nations unies pour l'alimentation et l'agriculture) jusqu'aux militants environnementalistes, depuis les ministères jusqu'aux citoyens en passant par de nombreux chercheurs, agents de développement, enseignants et une partie des agriculteurs, elle est devenue une injonction et un objectif. Cependant, cela ne date pas d'aujourd'hui : depuis bien des décennies le modèle de développement agricole fait l'objet de questionnements (Bonny, 1981 ; Bonny, Le Pape, 1984 ; Compagnone et *al.*, 2018), mais leur écho était bien moindre naguère. On peut ainsi évoquer l'adoption de l'agriculture biologique dans les années 1960 par certains agriculteurs, la création de la Commission puis Organisation Internationale de Lutte Biologique en 1955 et 1965, les pratiques des néoruraux dans les années 1970, le rapport *Pour une agriculture plus économe et plus autonome* du directeur de l'INRA J. Poly (1977, 1978), etc. Malgré ces précédents, depuis cinquante ans, l'évolution de l'agriculture parait avoir été peu orientée vers l'agroécologie. Aussi est-il utile d'analyser de façon plus approfondie divers freins. Comment se fait-il qu'elle ne semble pas être plus largement mise en œuvre ? Les raisons les plus couramment avancées dans les débats sont le poids des lobbies de l'amont et l'influence des vendeurs d'intrants, le verrouillage technique de l'ensemble de la filière rendant difficile un changement en agriculture sans évolution simultanée de son environnement, enfin le temps nécessaire à la transition.

Par-delà ces aspects, il existe d'autres facteurs qui questionnent l'évidence de l'agroécologie et le consensus sur cet impératif. Si l'agroécologie parait à ses promoteurs comme s'imposer par essence, cette évidence n'en est pas toujours une sur le terrain. On retrouve là les paradoxes du développement durable : même si c'est un objectif qui parait rallier tous les suffrages (peu d'acteurs plaident pour un développement non durable), sa mise en œuvre pratique et concrète peut s'avérer difficile en raison de plusieurs contradictions objet de ce chapitre.

L'article s'appuie sur l'analyse de l'évolution technico-économique de l'agriculture française durant les dernières décennies et sur un suivi des travaux portant sur les transformations du modèle de production agricole depuis 1945, notamment en matière d'usage des intrants. Il mobilise aussi les résultats d'enquêtes sur la perception et la mise en œuvre de l'agroécologie par les agriculteurs. À cela s'ajoute un suivi des débats sur la nécessité d'une modification du modèle « productiviste » et la transition agroécologique.

Les freins à l'agroécologie seront abordés dans ce chapitre en trois parties. Derrière une option qui, pour beaucoup, parait s'imposer, nous montrerons que peuvent exister des freins liés à la forte insertion de l'agriculture dans un système économique mondialisé très concurrentiel, à la diversité des conceptions de l'agroécologie ou à certaines difficultés du « travail avec la nature ».

Les facteurs économiques à l'origine de l'intensification de l'agriculture

Beaucoup de critiques sont faites aujourd'hui à l'intensification et aux intrants industriels. Mais elles s'interrogent rarement sur les raisons d'une telle intensification, d'où l'utilité d'un court rappel en la matière.

L'évolution de l'agriculture dans les décennies d'après-guerre

• Le fort ancrage de l'agriculture de naguère dans la nature et les territoires

L'agriculture est longtemps restée une activité enracinée dans la nature et inscrite dans un territoire circonscrit. En effet, jusqu'à la fin du XIXᵉ siècle malgré l'intégration d'apports extérieurs, les difficultés et les lenteurs des transports et des échanges ont conduit à devoir tirer parti au maximum des ressources locales. Dans les décennies suivantes, des politiques protectionnistes ont contribué à faire perdurer cette situation. Cela a produit une grande diversité de systèmes agraires avec une mise en valeur ingénieuse et remarquable de tous les éléments du milieu naturel local afin d'assurer la survie. C'était une sorte d'agroécologie de survie imposée par le contexte.

Ces formes d'agriculture de naguère, leurs produits et leurs pratiques sont souvent, aujourd'hui, l'objet d'une vision nostalgique parfois très éloignée de la réalité. Elles s'accompagnaient en effet, en général, d'un labeur humain considérable, de contraintes et de règles collectives souvent très pesantes, d'un niveau de vie très bas excepté pour quelques-uns, et d'une existence très dure pour la majorité, en particulier pour les aides familiaux et tous ceux qui disposaient de peu ou pas de ressources foncières. Les conflits pour certains biens, notamment la terre, ont pu être forts. Bref, la réalité est loin de la vision idyllique actuelle comme l'illustrent de nombreux témoignages et par exemple Dumont (1946) ou Weber (1983). Par ailleurs, la mise en valeur ingénieuse des ressources du territoire n'empêchait pas des dégradations : déboisement et surpâturage entraînant l'érosion, surexploitation des terres conduisant à leur appauvrissement, insalubrité, carences. Au niveau social, si aujourd'hui l'espace rural est perçu de façon positive comme cadre de vie, il était naguère souvent vécu différemment : limitations des ressources (« ici il n'y a rien »), pesanteur de la tradition, manque d'ouverture au monde, d'où des aspirations à le quitter (Debatisse, 1963).

• Un certain affranchissement de la nature avec la modernisation au XXᵉ siècle

Aux lendemains de la deuxième guerre mondiale, quand commença à se mettre en place le modèle productiviste, les exploitations agricoles étaient en général petites et morcelées et abritaient une main-d'œuvre abondante. Analyses et témoignages montrent l'éparpillement dans une multitude de tâches disparates, la faible productivité du travail, l'exiguïté des surfaces par actif, d'où une quantité considérable de travail dépensé par unité de produit obtenu (Dumont, 1946). Aussi, nombre d'experts, tel R. Dumont, ont-ils préconisé un certain niveau d'exode agricole et une amélioration de la productivité. L'emploi d'intrants d'origine industrielle a visé à augmenter la production et la productivité de la terre et du travail et à diminuer les coûts unitaires de production. De son côté, la mondialisation des échanges a conduit à s'approvisionner moins cher là où les coûts étaient moindres.

Le mouvement de modernisation de l'agriculture s'est ainsi traduit par une certaine artificialisation du milieu naturel et diverses formes de déterritorialisation. Des apports extérieurs (énergie, engrais, nouvelles races, variétés et techniques, connaissances, etc.) ont complété ou remplacé les ressources locales. Les aliments ont été de plus en plus transformés par l'industrie et vendus aux consommateurs après un long processus de transformation et de distribution et les échanges ont décuplé. Une spécialisation territoriale s'est développée en fonction des ressources disponibles et des écarts de prix du travail et du foncier à travers le monde.

La modernisation de l'agriculture a aussi conduit à la baisse des prix agricoles, une consommation croissante d'aliments transformés et la chute du nombre d'exploitations et d'agriculteurs, d'où un fort changement social. « Voilà le plus grand événement du XXᵉ siècle : la fin de l'agriculture, en tant qu'elle modelait conduites et cultures, sciences, vie sociale, corps et religions. Certes, des cultivateurs nourrissent et nourriront sans doute toujours leurs contemporains […]. [Mais] l'Occident vient de changer de monde. La Terre, au sens de la planète […] prend la place de la terre, au sens du lopin quotidiennement travaillé. Cette crevasse […] a déjà transformé nos rapports à la faune, à la flore, à la durée saisonnière, au temps qui passe, au temps qu'il fait, aux intempéries, à l'espace et à ses lieux, à l'habitat et à nos déplacements. Elle a changé le lien social. » (Serres, 2001).

Le poids des déterminants économiques dans les orientations passées et présentes de l'agriculture

Aujourd'hui, les appels à l'agroécologie sont le reflet des nouvelles missions que beaucoup d'acteurs, politiques, citoyens, associations, donnent à l'agriculture, notamment en matière environnementale. Mais les objectifs de baisse des coûts et d'amélioration de la productivité continuent de peser fortement. D'autant plus que la concurrence internationale est exacerbée car traders, courtiers, industries de transformation et centrales d'achat de la grande distribution cherchent à s'approvisionner à moindre coût sur le marché mondial.

L'amélioration des rendements fut, dans l'après-guerre, une des voies principales recherchées pour accroître les volumes produits, réduire les coûts moyens unitaires de production des denrées et améliorer les revenus agricoles. Les agriculteurs ont cherché à augmenter la production par actif, par hectare et par animal, d'où un accroissement des intrants utilisés, un changement des variétés et le recours à des races animales plus efficientes en termes de production obtenue par unité d'aliment consommé. Avec les niveaux d'intensification pratiqués, le coût d'un apport supplémentaire d'intrant était en général moindre que l'amélioration de la marge, en dehors des mauvaises années et des régions difficiles. En outre, les charges et frais fixes (matériel, bâtiments, foncier, charges sociales, annuités à rembourser, etc.) étant importantes, une production plus élevée permet de diminuer, en général, les coûts fixes moyens ramenés à la tonne de produit obtenu[1]. Ainsi, ce sont souvent les derniers quintaux produits qui permettent la rémunération de l'agriculteur, les précédents servant à couvrir les charges. Par ailleurs, l'emploi d'intrants était un moyen de remédier à des conditions défavorables telles les sols carencés ou les petites structures. En effet, du fait des hétérogénéités pédoclimatiques et socioéconomiques, les territoires ont des ressources et des richesses intrinsèques fort inégales, d'où des apports pour compenser les manques.

L'emploi d'intrants est aussi dû aux critères de qualité de plus en plus exigeants définis par l'aval. Organismes collecteurs, industries de transformation, grande distribution et consommateurs exigent tous des produits agricoles répondant à des critères stricts d'apparence, calibre, teneur en protéines et en contaminants tels les mycotoxines, etc., toutes demandes induisant souvent l'emploi d'engrais, pesticides et irrigation pour les satisfaire – et ce avec un volume suffisant.

Fig. 1 – Évolution des prix des produits agricoles et alimentaires de 1970 à 2017 (1970 = 100, monnaie constante ; approche des Comptes de la Nation)

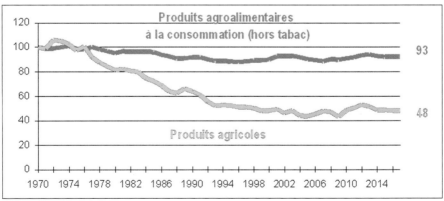

Source : APCA, Chambres d'agriculture France, service Etudes, Références et Prospective, à partir des données INSEE base 2014.

---

1 – Ce point est souligné car il est souvent oublié dans les débats médiatiques, citoyens et même scientifiques concernant l'agriculture.

Dans les filières agroalimentaires, l'essentiel de la valeur se concentre à l'aval. Entre 1960 et 1974, les prix agricoles et alimentaires ont diminué à un rythme voisin de l'ordre de 0,7 % par an (Bourgeois, 2007). Mais, depuis 1975, les prix alimentaires ont connu une légère baisse ou une stagnation en monnaie constante et les produits agricoles une forte chute (Fig. 1). Cela explique la nécessité, pour les agriculteurs, de réduire les coûts unitaires de production. D'où, d'une part, le choix d'une conduite relativement intensive et, d'autre part, l'accroissement des surfaces ou de la taille des ateliers animaux en vue d'économies de dimension.

Ainsi, l'intensification, l'agrandissement des exploitations et la forte baisse de leur nombre découlent surtout d'impératifs économiques. L'intensification parait liée, notamment, aux rapports de prix et aux demandes des secteurs en aval. De la sorte, en matière d'évolution de l'agriculture, on ne peut pas incriminer principalement les firmes d'amont, les politiques agricoles ou les agriculteurs eux-mêmes. Ces derniers durent se moderniser, ou sinon disparaitre. Mais, paradoxalement, ils semblent être passés d'une forme de retard à une autre. On jugeait naguère leurs pratiques trop traditionnelles, on déplore aujourd'hui leur modernisation (conventionnelle) excessive !

Toutefois, la désintensification peut s'avérer plus rentable quand elle procure une meilleure marge du fait des rapports de prix entre intrants et produits agricoles. En effet, quand les prix de ces derniers sont bas, les conduites à bas intrants avec un rendement un peu moindre permettent une meilleure marge que celles visant de hauts rendements. Cela est accentué si l'intensification s'est accompagnée d'investissements importants induisant un endettement difficile à rembourser du fait des cours insuffisants des produits. Ainsi, avec de bas prix agricoles, au-delà d'un certain seuil, l'intensification peut devenir défavorable au niveau économique, mais avec des variations selon le type d'intrant et de production (Viaux, 2013 ; Devienne, Garambois, 2017 ; RMT ERYTAGE, 2018).

D'autres voies d'intensification

L'anathème est souvent porté aujourd'hui envers l'intensification et le productivisme agricole. Cependant, l'agriculture moderne n'est pas toujours intensive : une bonne productivité par travailleur peut être obtenue avec une vaste surface et peu d'intrants par hectare à condition que les surfaces par actif soient très importantes. Toutefois, en France, leur petitesse relative et les rapports de prix ne favorisent pas cette voie.

Mais il existe des formes très différentes d'intensification selon le(s) facteur(s) utilisé(s) pour améliorer la productivité. L'agriculture peut ainsi être intensive en travail, en capital, en savoirs, en information, en autorégulation des agroécosystèmes (intensification écologique) (Bonny, 2011 ; Griffon, 2017). L'agroécologie, selon la définition de la Commission d'enrichissement de la langue française (2015), privilégie les interactions biologiques et vise à une utilisation optimale des possibilités des agrosystèmes, d'où la recherche souvent mise en avant d'une plus grande autonomie et d'une réduction des intrants industriels. Mais, pour valoriser les interactions écosystémiques, d'autres facteurs ou intrants sont fréquemment nécessaires. Ainsi, l'agroécologie peut requérir, selon les cas :

• plus de travail/ha, *e.g.* observations, formation, désherbage mécanique, implantation de couverts végétaux ou de plantes de service ;
• du matériel plus sophistiqué comme capteurs et informatique embarquée,
• d'autres types d'intrants tels ceux de biocontrôle ou l'achat de certains services ;
• plus de connaissances et de savoirs souvent très complexes par exemple en matière d'interactions et de synergies entre éléments de l'agroécosystème ou de lutte biologique.

Or ces intrants travail, capital, informatique, services, biocontrôle, connaissances peuvent parfois être relativement coûteux et véhiculer eux aussi certains modèles techniques (Jeanneaux, 2018).

De ce fait, l'agroécologie peut requérir elle aussi des charges et achats sans procurer des rendements supérieurs ou de meilleurs prix à la production, hors du cas de la vente directe ou transformation à la ferme. Or, la question de sa rentabilité économique est importante pour les agriculteurs très affectés, ces dernières années, par des difficultés économiques liées notamment au bas prix des produits agricoles hormis quelques exceptions. Aussi, plusieurs rapports officiels ont-ils souligné l'objectif de double performance économique et environnementale du projet agroécologique (Ministère de l'Agriculture, 2012-2019). Cette double performance a également fait l'objet d'un rapport d'Agreenium et de l'INRA commandité par le ministre de l'Agriculture (Guillou *et al.*, 2013) qui a analysé des voies et fait diverses recommandations pour les atteindre. En effet l'emploi de certains intrants conventionnels comme les pesticides, et notamment les herbicides aujourd'hui souvent sur la sellette, peut permettre, dans divers cas, une meilleure marge économique que la mise en œuvre parfois complexe et plus aléatoire de leurs alternatives. Cela est l'un des facteurs contribuant à expliquer le maintien de leur emploi (Femenia, Letort, 2016) et les difficultés à atteindre les objectifs des plans Ecophyto lancés par le gouvernement à partir de 2008 qui visaient une forte réduction de l'usage des pesticides. Toutefois, bien d'autres facteurs interviennent dans les choix des pratiques et des productions : elles ne dépendent pas des seuls agriculteurs, mais aussi de tout leur environnement sociotechnique et économique (Meynard, Messéan, 2014 ; Guichard *et al.*, 2017).

Derrière le consensus apparent, des visions différentes de l'agroécologie

L'agroécologie repose notamment sur la connaissance et la valorisation des processus du vivant et des autorégulations des agro-écosystèmes. Il s'agit de travailler davantage avec la nature ; cependant, on doit également se prémunir contre ses risques comme les substances naturelles toxiques ou les catastrophes naturelles. Cette meilleure valorisation du vivant consiste aussi à utiliser mieux ou davantage les associations végétales, les ressources génétiques, les techniques de conservation des sols, diverses interactions entre plantes et organismes vivants, la lutte biologique et intégrée : d'où le terme d'agriculture « écologiquement intensive » (Griffon, 2013). Mais le socle général de l'agroécologie peut se traduire de manière très différente tant au niveau de sa conception que de sa mise en œuvre pratique.

Une diversité de visions de l'agroécologie

Il existe diverses approches de l'agroécologie, selon que l'accent est mis sur le mouvement social, la discipline scientifique ou les pratiques agricoles (Wezel *et al.*, 2009). Mais, même en ce dernier domaine, l'agroécologie est promue par des acteurs très différents : des politiques, des associations professionnelles ou techniques, des chercheurs, des mouvements alternatifs tels Terre et Humanisme et Via Campesina, des militants, des consommateurs... Cette mise en avant de l'agroécologie à la fois par des membres de gouvernement, des techniciens de groupes privés, des conseillers agricoles, des scientifiques et des activistes peut induire une diversité de conceptions, d'autant plus que les pratiques caractéristiques de l'agroécologie sont parfois imprécises (CGAAER, 2016 : 18-19).

En premier lieu, l'agroécologie a un périmètre et une étendue très variables. Les uns privilégient le niveau technique agricole comme dans la définition française (Commission d'enrichissement de la langue française, 2015), tandis que d'autres élargissent la notion à l'ensemble du système alimentaire. Cet élargissement est d'ailleurs promu par des chercheurs comme Gliessman (2018) : « *When agroecology first emerged in the early 1980s, it was most often viewed as a form of resistance and an alternative to the changes sweeping through the food system. (...) In its early years, the primary focus of agroecology was at the farm level, or the farm agroecosystem. (...) The definition of agroecology has evolved to the following: Agroecology is the integration of research, education, action and change that brings sustainability to all parts of the food system: ecological, economic, and social. »*[2].

En second lieu, le type de transformation des pratiques mis en œuvre peut être plus ou moins radical comme le montre la typologie souvent utilisée Efficience-Substitution-Reconception (Hill, MacRae, 1996). L'efficience correspond à une rationalisation et un ciblage des intrants ; la substitution à un remplacement des intrants de synthèse par des intrants alternatifs tels les biopesticides ou par une combinaison de techniques ; la reconception vise à reconfigurer le système pour favoriser les mécanismes de régulation naturelle.

En troisième lieu, l'agroécologie peut s'appuyer sur des sources de connaissance différentes. Une opposition existe entre deux courants : d'une part, une vision paysanne basée sur les savoirs paysans, visant une forte autonomie, l'indépendance de décision, notamment par rapport aux firmes ; d'autre part, une vision high-tech où l'agroécologie va de pair avec l'emploi de capteurs, d'outils d'aide à la décision, d'agriculture numérique, d'épandage très précis de certains intrants par géolocalisation, de produits de biocontrôle, de robots, et plus généralement fait appel aux avancées de la recherche scientifique et technique (Bellon Maurel, Huyghe, 2017). Ces outils contribuent à un ajustement plus précis des intrants et à

---

2 – « Lorsque l'agroécologie a fait son apparition au début des années 1980, elle était le plus souvent perçue comme une forme de résistance et une alternative aux changements du système alimentaire. (…) À ses débuts, elle était principalement axée sur les exploitations agricoles ou sur les agroécosystèmes agricoles. (…) Mais sa définition a évolué et est devenue celle-ci : l'agroécologie est l'intégration de la recherche, de l'éducation, de l'action et du changement qui apporte la durabilité à tous les éléments du système alimentaire au niveau écologique, économique et social ».

la valorisation des mécanismes de régulation naturelle (Bellon-Maurel *et al.*, 2018). Cependant ils impliquent souvent des achats de produits, équipements et services à des firmes. Or ces dernières peuvent interférer avec les processus de production d'une part, *via* les outils d'aide à la décision, d'autre part à partir du traitement des données recueillies. Même s'ils sont présentés comme des auxiliaires pour les choix et l'action, les outils de décision peuvent aussi parfois induire une certaine dépendance envers les options proposées (InPACT, 2011).

Aussi, une divergence existe-t-elle entre ces deux conceptions de l'agroécologie, l'une mettant l'accent sur la rupture politique, l'autre sur le changement technico-scientifique. Ainsi, au lendemain de la conférence « Produire autrement » du ministère de l'Agriculture, en 2014, une quinzaine d'organisations ont souligné leur refus d'une « fuite en avant technicienne » et prôné l'agroécologie paysanne, « une agriculture sociale et écologique ancrée dans les territoires. [...]. Nous critiquons l'idéologie productiviste, le modèle agro-industriel et même le concept de développement agricole. [...] La généralisation d'une agriculture écologique [...] constitue un véritable choix politique allant plus loin que de simples évolutions techniques » (Collectif pour une agroécologie paysanne, 2014). L'agroécologie se fonde ainsi surtout tantôt sur les savoir-faire paysans, notamment grâce aux observations, échanges et interactions dans des groupes, tantôt sur des innovations high-tech. Bien qu'une hybridation entre les deux approches soit tout à fait possible et promue parfois (Compagnone *et al.*, 2018), elle peut être aussi rejetée par certains.

Les choix des agriculteurs

Il existe une immense diversité de pratiques agroécologiques en lien avec la diversité des milieux, des productions et des contextes socioéconomiques et agro-pédoclimatiques. Combien doivent être adoptées pour qu'on considère l'agroécologie comme mise en place ? Par ailleurs, bien des agriculteurs utilisent des pratiques agroécologiques sans pour autant les afficher comme telles, autrement dit mettent en œuvre une « agroécologie silencieuse » (*cf.* la contribution de Lucas *et al.* dans cet ouvrage). Des sondages auprès des agriculteurs montrent les techniques agroécologiques déjà utilisées et celles qu'ils envisagent d'accroître (BVA, 2017). Près des trois quarts ont déjà adopté certaines pratiques et 38 % envisagent de continuer (Fig. 2). Viennent en tête la réduction des intrants et l'amélioration des sols, les principales motivations avancées parmi celles proposées étant de préserver l'environnement (54 %), d'améliorer la performance économique de l'exploitation (47 %) et de préserver sa santé (41 %). Cependant, une proportion notable, plus de la moitié, indique qu'ils n'iront pas plus loin dans ces démarches.

Un autre sondage réalisé fin 2017 éclaire sur les modèles d'agriculture que les exploitants estiment les meilleurs pour demain (Ipsos Agriculture, 2018). Sont privilégiées la recherche de filières courtes ou locales citée par 63 % des répondants, l'amélioration de la productivité (45 %), la diversification (36 %), la qualité sanitaire des produits (32 %) et leur qualité nutritive (28 %), les répondants mentionnant 2,5 réponses en moyenne. Mais il existe un net différentiel des choix selon l'orientation. En grandes cultures, viennent en tête l'amélioration de la productivité (62 %), puis les filières courtes ou locales (59 %) et ensuite la diversification des produits (41 %). En élevage les priorités vont à des filières courtes (66 %), puis à la qualité sanitaire (37 %) et nutritionnelle des produits (33 %) et, ensuite, à l'amélioration de la productivité et à la diversification des produits (32 %). Les options retenues montrent la diversité des priorités selon les systèmes et le poids des aspects économiques dans les orientations.

Fig. 2 – Pratiques agroécologiques déjà mises en œuvre*
et à accroitre** pour les agriculteurs

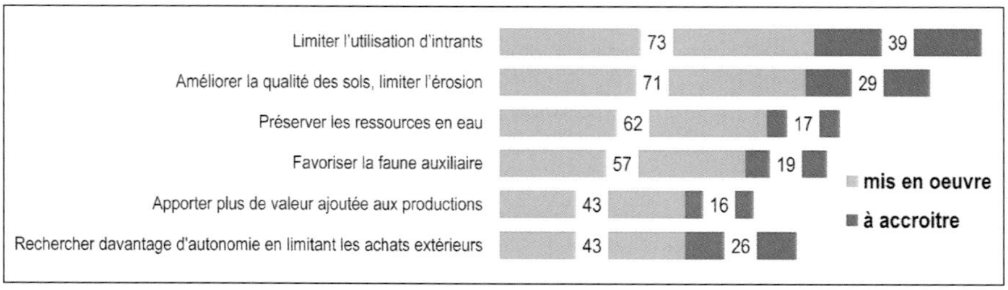

* % des réponses à la question « *Pour chacune des démarches suivantes, dites-moi si votre exploitation s'y est engagée par des choix de conduites ou d'actions particulières ?* », base ensemble des agriculteurs (813).
**% des réponses à la question « *Sur quelles démarches souhaitent-ils s'engager encore davantage ?* », base les 310 agriculteurs souhaitant s'engager davantage.
Enquêtes du 12/12/2016 au 6/01/2017, sans mention d'agroécologie dans la question, réponses multiples possibles.
Source : graphique de l'auteur établi à partir de BVA (2017).

Rupture, continuité ou retour ?

Avec la croissance de la population mondiale et après cinquante ans de modernisation accélérée, les impacts des activités humaines sur la planète sont devenus très lourds. D'où les exhortations, notamment dans le champ politique, à la transition écologique (Arrignon, Bosc, 2015). Les sociétés modernes redécouvrent tous les apports de la nature et des services écosystémiques naguère délaissés, voire même combattus en raison de certains effets secondaires indésirables comme ce fut le cas pour les marécages. Cependant, des vues fort différentes existent en matière des changements à opérer. De façon schématique, l'agroécologie peut être conçue soit comme une continuation de la modernisation de l'agriculture intégrant désormais mieux, comme les autres secteurs, les aspects environnementaux, soit comme une rupture nette avec les orientations des décennies d'après-guerre, soit même, parfois, comme un retour souhaitable à certains aspects de l'agriculture d'autrefois.

Or, pendant longtemps, et jusque dans les années 1970-1980, une vision en apparence opposée prévalait : l'agriculture était jugée archaïque, arriérée, traditionnelle, en quelque sorte trop proche de l'état naturel. Elle devait se moderniser et adopter des méthodes et techniques industrielles, rationnelles et scientifiques. Un discours du chimiste M. Berthelot, à la fin du XIXᵉ siècle, en témoigne : il envisageait pour l'an 2000 le remplacement de l'agriculture par la chimie de synthèse (Encadré n° 1).

Aujourd'hui les vues sur l'agriculture sont en apparence opposées : elle est jugée trop industrielle et pas assez « naturelle ». Cependant, par-delà l'apparence, la critique actuelle reproduit la même réprobation : une agriculture en retard par rapport aux nouveaux objectifs. Aux lendemains de la deuxième guerre mondiale, les agriculteurs furent sommés de se moderniser, ce qui signifiait alors achat d'intrants, intensification et spécialisation… Aujourd'hui, le parangon de la modernité intime l'inverse : autonomie, écologisation et diversification. Beaucoup d'agriculteurs se retrouvent à nouveau déphasés par rapport au reste de la société promouvant maintenant la nature et non plus la modernité industrielle (cf. Encadré n° 2).

**Encadré n° 1 – La vision de l'an 2000 de Marcelin Berthelot
à la fin du XIXᵉ siècle**

« Dans ce temps-là, il n'y aura plus dans le monde ni agriculture, ni pâtres, ni laboureurs : le problème de l'existence par la culture du sol aura été supprimé par la chimie ! […]. C'est là que nous trouverons la solution économique du plus grand problème peut-être qui relève de la chimie, celui de la fabrication des produits alimentaires. En principe, il est déjà résolu : la synthèse des graisses et des huiles est réalisée depuis quarante ans, celle des sucres et des hydrates de carbone s'accomplit de nos jours, et la synthèse des corps azotés n'est pas loin de nous. […]. Le jour où l'énergie sera obtenue économiquement, on ne tardera guère à fabriquer des aliments de toutes pièces, avec le carbone emprunté à l'acide carbonique, avec l'hydrogène pris à l'eau, avec l'azote et l'oxygène tirés de l'atmosphère.
Ce que les végétaux ont fait jusqu'à présent […], nous l'accomplissons déjà et nous l'accomplirons bien mieux, d'une façon plus étendue et plus parfaite que ne le fait la nature […]. »
Source : Berthelot, 1896.

Encadré n° 2 – Paysans, agriculteurs et urbains

Les paysans étaient souvent considérés autrefois et naguère par les citadins comme des « ploucs », des « bouseux », des « rustres » plutôt en retard comme en témoigne la nuance péjorative de ces qualificatifs. Après 1945 un fort mouvement de modernisation a eu lieu, porté entre autres par une partie des agriculteurs eux-mêmes, mais aussi et surtout par de nombreux autres acteurs de tout l'appareil d'encadrement et de l'environnement économique de l'agriculture. Aujourd'hui à nouveau les agriculteurs se retrouvent en porte à faux face à la société. Celle-ci, devenue très urbanisée et ayant maintenant un rapport nostalgique envers le naturel et le terroir reproche à l'agriculture les changements opérés : utilisation de nouvelles races et variétés et de produits chimiques, agrandissement des exploitations, etc. Les pratiques des agriculteurs se retrouvent à nouveau vilipendées.
Cela nous suggère une sorte de fable. Ils voulurent échapper à la condition de paysan – au sens péjoratif du terme, bouseux, plouc – et devenir des exploitants agricoles (plus) modernes. Mais, une fois ce stade atteint, une partie des urbains leur reprochèrent d'être trop industrialisés et trop séparés de la nature. Les agriculteurs restants se trouvèrent ainsi à nouveau dans une position difficile de retard par rapport aux nouveaux mots d'ordre exaltant le naturel…

L'agroécologie : un impératif, mais aussi un défi

L'impératif agroécologique et ses ambiguïtés

L'agroécologie est souvent présentée aujourd'hui comme indispensable, mais certains de ses aspects peuvent faire l'objet d'interrogations – qu'il s'agisse de travailler avec la nature, de quête d'autonomie ou des demandes sociétales.

• Travailler avec la nature

« L'agroécologie fait appel à un ensemble de pratiques agricoles dont la cohérence repose sur l'utilisation des processus écologiques et la valorisation de l'(agro) biodiversité. Elles ont toutes pour caractéristiques de travailler avec la nature et non pas contre celle-ci ou indépendamment » (CESE, 2016). Ce type de présentation est fréquent. Pourtant, il est un peu étonnant car la quasi-totalité des agriculteurs travaille avec la nature depuis toujours et continue à le faire, même après la modernisation des dernières décennies. En effet, l'agriculture dépend toujours très fortement du milieu naturel et de la nature, les intrants apportés étant surtout un complément. Certes, le sociologue Henri Mendras (1962, p. 320-321) écrivait, dans les années 1960 : « L'invasion de la technique, pour ne pas dire de la science, dans le travail du cultivateur conduit aussi à un changement radical de ses attitudes vis-à-vis de la nature. Le paysan traditionnel utilisait les mécanismes naturels, mais ne les dominait pas, il était leur serviteur. La terre était pour lui une vieille compagne tyrannique dont il devait supporter les caprices. L'agriculteur moderne, au contraire, domine la nature, la soumet à ses volontés et la manipule à sa guise ».

Cette observation parait excessive et, aujourd'hui, l'immense majorité des agriculteurs souligne, au contraire, combien leur travail est déterminé par la nature : aléas météorologiques, conditions agropédoclimatiques, diversité des sols, développement de pathogènes et maladies, états des cultures et animaux, etc. Par ailleurs, même si la vie sur terre dépend des services rendus par la nature, cette dernière peut comporter des aspects dévastateurs dont il faut chercher à diminuer les effets : tremblements de terre, pluies ou sécheresses extrêmes, vents et orages violents, pathogènes, etc. Et l'appel à imiter la nature, « L'agroécologie cherche à améliorer la durabilité des agroécosystèmes en imitant la nature plutôt que l'industrie » (De Schutter, 2011 ; CIRAD, 2010) peut parfois receler des ambiguïtés (Tassin, 2011, 2013).

• Les acteurs des orientations techniques

Dénoncer aujourd'hui l'intensification et la spécialisation des exploitations semble ignorer qu'elles furent promues naguère par des politiques, l'appareil d'encadrement et de vulgarisation, les organismes scientifiques et techniques, le secteur amont et les industries alimentaires. Tous prônent désormais l'agroécologie sans guère s'interroger sur leurs préconisations passées et donc sur leur part de responsabilité. Certes, une partie des agriculteurs fut un acteur majeur de la modernisation, mais pas tous. L'intensification découle aussi des contraintes économiques. Or, le choix des pratiques est trop souvent présenté comme de la seule responsabilité des agriculteurs, d'où une vision manichéenne fréquente opposant les vertueux et les autres et ignorant le poids des contextes économiques local et englobant.

• Des demandes sociales ambiguës

La demande est souvent mise en avant comme facteur légitimant et imposant l'agroécologie, comme disait déjà Adam Smith (Smith, 1776 : 307) : « La consommation est l'unique but, l'unique terme de toute production, et on ne devrait jamais s'occuper de l'intérêt du producteur qu'autant seulement qu'il faut pour favoriser l'intérêt du consommateur ». Mais les attentes envers l'agriculture sont liées à ce que l'on sait d'elle. La majorité de la population n'a pas de connaissance directe de ce secteur ; sa perception se fait à partir des informations diffusées dans les médias, les discussions ou les réseaux sociaux. Or, du fait de leurs impératifs économiques et de leur quête d'audience, ces canaux peuvent privilégier formules chocs et dénonciations virulentes aptes à susciter l'attention. Si celles-ci attirent et favorisent la reprise de l'information, elles nuisent à la compréhension de la complexité des problèmes et peuvent induire des visions trop partielles. Une majorité de Français estime ainsi que l'agriculture ne fait pas assez d'efforts pour réduire les intrants, préserver l'environnement et la santé (Fig. 3) (Ipsos, 2018). Par contre, d'autres domaines – à la production pourtant moins essentielle mais source d'activités économiques et de plaisir – qui contribuent à ces phénomènes semblent bien moins questionnés : production d'innombrables biens manufacturés à courte durée de vie mais à fort impact environnemental, multiplicité des incitations à la consommation, tourisme lointain ou destructeur, chauffage ou climatisation excessifs, innombrables déchets, artificialisation des sols, gaspillages…

Cependant, si beaucoup de consommateurs valorisent le naturel, la naturalité des produits et leur valeur santé, le prix reste leur critère primordial (Fig. 4). Cela montre l'importance de bas coûts de production en dehors des produits de luxe, haut de gamme ou affichant une provenance locale.

Les difficultés et contraintes de l'agriculture

L'agriculture reçoit beaucoup d'injonctions au changement mais qui prennent assez peu en compte le contexte :

> • Il est assez paradoxal de demander des changements aussi conséquents aux agriculteurs aujourd'hui en petit nombre, dont une certaine proportion est assez âgée ou fragilisée au niveau socio-économique. Par exemple, certaines pratiques agroécologiques peuvent requérir plus de travail, or la population active agricole a considérablement diminué avec une baisse de près de 90 % depuis 1946.
>
> • La mise en œuvre de pratiques vertueuses ne résout pas un problème majeur, celui de la rentabilité lié notamment aux prix souvent bas des produits agricoles à la production, hormis les cas de flambée des cours ou de labels, vente directe et transformation à la ferme. Le choix des pratiques agricoles est en effet très lié aux rapports de prix qui dépendent du système économique englobant.

Fig. 3 – Opinions des Français sur les efforts faits par l'agriculture pour répondre aux enjeux économiques, sanitaires, environnementaux et sociétaux

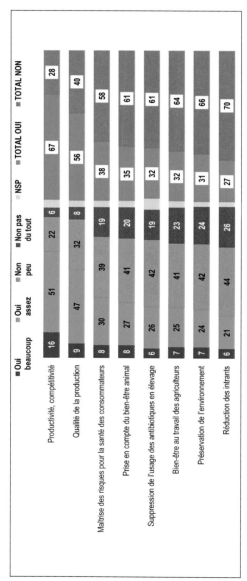

Enquête de septembre 2018 auprès d'un échantillon représentatif de 1 003 Français.

En % de réponses à la question « *Diriez-vous de l'agriculture française qu'elle fait des efforts pour répondre aux enjeux suivants.* »

Source : graphique de l'auteur établi à partir des résultats d'Ipsos (2018).

Fig. 4 – Critères auxquels les Français déclarent être attentifs dans leurs achats alimentaires

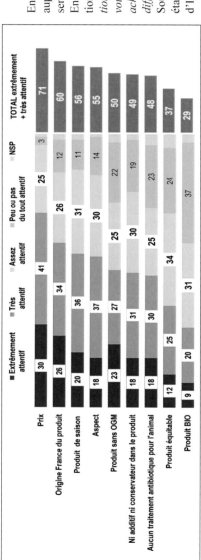

Enquête de septembre 2018 auprès d'un échantillon représentatif de 1 003 Français.

En % des réponses à la question « *en matière d'alimentation, diriez-vous que lorsque vous faites vos courses/vos achats, vous êtes attentifs aux différents points suivants.* »

Source : graphique de l'auteur établi à partir des résultats d'Ipsos (2018).

• Une évolution de toute la chaine agroalimentaire est nécessaire afin d'éviter qu'un gain environnemental ici soit annulé par des dégradations ailleurs.
• L'agroécologie ne peut suffire seule car l'agriculture n'occupe plus que la moitié du territoire en France. Les terres arables elles-mêmes ne représentent plus que 18 millions d'hectares en 2018, soit le tiers du territoire alors qu'elles en occupaient la moitié (plus de 26 millions d'ha) au milieu du XIXe siècle. En effet, avec la hausse des rendements, les impératifs de compétitivité et la fin de la traction animale, bien moins de surfaces sont utilisées pour produire des quantités plus importantes, d'où la libération de millions d'hectares autrefois cultivés et maintenant boisés (ou artificialisés). Cela aurait pu contribuer à un meilleur état de la biodiversité, mais ce n'est pas le cas. D'où la nécessité de mieux prendre en compte le territoire dans son ensemble, et non les seules surfaces agricoles.

Ce bref rappel montre que l'appel au changement, souvent très focalisé sur l'agriculture, doit mieux intégrer l'ensemble des facteurs en jeu.

Les obstacles à l'agroécologie pour les agriculteurs

Quels sont les obstacles que les agriculteurs perçoivent à l'adoption de pratiques agroécologiques ? Une enquête fait ressortir des freins règlementaires, économiques, de charge en travail et les incertitudes (Fig. 5) (BVA, 2017).

Ainsi l'adoption de pratiques agroécologiques peut être freinée par :
• le coût de ces méthodes lié au matériel ou intrants spécifiques ainsi qu'à leur exigence en travail et en connaissances alors que, non labellisées, elles seront difficiles à valoriser sur le marché ;
• les règlementations souvent rigides qui encadrent ces techniques quand elles bénéficient de certaines aides ;
• le temps supplémentaire requis. Si en raison de l'importance du chômage certains valorisent cette demande accrue de travail, cela doit pouvoir être rémunéré et par ailleurs les agriculteurs ont souvent beaucoup de mal à recruter ;
• la plus grande complexité de mise en œuvre de ces itinéraires. C'est le cas, par exemple, en protection des cultures. Ainsi pour le désherbage, malgré le développement de résistance aux herbicides, l'emploi de désherbants était relativement facile, souvent peu coûteux et il existait diverses familles de produits adaptés aux diverses adventices. De leur côté, les solutions agroécologiques sont souvent complexes et nécessitent d'actionner plusieurs leviers à effet partiel. En effet, l'utilisation des services écosystémiques est problématique en raison des caractéristiques des organismes vivants qui en sont à l'origine : manque de connaissances sur leur comportement, effet important du contexte local sur leur activité, difficulté à les contrôler et risque de conséquences inattendues ou indésirables, enfin difficulté à en évaluer l'effet sur le fonctionnement de l'agroécosystème (Thoyer, Le Velly, 2017). D'où la nécessité d'une gestion adaptative plus incertaine et de nombreuses formations et recherches. Si les activités d'observation revalorisent le métier d'agriculteur, elles engendrent aussi de l'incertitude.

• Les écueils que peut rencontrer le travail avec la nature. La sécheresse estivale peut limiter l'autonomie fourragère des élevages ; plantes invasives et animaux prédateurs peuvent causer de lourdes pertes et engendrer des disservices. En outre le changement climatique risque d'entrainer le développement de nouveaux pathogènes, insectes, maladies difficiles à contrôler si les autorégulations des agroécosystèmes s'avèrent insuffisantes et les méthodes de biocontrôle longues à développer.

Fig. 5 – Facteurs qui, pour les agriculteurs, freinent l'adoption de pratiques agroécologiques

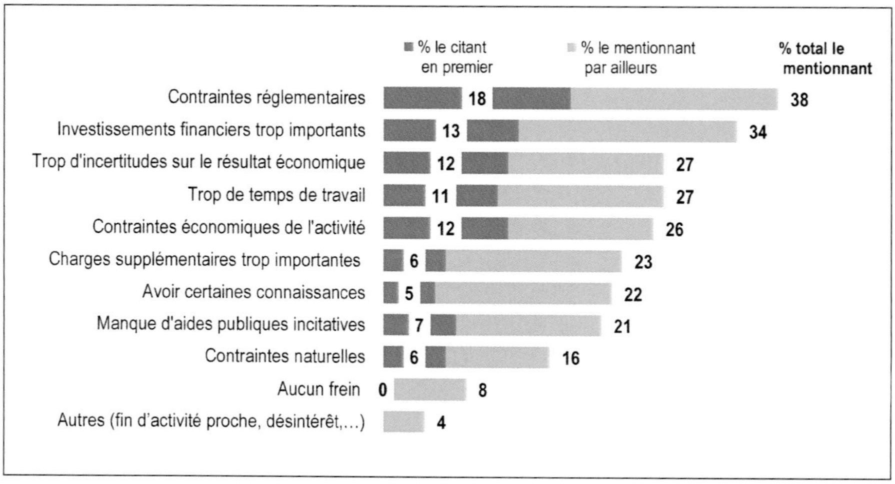

En % des réponses à la question « *quels sont les freins qui vous limitent le plus à vous engager ou vous engager davantage dans une démarche agro-écologique ?* » (ensemble des 813 agriculteurs).
Source : graphique de l'auteur établi à partir des résultats de BVA, 2017.

Conclusion

Le modèle agricole est l'objet de critiques et beaucoup d'acteurs prônent l'agroécologie. Ce chapitre a cherché à explorer certains aspects et défis de la transition promue. En effet, il est nécessaire de replacer l'agriculture dans le système englobant car la transition ne dépend pas des seuls agriculteurs. Un rôle essentiel est joué par divers facteurs : déterminants économiques, diversité des visions de l'agroécologie, incertitudes et difficultés à travailler avec la nature faisant de ces pratiques parfois une gageure.

En premier lieu, divers facteurs économiques à l'origine de l'intensifation de l'agriculture continuent de peser fortement, notamment les rapports de prix, la mondialisation des marchés et la compétition internationale. Certes, il existe des créneaux tels la vente directe, les labels bio, la transformation à la ferme permettant d'y échapper en partie, mais ils ne peuvent pas concerner toute l'agriculture.

Et même en réduisant certains achats, une partie des consommateurs ne peut guère payer les denrées alimentaires plus cher.

En second lieu, derrière le consensus apparent, il existe des conceptions fort différentes de l'agroécologie. Les uns prônent une vision paysanne avec la recherche maximale d'autonomie, d'indépendance de décision et d'utilisation de savoir-faire paysans. D'autres s'orientent vers une approche faisant largement appel à des innovations high-tech : outils d'aide à la décision, agriculture numérique, géolocalisation, robots, d'où une autonomie relative et la nécessité d'investissements. Avec cette diversité de conception, la déclinaison concrète de l'agroécologie peut être l'objet d'antagonismes.

En dernier lieu, travailler avec la nature peut être un défi. En effet, il est étonnant de dire aux agriculteurs de travailler avec la nature car ils le font depuis toujours et le font encore, même avec la modernisation des dernières décennies. L'agroécologie peut s'avérer assez difficile à mettre en pratique dès lors que l'on cherche à dépasser la réduction des intrants industriels en les remplaçant par d'autres d'origine « naturelle » et en les ajustant avec précision et bien plus finement aux besoins des productions selon leur état, la période et le lieu. En outre, les demandes de la société pour la transition agroécologique souvent mises en avant peuvent reposer sur une vision plutôt manichéenne et une connaissance partielle et partiale des différents types d'agriculture.

L'agriculture est insérée dans un système économique mondialisé qui pèse très lourdement sur toutes les activités. Les orientations de l'agriculture dans les décennies d'après-guerre se sont faites en voulant enfin la moderniser, l'industrialiser et l'aligner sur les autres secteurs, bref en voulant la sortir de son statut trop proche de la nature. Aujourd'hui, un nouveau changement de paradigme lui est demandé. Mais les agriculteurs ne peuvent que difficilement échapper aux impératifs économiques dominants. Ce sont ces derniers qui semblent en cause, et, plus largement, les relations entre l'humanité et la planète Terre. Une modification des relations homme/nature et un changement de paradigme semblent nécessaires dans toute de l'économie et la société, et pas seulement en agriculture : il s'agit de ré-écologiser toutes les activités humaines.

Références bibliographiques

Arrignon M. et Bosc C., 2015 – *L'agro-écologie ou les valorisations économiques et politiques de la biodiversité*, 13e congrès de l'AFSP, Aix-en-Provence.

Bellon Maurel V. et Huyghe C., 2017 – Putting agricultural equipment and digital technologies at the cutting edge of agroecology, *OCL* 24(3), D307.

Bellon-Maurel V., Garcia F. et Huyghe C., (eds), 2018 – Le numérique en productions végétales : prédire et agir, *Innovations Agronomiques,* 67, 91 p.

Berthelot M, 1896 – *Science et morale*, Paris, Calmann-Lévy, 518 p.

Bonny S., 1981 – Vers un autre modèle de développement agricole ? *Économie Rurale,* 146, 20-29.

Bonny S., 2011 – L'agriculture écologiquement intensive : nature et défis, *Cahiers Agricultures*, 20(6), 451-462.

Bonny S., Le Pape Y., 1984 – L'agriculture biologique : quelques éléments d'étude de sa viabilité et reproductibilité, *Bulletin Technique d'Information* (Ministère de l'Agriculture), (386), 17-39.

Bourgeois L., 2007 – *L'agriculture française. Prix des produits à la production et à la consommation,* Paris, APCA, Études économiques, avril 2007.

BVA, 2017 – *Perception de l'agroécologie par les agriculteurs français,* Sondage commandité par le Ministère de l'agriculture, janvier 2017, 28 p.

CESE (Conseil Économique, Social et Environnemental), 2016 – *La transition agroécologique* : défis et enjeux, Avis du CESE sur le rapport présenté par C. Claveirole, Paris, JO, 114 p.

CGAAER, 2016 – *Mobilisation des partenaires du projet agro-écologique*, Rapport d'audit. Ministère de l'agriculture, CGAAER Rapport n° 15034, 101 p.

CIRAD, 2010 – *La nature comme modèle, pour une intensification écologique de l'agriculture*, Paris, Montpellier, CIRAD, 16 p.

Collectif pour une Agroécologie Paysanne, 2014 – *Pour une agroécologie paysanne,* 2 p.

Commission d'enrichissement de la langue française, 2015 – Vocabulaire de l'agriculture et de la pêche, *Journal Officiel De La République Française*, 19/08/2015, texte 75.

Compagnone C., Lamine C. et Dupré L., 2018 – La production et la circulation des connaissances en agriculture interrogées par l'agro-écologie, *Revue d'anthropologie des connaissances*, 12(2), 111-138.

De Schutter O., 2011 – *Agroécologie et droit à l'alimentation*, Rapport présenté à la 16e session du Conseil des droits de l'homme de l'ONU [A/HRC/16/49], 8/03/2011, 23 p.

Debatisse M., 1963 – *La révolution silencieuse. Le combat des paysans*, Paris, Calmann-Lévy, 304 p.

Devienne S., Garambois N., 2017 – *Les systèmes de production économes et autonomes pour répondre aux enjeux agricoles d'aujourd'hui*, Commissariat général au développement durable, THEMA Analyse, 41 p.

Dumont R., 1946 – *Le Problème agricole français, esquisse d'un plan d'orientation et d'équipement*, Paris, Les Éditions nouvelles, 382 p.

Femenia F. et Letort E., 2016 – How to significantly reduce pesticide use: An empirical evaluation of the impacts of pesticide taxation associated with a change in cropping practice, *Ecological Economics*, 125, 27-37.

Gliessman S, 2018 – Defining Agroecology, *Agroecology and Sustainable Food Systems,* 42(6), 599-600.

Griffon M., 2013 – *Qu'est-ce que l'agriculture écologiquement intensive ?,* Versailles, Quae, 224 p.

Griffon M., 2017 – Éléments théoriques en agroécologie : l'intensivité écologique, *OCL* 24(3), D302.

Guichard L. et al., 2017 – Le plan Écophyto de réduction d'usage des pesticides en France : décryptage d'un échec et raisons d'espérer, *Cahiers Agriculture* 26, 14002, 12 p.

Guillou M. et al., 2013 – *Le projet agro-écologique : Vers des agricultures doublement performantes pour concilier compétitivité et respect de l'environnement. Propositions pour le Ministre*, Paris, Agreenium (Institut agronomique, vétérinaire et forestier de France), INRA, 163 p.

Hill S.B. et MacRae R.J., 1996 – Conceptual framework for the transition from conventional to sustainable agriculture, *Journal of sustainable agriculture*, 7(1), 81-87.

InPACT, 2011 – *Souveraineté technologique des paysans.* Défendre l'intérêt général autour des agroéquipements, Bagnolet, InPACT (Initiatives Pour une Agriculture Citoyenne et Territoriale), 11 p.

Ipsos, 2018 – *Le regard des Français sur l'agriculture. Résultats,* Étude Ipsos pour Opinion *Valley*, Paris, Ipsos, 10 p.

Ipsos Agriculture, 2018 – *Agri-Express :* États Généraux, Paris, Ipsos Agriculture, Partenariat Ipsos-Agriavis, 21 p.

Jeanneaux P, 2018 – Agriculture numérique : quelles conséquences sur l'autonomie de la décision des agriculteurs ? *Agronomie, Environnement & Sociétés* 8(1), 13-22.

Mendras H., 1962 – Sociologie du milieu rural, *in* G. Gurvitch (ed.), *Traité de sociologie,* Paris, Presses universitaires de France, 315-331.

Meynard J.-M. et Mésséan A., 2014 – *La diversification des cultures : Lever les obstacles agronomiques et économiques*, Versailles, Quae, 204 p.

Ministère de l'agriculture, 2012-2019 – *Transition agro-écologique.* Articles sur les pages https://agriculture.gouv.fr/agriculture-et-foret/projet-agro-ecologique et https://agriculture.gouv.fr/agriculture-et-foret/projet-agro-ecologique.

Poly J., 1977 – *Recherche agronomique, réalités et perspectives*, Paris, INRA, 72 p.

Poly J., 1978 – *Pour une agriculture plus économe et plus autonome*, Paris, INRA, 69 p.

RMT ERYTAGE, 2018 – *Durabilité des activités agricoles et son évaluation économique. Quelles méthodes ? Quels types de résultats ? Quelles perspectives ?*, Réseau Mixte Technologique ERYTAGE, séminaire, Paris, 18/12/2018.

Serres M., 2001 – *Hominescence,* Paris, Ed. Le Pommier, 224 p.

Smith A., 1776 – *Recherches sur la nature et les causes de la richesse des nations*, Paris, Guillaumin (réédition de 1843).

Tassin J., 2011 – Quand l'agro-écologie se propose d'imiter la nature, *Courrier de l'environnement de l'INRA*, 61, 45-53.

Tassin J., 2013 – Imiter la nature en agro-écologie ?, *Nature & Progrès*, 91, 38-39.

Thoyer S., Le Velly R. 2017 – *L'accompagnement de la transition agroécologique*, Montpellier Supagro, MOOC Agroécologie.

Viaux P., 2013 – *Systèmes intégrés : une troisième voie en grande culture*, Paris, Ed. France Agricole, 254 p.

Weber E., 1983 – *La Fin des terroirs. La modernisation de la France rurale, 1870-1914*, Paris, Fayard, 830 p.

Wezel A. *et al.*, 2009 – Agroecology as a science, a movement and a practice. A review, *Agronomy for Sustainable Development*, 29(4), 503-515.

Chapitre 10

Un producteur en vente directe est-il encore agriculteur ? Effets de la diversification par la vente directe sur le travail agricole et l'identité professionnelle

Is A Direct Selling Producer Still A Farmer?
The Effects Of Diversification Activities On
Agricultural Work And Professional Identity

Léo Perrette*

Résumé : Cet article propose d'interroger les évolutions en cours dans la profession agricole à l'aune du renouveau des « activités de diversification » dans les fermes françaises, notamment la commercialisation en direct, activités étroitement corrélées à l'adoption de pratiques agroécologiques. À partir des résultats issus de trois enquêtes conduites auprès d'agriculteurs dans le département du Nord, nous mettrons en évidence les principaux enjeux induits par la diversification en matière d'organisation de travail. Nous montrerons que ce « rapatriement » d'activités para-agricoles au sein des exploitations s'articule différemment à l'activité de production en fonction des déterminants de l'entrée ou du maintien en diversification, des ressources matérielles et humaines de la ferme ainsi que de l'idée que l'agriculteur se fait de son métier. Ainsi, nous envisagerons la possibilité que cette réception inégale des stratégies de diversification témoigne de l'émergence d'un nouveau segment professionnel au sein du monde agricole.

Abstract : The purpose of this paper is to question the current evolutions among the agricultural profession, in the light of the revival of "diversification activities" among french farms, especially the direct selling, which are closely correlated to the agroecological practices. Based on datas from three current researches in the Nord French departement, we show the main issues caused by diversification regarding to the work organization. We demonstrate that this kind of « reincorporation » of para-agricultural activities within farm organization

---

* Doctorant en sociologie, Centre lillois d'études et de recherches sociologiques et économiques (Clersé, UMR 8019), Université de Lille.
Thèse en préparation : « Le travail agricole au sein des systèmes agro-alimentaires alternatifs. Normes professionnelles et autonomie de métier ». Recherches associées : « Normes Environnementales, Activités Agricoles et Autonomie d'Exploitation » (NORE AGRIA, coord. Sylvie Célérier, laboratoires CLERSÉ – Université de Lille, IRISSO – Université Paris-Dauphine) ; « Agriculture et Proximité, gouvernance alimentaire et Territoires » (APROTER, coord. Nicolas Rouget, laboratoires CLERSÉ & TVES – Université de Lille, CALHISTE – Université de Valenciennes et du Hainaut-Cambrésis).

is variously connected to the core activity of production, according to the several reasons to be diversificated, also human and material supplies available on the farm, as well as the manner by which the farmer defines his profession. Thus we consider that those inconsistently acceptances of diversification strategies may reveal the emergence of a new professionnal segment in farming world.

Le présent propos s'intéresse aux transformations des pratiques professionnelles des agriculteurs dans un contexte de double bifurcation, agronomique et socio-économique. Celle-ci consiste à repenser, dans le même temps, les deux piliers de notre système alimentaire que sont d'un côté la production, de l'autre la mise en circulation et la consommation des produits (Malassis, 1994). Cette bifurcation s'incarne en premier lieu dans l'essor récent des « systèmes agro-alimentaires alternatifs » (Deverre et Lamine, 2010) associant à la fois des modes de production plus écologiques (labellisés ou non), des modes de consommation « engagés » (Dubuisson-Quellier, 2009) et des formes de commercialisation assurant leur mise en relation et cherchant à réduire la place des intermédiaires industriels et commerciaux des filières traditionnelles[1]. Au départ, à l'initiative de groupements de consommateurs, de collectifs d'agriculteurs ou de l'alliance des deux[2], ces expérimentations trouvent désormais un certain écho dans les discours des collectivités publiques, des entreprises ou des institutions d'encadrement du monde agricole, valorisant ainsi leur logique tout en réduisant leur portée contestataire. Côté production, c'est la promotion récente de l'agroécologie qui incarne cette tendance, la transcription française de ce contre-modèle agronomique sous la mandature Le Foll ayant conduit à reconnaître l'impératif de performance (Guillou *et alii*, 2013) tout en atténuant la virulence d'un tel mot d'ordre afin d'enrôler davantage de profils d'exploitations et d'agriculteurs dans ce nouveau paradigme du développement agricole (Arrignon et Bosc, 2015). Côté commercialisation, ce sont les principes de relocalisation, de limitation du nombre d'intermédiaires et de rééquilibrage de la gouvernance qui sont mis en valeur, par exemple dans le cadre des « Projets Alimentaires Territoriaux »[3]

---

1 – Cette logique d'éviction des intermédiaires a donné lieu à plusieurs tentatives de définition, notamment celle de « circuit court » (Chaffotte et Chiffoleau, 2007) adoptée par le ministère de l'Agriculture en 2009 (rapport Barnier) et correspondant aux situations où des exploitants agricoles commercialisent leurs produits directement auprès du consommateur ou par l'intermédiaire d'un opérateur au maximum. Nous éviterons toutefois d'y recourir car elle ne rend pas compte de certaines configurations faisant intervenir davantage d'intermédiaires ou s'organisant en réseau, qui s'inscrivent toutefois dans des logiques de relocalisation alimentaire ou de contournement des filières industrielles. Le terme de « Chaînes Alimentaires Courtes de Proximité », qui donne son nom au *Réseau Mixte Technologique* de l'INRA dédié à ces questions (RMT CACP), semble actuellement plus approprié, quoique le terme de circuit court se soit imposé dans le vocabulaire courant sans nécessairement renvoyer au critère « 0 ou 1 ».

2 – Le cas emblématique étant les AMAP – Association pour le Maintien d'une Agriculture Paysanne.

3 – Introduits par la *Loi d'Avenir pour l'Agriculture, l'Alimentation et la Forêt* (*LAAAF*) du 13 octobre 2014.

(Brand, 2015). Cette promotion de nouveaux schémas d'organisation en aval des filières réhabilite, dans le même temps, des formes traditionnelles de commercialisation en direct comme la vente à la ferme ou sur les marchés.

Ces « systèmes agro-alimentaires alternatifs » font l'objet d'un intérêt constant de la part des sciences sociales depuis une vingtaine d'années. L'abondante littérature en la matière a questionné plusieurs dimensions, principalement la consistance de leur caractère alternatif (Le Velly, 2017 ; Paranthoën, 2016), les conditions d'adoption et de diffusion des techniques agronomiques (Goulet, 2008), les déterminants de la conversion chez les agriculteurs (Cardona, 2014 ; Samak, 2016) comme chez les consommateurs (Lamine, 2008), enfin leurs performances économiques et logistiques (Boutry et Ferru, 2016). Toutefois, leurs conséquences sur la réalité du travail des agriculteurs restent pour une bonne part à renseigner, tant sur le plan des techniques productives que pour ce qui est du « rapatriement » au sein de l'exploitation agricole d'activités para-agricoles jusqu'alors prises en charge par les entreprises de négoce, de transformation et de distribution.

Il existe, en effet, une corrélation entre l'écologisation des pratiques agricoles et le développement (ou le maintien) d'activités para-agricoles, en particulier celles liées à la commercialisation en direct ou avec peu d'intermédiaires. Il a été montré que les agriculteurs engagés dans une dynamique d'écologisation de leurs pratiques sont également plus enclins à s'extraire des logiques de filière et à diversifier leurs débouchés, notamment par les circuits de proximité, et ce pour deux raisons. D'une part, il y aurait une homologie entre la recherche de l'autonomie de son système technique et l'autonomie de l'exploitation dans son ensemble (Lamine, 2017). D'autre part, la valorisation commerciale de productions plus écologiques consiste à se rapprocher des consommateurs prêts à payer pour ces produits réputés avoir un meilleur impact sur la santé humaine et l'environnement.

Nous parlons de rapatriement, ou de réhabilitation, en ce que la professionnalisation de l'agriculture, corollaire de la modernisation agricole engagée dans la seconde moitié du XXe siècle, a justement consisté en une mise au second plan des activités comme la transformation ou la vente au détail, au profit de la production primaire de denrées végétales ou animales. En attestent la supplantation progressive des termes de « paysan » ou « fermier » par ceux d' « exploitant agricole » ou d' « agriculteur », et le rôle prépondérant des critères liés à la production primaire (superficies, rendements, équipements) dans la hiérarchie interne au groupe professionnel (Grignon, 1982 ; Rémy, 1987). En atteste également le fait que ces activités para-agricoles, encore présentes dans certaines exploitations, dans des proportions variables selon le territoire, le type de production et la taille d'exploitation[4], soient désignées dans les catégories de l'administration et de la statistique agricole sous le terme « d'activités de diversification ».

Défendues de longue date comme constitutives du métier d'agriculteur par des franges contestataires de la profession, comme par exemple la Confédération Paysanne les associant aux « fonctions sociales de l'agriculture », les activités de diver-

---

4 – Par exemple, la fabrication à la ferme de fromages dans les régions de montagne, permettant à des territoires peu propices à la mécanisation de tirer profit des appellations d'origine protégées et de la fréquentation touristique.

sification font, depuis peu, l'objet d'un regain d'intérêt de la part du ministère, des chambres d'Agriculture, des instituts techniques ou encore du syndicat majoritaire. Elles sont envisagées comme une seconde voie pour garantir les débouchés et les revenus d'exploitations insuffisamment pourvues pour tirer parti des filières classiques et de la stratégie du tout volume, grâce à une stratégie de valeur ajoutée, et sont également plébiscitées comme des leviers de création d'emplois et de restauration de l'image du monde agricole. Deux rapports notables ont été remis au ministre de l'Agriculture Barnier en 2008 et 2009 pour mettre en valeur ces éléments, le premier dit « rapport Nihous » concerne les activités de diversification en général[5] et le second porte spécifiquement sur les circuits courts de commercialisation[6]. En 2013, le rapport remis au ministre Le Foll sur l'agroécologie confirme que « les circuits de proximité peuvent être un levier crucial de la double performance [des modèles agroécologiques] par l'importance moindre de la compétitivité prix et l'importance accrue de l'échange en tant que fait social » (Guillou *et al.*, 2013).

Encadré n° 1

Nature des matériaux mobilisés
• Corpus producteurs : 18 entretiens. Les entretiens ont tous été réalisés sur le siège d'exploitation, pour une durée de 2 à 3 heures comportant, chaque fois que cela était possible, une visite des installations.
  ◊ Profils production (18/18) : grandes cultures et maraîchage (6), grandes cultures (3), maraîchage (2), arboriculture (2 dont un AB), polyculture-élevage (2), bovins lait (2 dont un AB), caprins lait (1).
  ◊ Profils diversification (15/18) : transformation (6), vente à la ferme (10 dont 2 self-cueillette, 1 distributeur automatique), marchés de plein air (2), paniers (2), vente au pas-de-porte (1), magasin de producteurs (1), vente directe en grandes surfaces (1)
• Corpus conseillers : 3 entretiens, services diversification (2) et installation (1) de la chambre d'Agriculture des Hauts-de-France.
• Documentation collectée auprès des conseillers (voir la bibliographie)
Provenance des matériaux mobilisés
• Programme de recherche *Normes Environnementales, Activités Agricoles et Autonomie d'Exploitation (NORE AGRIA,* coord. Sylvie Célérier, Univ. de Lille)
  ◊ réception et diffusion des pratiques agro-écologiques
  ◊ configuration amont et aval des exploitations (environnement technique, économique et administratif)
  ◊ filières pommes de terre et vaches laitières
• Programme de recherche *Agriculture et Proximité, gouvernance alimentaire et Territoires* (AproTer, coord. Nicolas Rouget, Université de Valenciennes)
  ◊ transformations du monde agricole en contexte périurbain (métropole lilloise et agglomération de Douai)
  ◊ enjeux fonciers, environnementaux et de commercialisation (relocalisation alimentaire)
• Enquête liée à la thèse de l'auteur en préparation : *Le travail agricole des systèmes agro-alimentaires alternatifs. Normes professionnelles et autonomie de métier.*

---

5 – Rapport sur la diversification et la valorisation des activités agricoles au travers des services participant au développement rural, 2008. Rapport de mission parlementaire. Ministère de l'Agriculture et de la Pêche.
6 – Rapport du groupe de travail « circuits courts de commercialisation », 2009. Rapport de mission parlementaire. Ministère de l'Agriculture et de la Pêche.

Cette réhabilitation des activités de diversification interroge en ce qu'elle va à rebours du primat de la production primaire sur lequel reposent les assises techniques et identitaires du métier d'agriculteur. Pour saisir quelles sont les implications concrètes de l'adoption ou du maintien d'une ou plusieurs activités de diversification en termes de tâches, d'organisation et de division du travail, nous nous appuyons sur le traitement d'une vingtaine d'entretiens conduits auprès d'agriculteurs du département du Nord[7] (Encadré n° 1). Nous mettons ainsi en évidence des enjeux prépondérants quant à la gestion du temps, la mobilisation de l'entourage familial et les investissements en matière d'équipement et de formation. Nous montrons toutefois que ces contraintes transversales sont appréhendées différemment par les agriculteurs selon le niveau de contrôle qu'ils ont sur leur modèle de production et de commercialisation, les raisons qui fondent le recours à la diversification, les ressources à leur disposition mais également selon l'idée qu'ils se font de leur cœur de métier et des tâches valorisantes ou non. Nous analysons ensuite ces différences de positionnement par l'entrée de la sociologie des professions pour mettre en débat une segmentation en cours au sein de la profession agricole quant à la place accordée à des activités non-agricoles.

Les enjeux communs aux activités de vente directe dans l'organisation de travail des agriculteurs

Le « rapport Nihous » cité en introduction énonce, dès 2008, une mise en garde à ce sujet : « La diversification génère un surcroît d'activité sur l'exploitation donc un surcroît de travail, ce qui est évidemment le but lorsqu'il s'agit d'accueillir des actifs nouveaux (conjoint, enfants s'installant...) mais doit être pesé avec soin lorsqu'il s'agit de faire reposer ce travail supplémentaire sur les forces existantes ; il faut alors équilibrer viabilité et viabilité, et considérer qu'au-delà de 60 heures par semaine, il n'y a plus de viabilité, pour l'exploitant. »[8].

Ces préoccupations quant au volume et à la répartition de la charge de travail s'expriment avec force dans les résultats présentés ici.

Hausse et distribution du temps de travail

Quelle que soit la forme de vente directe envisagée, sur la ferme ou à l'extérieur, avec ou sans transformation, un même constat ressort du discours des agriculteurs comme des conseillers et techniciens : cette stratégie ne tient ses promesses que si

---

7 – Le territoire correspondant à l'ancienne région Nord-Pas-de-Calais présente un paradoxe : bien que résolument tourné vers les débouchés industriels (surreprésentation des exploitations moyennes et grandes, l'agro-alimentaire est le premier secteur industriel régional), la vente directe s'y maintient dans des proportions supérieures aux moyennes nationales (« RGA 2010 : premières tendances Nord-Pas-de-Calais », Agreste, septembre 2011) particulièrement dans les zones où les exploitations agricoles sont enserrées dans le tissu urbain, à savoir la métropole lilloise et l'ancien bassin minier.

8 – Rapport sur la diversification et la valorisation des activités agricoles au travers des services participant au développement rural, *op. cit.*

l'on y consacre du temps, or le temps alloué à la valorisation ne l'est pas à la production : « Le temps que je passe au marché, je ne le passe pas dans mes champs » (Patrick, entretien n° 8). Cette citation illustre bien le paradoxe inhérent aux activités de diversification, ou plutôt à l'objectif qu'on leur assigne aujourd'hui : mieux valoriser les productions, mais ceci au prix d'une réaffectation d'une partie des ressources consacrées à ces productions. De plus, la nature des tâches constitutives des activités de vente ou de transformation diffère de celles relevant du travail agricole, et n'appelle pas les mêmes ressources organisationnelles, humaines et matérielles pour leur optimisation. En particulier, elles se prêtent moins bien à l'automatisation, même si des solutions existent en ce sens (*cf. infra*).

Un exemple souvent cité est celui des temps de transport en cas de commercialisation sur plusieurs points de vente extérieurs à la ferme (marchés, livraisons dans des points de dépôt ou à domicile). Véhicules trop petits, détours par la ferme pour réapprovisionner, retours à vide, les trajets sont rarement optimisés[9] (Boutry et Ferru, 2016). Aussi, si les centres urbains accueillent une clientèle plus importante et disposée à payer, certains producteurs préfèrent les éviter en raison du temps perdu dans les embouteillages. Le choix de la vente à la ferme n'évacue pas pour autant le problème. L'attractivité du magasin repose sur l'existence d'une « gamme complète »[10], des horaires d'ouverture étendus « comme dans un magasin classique », ce qui implique que « quelqu'un y travaille à temps plein ». Sans quoi la stratégie de vente directe est renvoyée à une pratique traditionnelle, insuffisamment professionnalisée et donc « pas viable » (Matthieu, entretien n°11).

En réponse à ces contraintes, des solutions ont été introduites pour endiguer la dépense de temps consacrée à la commercialisation. La pré-commande en ligne, proposée par les plates-formes de mise en relation producteurs-consommateurs[11], permet une meilleure estimation des volumes qui seront écoulés et du travail à fournir pour le conditionnement et la livraison. Au lieu d'une demi-journée de présence sur le marché pour un résultat variable, le producteur consacrera deux heures à écouler une production déjà vendue. Les systèmes de paniers, popularisés par les AMAP et désormais repris par de nombreux maraîchers commercialisant en direct avec ou sans plate-forme, témoignaient déjà de cette logique de standardiser l'offre en un nombre limité de « formules ».

Les technologies supports de la vente directe peuvent aller plus avant encore dans l'automatisation, à travers l'exemple du distributeur automatique utilisé par certains maraîchers. Ces installations permettent au consommateur d'acheter des légumes sous forme de lots, sans contact avec le producteur et sur des plages horaires étendues. Dès lors, le souci que ce dernier soit suffisamment achalandé peut s'avérer envahissant, comme rapporté dans l'exemple suivant :

---

9 – Cette dispersion des efforts pour l'acheminement des produits soulève également la question du bénéfice écologique des circuits de proximité.

10 – Le complément provenant soit de producteurs voisins, soit du primeur ce qui est dénoncé comme un subterfuge par certains producteurs.

11 – « La Ruche qui dit oui », présente dans toute la France, « Le Court Circuit » et « Mes Voisins Producteurs », exemples lillois.

« Le problème du distributeur c'est que c'est extrêmement chronophage. Ça me prend beaucoup de temps, et en période de pic d'activité c'est un temps plein.

- Parce qu'il ne vend que des petites quantités donc il faut tout le temps le rempoter ?

- C'est pas forcément la quantité le problème, c'est la diversité de produits. Moi ce que je veux, c'est que les gens qui viennent faire leurs courses chez moi n'aient pas besoin d'aller ailleurs. Ce qui fait que plus vous avez de légumes, plus il vous faut de casiers, mais moins vous pouvez mettre de casiers d'un même légume. Donc si j'ai par exemple que deux casiers d'endives, je dois tout le temps remettre des endives. » (Mathilde, entretien n°13).

Le fonctionnement sans interruption de l'appareil, et la possibilité pour le maraîcher d'être informé en temps réel du contenu du distributeur *via* une application sur son téléphone, caractéristiques censées faire gagner du temps, occasionnent paradoxalement une forme de parasitage. Des observations similaires nous sont rapportées par des éleveurs laitiers équipés d'un robot de traite (Bertrand, entretien n°1).

Une mobilisation accrue de l'entourage familial

Lorsque l'agriculteur n'assume pas seul le surplus d'activité occasionné par la diversification, celui-ci se reporte sur l'entourage familial. Cela s'observe en cas de création d'un magasin à la ferme ou d'un atelier de transformation, qui nécessitent un investissement presque à temps complet. Cette mise à contribution de toutes les forces vives présentes sur la ferme pose plusieurs niveaux de question. La répartition de la charge de travail interroge à la fois la viabilité du modèle, la division genrée du travail agricole et para-agricole, et enfin la nature du lien entre travail et vie de famille en agriculture. On distingue deux formes d'enrôlement de l'entourage familial : l'une négociée et l'autre contrainte.

Dans le premier cas, il s'agit d'un projet de diversification planifié pour préparer l'arrivée d'une nouvelle personne sur l'exploitation, typiquement un enfant en attente de s'installer à la sortie des études, ou une épouse qui abandonne (ou perd) son emploi à l'extérieur. L'activité est donc créée en vue d'être pourvoyeuse de revenus pour ce nouvel actif, qui en assurera généralement la conduite[12]. Les enfants revenus provisoirement ou définitivement travailler sur la ferme parentale jouent en effet un rôle notoire dans l'adoption ou l'amélioration des stratégies de diversification, enjeu auquel leur formation a pu les sensibiliser. Il nous faut également mentionner le rôle déterminant des femmes, forces de proposition dans les projets de diversification, manifestant une capacité à transformer leur relégation historique vers les activités para-agricoles en un investissement garant du succès de ces projets (Annes et Wright, 2017).

Le second cas recoupe les profils de diversification contrainte où l'agriculteur ne peut assumer seul la charge de travail. Les aidants familiaux sont donc mis à

---

12 – S'agissant de l'installation d'un enfant, la diversification prend ainsi une dimension de « phase test ».

contribution, et lorsqu'il n'y a pas d'épouse ou que celle-ci travaille déjà à l'extérieur pour sécuriser les revenus du ménage, ce sont les parents qui remplissent ce rôle. Selon leur état de santé, ils effectuent soit certaines tâches liées à la diversification (conditionnement des denrées la veille du marché), soit remplacent le chef d'exploitation dans les champs ou auprès des bêtes lorsque celui-ci est occupé à la vente ou la transformation. Ce travail ne fait pas nécessairement l'objet d'une déclaration sous le statut prévu pour les aidants familiaux. Si cette aide peut être aussi motivée par le désir des parents de conserver un lien à la ferme et au travail, notamment lorsqu'ils habitent encore sur l'exploitation, elle est inquiétante dans le cadre d'exploitations en difficulté, car elle signifie que la sécurisation par la diversification n'est permise que par la mise à contribution de personnes censées ne pas ou ne plus travailler sur l'exploitation. Les parents retraités se trouvent ainsi en position d'aidants non déclarés, et cette invisibilisation dans les coûts de production biaise les arbitrages sur la viabilité de telle ou telle solution de diversification. Cette contribution n'est mise en évidence que lorsque leur état de santé ne leur permet plus d'apporter leur aide. Des activités para-agricoles maintenues car prodiguant une sécurité financière peuvent ainsi devenir un poids mort sitôt qu'elles ne peuvent plus être soutenues par la force de travail d'un parent, ou d'un conjoint.

Y compris dans le cas d'un projet de diversification voulu et planifié, celui-ci peut faire l'objet d'un « sur-dimensionnement » (Samuel, conseiller installation, entretien n° 21). Le risque est d'autant plus avéré si le projet est déployé dès l'installation, le temps de travail et l'équilibre production-diversification n'étant à ce stade envisagés que de manière théorique. Par sécurité, par peur que l'attractivité ne leur fasse défaut, les porteurs de projet ont tendance à prévoir trop d'ateliers différents, ou trop de volume pour un même atelier, et à sous-évaluer la charge de travail associée[13]. Autre risque : calibrer le temps de travail alloué à la diversification par rapport à celui nécessaire pour la production, sans tenir compte des importantes variations de charge de travail du côté de la production à certains moments de l'année. Lors de ces « pics », le fonctionnement normal de l'atelier de diversification peut ainsi se muer en surcharge de travail. Le souci peut enfin provenir du fonctionnement de l'atelier lui-même, qui se révèle soumis à des contraintes non anticipées car mineures, mais acquérant sur la durée un caractère envahissant. Ces contraintes peuvent être liées à des éléments des plus triviaux, comme un déficit de petit matériel (caisses pour déplacer les produits) ou l'agencement des bâtiments. Dans ce cas de figure, la conséquence est que la personne à l'initiative de l'atelier de diversification ne parvient plus à l'assumer seule, ou y parvient au détriment du temps consacré à la production, et en vient à solliciter une aide familiale parfois informelle comme vu plus haut.

13 – D'après les supports : *Je diversifie mon activité agricole – Guide du porteur de projet*, Chambre d'Agriculture Nord-Pas-de-Calais, novembre 2015 ; *Testez-vous avant de vous installer !* Réfléchir, quantifier et anticiper votre temps de travail, document de travail interne en vue de la publication d'un guide, service accueil, installation et transmission de la chambre d'Agriculture des Hauts-de-France, septembre 2018.

Une division genrée du travail

L'histoire de la modernisation agricole et de la constitution de l'agriculture comme profession fut aussi celle du recentrement de l'activité de la famille au sens large (intergénérationnel) vers la famille au sens de ménage, dont le couple est le pivot, mais où les choix d'exploitation, la maîtrise technique et la valorisation par l'identité professionnelle reviennent d'abord au mari en tant que chef d'exploitation. Le travail de l'épouse y est pensé comme étant indispensable, mais subalterne ; aussi assume-t-elle généralement les tâches situées à la périphérie de la production et à la lisière de la sphère domestique (Giraud et Rémy, 2013) : « C'est Madame qui tient le magasin. Moi, je suis en production » (Philippe, entretien n° 9). Les activités de transformation, accueil et vente leur sont donc traditionnellement associées, au motif qu'elles appellent moins de qualifications, mais plutôt des compétences essentialisées (cuisine, réception, relation).

Cette division conjugale historique du travail agricole et para-agricole ne saurait toutefois être interprétée uniquement comme une relégation. Des travaux récents ont montré en quoi les femmes d'agriculteurs, mais aussi les agricultrices exploitantes, pouvaient renverser cette assignation en investissant pleinement cette sphère d'activités para-agricoles, contribuant ainsi à leur professionnalisation et à leur performance (Annes et Wright, 2017). Moins socialisées aux dimensions masculines de l'identité professionnelle (rapport au risque, à la force physique, à la mécanique) et défavorisées dans l'accès au foncier dans les cas où elles s'installent seules, elles se positionnement stratégiquement sur des modèles d'agriculture multi-fonctionnelle avec une forte maîtrise de la valeur ajoutée[14]. Elles disposent, pour ce faire, des aptitudes issues de leurs expériences antérieures en dehors du monde agricole (commerce, services, éducation, comptabilité).

Pour autant, cette mainmise des femmes sur les activités de diversification semble s'amenuiser, les hommes les considérant avec davantage d'intérêt, lequel se reflète dans la fréquentation des formations sur le sujet (Valérie, entretien n° 19). Les retombées plus impactantes des ateliers de diversification pour les finances ou la réputation de l'exploitation, de même que leurs exigences croissantes en formation, équipements et capitaux, peuvent expliquer ce nouvel attrait, le caractère stratégique de la diversification justifiant qu'elle ne soit plus spontanément déléguée aux aidants.

Une maîtrise inégale des enjeux posés par la vente directe et leur instrumentalisation dans l'affirmation d'une identité professionnelle

Si des contraintes similaires se posent aux agriculteurs pratiquant la vente directe, ils ne les surmontent pas de la même manière selon les ressources dont ils disposent et la valeur qu'ils attribuent à la diversification dans ce qui fonde le

---

14 – Pour des raisons similaires, elles sont aussi motrices dans la conversion à l'agriculture biologique.

métier d'agriculteur, ces deux dimensions s'alimentant en partie. Le corpus d'entretien présente un large éventail de situations, délimité d'un côté par des profils de diversification contrainte, procurant une sécurité économique à des exploitations en difficulté mais pour laquelle le chef d'exploitation n'a que peu d'appétence, de l'autre par des configurations où la vente directe est envisagée comme un débouché privilégié et parfois prioritaire, faisant l'objet d'un fort investissement stratégique, technique et identitaire.

La vente directe : un pas de côté par rapport au métier...

Les exploitations en situation de diversification contrainte développent ou maintiennent une activité de vente directe, parfois héritée de la génération précédente, afin de garantir une rentrée d'argent stable, moins sujette aux imprévus qui affectent la production primaire, comme les aléas climatiques et les variations des marchés. Le chef d'exploitation constitue généralement le seul actif sur la ferme, l'épouse travaillant à l'extérieur et les finances de l'exploitation ne permettant pas d'embaucher. Le ou les parents sont en revanche mis à contribution et résident parfois sur ou à proximité de l'exploitation.

Le ou les débouchés en vente directe correspondent à des formes traditionnelles comme la vente à la ferme (magasin à la ferme) ou les marchés de plein air. Les facteurs pouvant améliorer le chiffre d'affaires du débouché sont peu investis, comme le déploiement d'une stratégie publicitaire (affichage aux environs de la ferme, prospectus déposés chez d'autres commerçants, présence sur les réseaux sociaux) ou le suivi de formations (étude de marché, optimisation logistique, calcul des coûts de production). La chambre d'Agriculture des Hauts-de-France fait à ce titre le constat que les modules de formation proposés par son service diversification ne parviennent pas à mobiliser les agriculteurs les plus en difficulté, trop isolés pour recevoir l'information ou trop accaparés pour se rendre un ou deux jours en formation (Valérie, entretien n° 19).

Cette gestion précaire induit une perception négative de la diversification chez les agriculteurs interrogés. Le sentiment qui domine est celui d'une dispersion de l'effort pour des tâches ne correspondant pas au cœur de métier, à savoir la production. Le déficit de compétence et d'appétence pour l'activité para-agricole place l'agriculteur à la lisière de son identité professionnelle. Le contact avec le public est particulièrement dévalorisé, vécu comme la nécessité d'ajuster son offre à des attentes étrangères à celles qui sont en vigueur dans les filières industrielles. Les critères qui fondent la satisfaction du client, l'idée qu'il se fait de la « qualité » des produits agricoles, notamment la préoccupation récurrente de la réduction des intrants, de l'impact environnemental, sont considérés comme en décalage vis-à-vis des contraintes de la production. Ces caractéristiques personnelles font l'objet d'un renversement consistant en une mise à distance identitaire des activités de diversification, essentialisées comme non constitutive du métier d'agriculteur, comme l'énonce cet agriculteur : « Faut pas rêver, un agriculteur il n'est pas fait pour vendre dans un magasin, il est fait pour produire. Son métier c'est pas d'accueillir des gosses à la ferme, de leur faire un goûter, ou de prendre des handicapés et des

SDF à la ferme [...] Un vrai agriculteur, ce qu'il aime, c'est être dans ses champs à travailler la terre. » (Matthieu, entretien n° 11).

… ou un précieux atout pour sa mise en valeur ?

Le cas opposé correspond aux situations où la diversification est délibérément recherchée dans une logique d'expansion et d'investissement, voire pensée dès l'installation comme une composante-clé du modèle économique de l'exploitation. Le projet est davantage mûri et les efforts consentis pour l'améliorer plus réguliers.

Soulignons tout d'abord le constat d'une diversification préférentiellement portée par les « jeunes »[15] contrairement à la situation d'avant les années 2000. Plusieurs explications peuvent être avancées pour comprendre cette tendance. Premièrement, la difficulté à obtenir des terres en raison de la pression foncière conduit les candidats à l'installation à privilégier la maîtrise de la valeur ajoutée à l'extension des surfaces. À ces éléments prosaïques s'ajoutent des dispositions favorisées, par exemple, par le niveau d'étude atteint et les expériences professionnelles dans d'autres exploitations, voire dans d'autres secteurs d'activités[16]. La poursuite d'études supérieures expose les jeunes agriculteurs à plusieurs facteurs susceptibles de les encourager à prévoir un schéma de diversification lors de leur installation future. Ils reçoivent en effet davantage de contenus les sensibilisant aux logiques « entrepreneuriales » (étude de marché, stratégie de communication) et à développer une réflexivité vis-à-vis de leur modèle économique. Le service installation de la chambre d'Agriculture des Hauts-de-France signale une présence croissante de la diversification dès le projet d'installation (entre 2011 et 2017, de 4 à 8 % pour la transformation et de 8 à 22 % pour la vente en « circuits courts »[17]). Ce constat vaut tant pour une installation individuelle que lors d'une installation transitoire en tant qu'associé d'un ou des parents. C'est pour cette raison qu'avant même de devenir à leur tour chef d'exploitation, les agriculteurs débutants sont un facteur déterminant de l'adoption de solutions de diversification par leurs parents.

C'est avec ce profil que la diversification se déploie sous les modalités les plus innovantes[18], ce qui témoigne du souhait de se démarquer pour garantir le succès (impératif) du projet. Citons ici deux exemples : celui du « self-cueillette », mêlant à la fois activité de production, de vente et d'accueil, puisque c'est à même

---

15 – Un chef d'exploitation est éligible aux aides à l'installation pour les jeunes agriculteurs jusqu'à 40 ans.

16 – Mathilde, entretien n° 13, auparavant consultante pour un cabinet de recrutement « top management » ; Cyril, entretien n° 18, commercial dans l'industrie agro-alimentaire.

17 – Ces statistiques ne comptabilisent que les installations ayant bénéficié d'aides financières d'origine nationale ou régionale (dites « installations aidées »). Source : *Observatoire des installations aidées en Hauts-de-France ; 2011-2017,* chambre d'Agriculture des Hauts-de-France.

18 – En ce qu'elles accordent un intérêt particulier à l'expérience de l'utilisateur et misent sur cette dimension comme levier d'attractivité.

les serres que le public vient chercher ses fruits et légumes à l'aide d'outils mis à disposition (Laura, entretien n° 6) ; et celui du distributeur automatique de légumes déjà évoqué plus haut (Mathilde, entretien n° 13). La capacité à fournir les investissements nécessaires en matière d'infrastructure, d'équipement et d'embauche de main-d'œuvre s'avère par ailleurs déterminante pour la viabilité du débouché, laquelle a pour conséquence un sentiment de réussite et une forte mise en valeur de l'activité de vente dans le discours de l'exploitant sur sa trajectoire professionnelle.

En somme, la façon dont une activité non agricole est pensée comme étant constitutive ou non du métier d'agriculteur, est d'abord fonction des déterminants qui ont présidé à son adoption. Si la transformation, la vente directe ou encore l'accueil du public sont souhaités dès le départ dans la stratégie d'exploitation, alors que non agricoles, elles seront décrites comme s'articulant logiquement à la production primaire. À l'inverse, si ces activités ont été maintenues ou créées par nécessité économique, avec des moyens insuffisants pour les faire prospérer, elles seront davantage vécues comme un « à côté » par rapport au métier, voire un « constat d'échec »[19]. Entre les deux se trouvent des situations intermédiaires où la vente directe est développée « en cours de route » par des exploitants à même de fournir les investissements nécessaires pour assurer la réussite du projet. Ces exploitants produisent un discours selon lequel ce ne sont pas les activités de diversification en elles-mêmes qui seraient constitutives du métier, mais le fait même de se diversifier, car il témoignerait d'une capacité à s'adapter, d'un certain « esprit d'entreprise » en vertu duquel un agriculteur doit être en mesure de se repositionner.

Le rapport entre vente et production comme support de segmentation professionnelle

La ligne de fracture qui se dessine autour de la place et de la valeur à accorder à la vente directe dans l'économie générale de la ferme, peut être interprétée à l'aune de la sociologie des groupes professionnels comme la manifestation d'un phénomène de « segmentation professionnelle » (Strauss, 1992), à savoir le processus par lequel certains membres d'un groupe professionnel cherchent à faire reconnaître des caractéristiques et pratiques partagées comme socle de leur spécialisation au sein de la profession et non plus comme des écarts aux standards de la profession. En effet, si certains agriculteurs envisagent la vente directe comme un pis-aller, et assimilent tout ou partie des tâches qui la constituent à du « sale boulot » (Hughes, 1996), d'autres y voient l'opportunité de se développer voire de se réaliser professionnellement par une voie différente de celle valorisée par la profession, à savoir la production primaire (augmentation des surfaces, des rendements et des équipements). Mieux, cette frange des actifs agricoles renverse le problème en revendiquant une articulation logique sinon impérative entre production de denrées agricoles et commercialisation de ces mêmes denrées, le cas échéant transformées, auprès d'une clientèle chez qui cette articulation est également valorisée.

Ce faisant, ce nouveau segment de la profession reconnaît et organise sa différenciation d'avec le reste du groupe professionnel. Il en remet en question le

---

19 – *Rapport sur la diversification* [...], *op. cit.*

système de valeurs et de connaissances, quitte à reprendre à son compte le discours des « profanes » (les consommateurs) contre la profession instituée, par exemple en réorientant la finalité de la production sur la valeur ajoutée plutôt que sur les rendements. On assiste ainsi à une renégociation de l'« *ethos* professionnel » au sens où le mobilise Bernard Zarca[20]. Cette renégociation consiste en une remise en cause de la « norme d'excellence historiquement constituée » (Zarca, 2009), ici la performance en matière de production agricole, au profit de la mise en valeur d'autres normes liées à la vente directe, comme la maîtrise de la valeur ajoutée et la satisfaction du consommateur. Secondement, dans le prolongement de cette logique de légitimation, le segment émergent cherche à se doter de son propre *corpus* éthique et technique. Cette phase de montée en qualification se reflète dans l'activité des organismes assurant la représentation et la formation des professionnels[21]. Les formations sur le sujet s'étoffent[22] et des outils de modélisation, simulation et aide à la décision sont développés pour garantir la viabilité des débouchés en vente directe[23].

Conclusion

Dans ce chapitre, nous avons pris le parti d'interroger les transformations du métier d'agriculteur dans un contexte de promotion des orientations agroécologiques, en nous focalisant toutefois sur les pratiques ne relevant pas de la production primaire mais de la reconfiguration des relations en aval, mouvement concomitant sinon complémentaire de la diffusion des principes agroécologiques. Cette réorganisation peut être comprise comme témoignant d'une logique de réhabilitation ou de rapatriement. Rapatriement dans le giron de la production d'activités non agricoles qui avaient été externalisées ou marginalisées. Réhabilitation du travail humain comme levier de valorisation quand celle-ci n'est plus permise par des investissements en capitaux trop élevés ou trop risqués. Enfin, réhabilitation de l'agriculture comme affaire collective, les moyens humains n'étant satisfaits que par la mise à contribution de la communauté familiale, ou bien par le recours à l'emploi ou à la forme sociétaire. Faut-il voir là le déploiement d'un paradigme allant à rebours des postulats sur lesquels se sont édifiés la modernisation agricole et le système agro-alimentaire qui lui est adossé ? Agrandissement, spécialisation, mécanisation

---

20 – L'*ethos* professionnel est alors entendu comme un « ensemble de dispositions acquises par expérience et relatives à ce qui vaut plus ou moins sur toute dimension [...] pertinente dans l'exercice d'un métier » (Zarca, 2009 : 352)

21 – L'Assemblée Permanente des Chambres d'Agriculture (APCA) appelle à une « consolidation des références technico-socio-économiques pour les circuits courts » à destination « des agriculteurs et des conseillers » (2013-2018, Bilan de mandature des Chambres d'Agriculture, septembre 2018).

22 – Étude de marché, visibilité sur les réseaux sociaux, protocole sanitaire ou traçabilité sont parmi les principaux thèmes des formations proposées par le service diversification de la chambre d'Agriculture des Hauts-de-France (bulletin « Valorisons ! », n° 22, Chambre d'Agriculture des Hauts-de-France, août 2018).

23 – Tel le simulateur d'un atelier de porcs charcutiers « Charcuti-sim » présenté lors de la « Journée Alimentation Locale » organisée par le RMT Chaînes Alimentaires Courtes de Proximité, Paris, juin 2018. (Notes personnelles)

et externalisation ne semblent plus faire recette pour un nombre croissant d'exploitations qui s'orientent vers des modèles accordant davantage d'importance à la maîtrise de la valeur ajoutée par les activités de diversification. Ces dernières, jusqu'il y a peu apanage des modèles « vieillissants » ou « militants », se trouvent investies d'enjeux nouveaux et subissent des opérations de professionnalisation. Selon le niveau de contrainte économique justifiant la diversification, selon les ressources en termes de main-d'œuvre, équipement et formation garantissant son succès, enfin selon les représentations la définissant comme valorisante ou non par rapport à la production primaire, un clivage se dessine parmi les agriculteurs. Certains s'arc-boutent à ce titre sur une définition de l'agriculteur *stricto sensu*, et cantonnent les tâches telles que transformer, livrer, vendre ou encore communiquer à la lisière du métier, tandis que d'autres en redéfinissent les contours et confèrent du prestige au fait de prendre part à toutes les étapes du cycle de vie du produit. Ces derniers envisagent l'internalisation des activités d'aval comme un gage d'autonomie, en dépit de la surcharge de travail qu'elle peut occasionner. Le travail de légitimation auquel se livre ce second groupe quant au fait d'être à la fois producteurs et commerçants, discours qui trouve un écho chez les consommateurs comme chez certains acteurs du conseil et du support technique aux agriculteurs, peut être interprété comme un phénomène de segmentation professionnelle.

Le recours accru à la vente directe ou à d'autres activités de diversification présente donc un caractère clivant pour la profession agricole, clivage en bien des points similaire à ce qui a pu être observé quant à la réception sociale de l'agroécologie. De manière similaire, « l'identité professionnelle apparaît plus ou moins bousculée par l'écologisation vécue comme un phénomène désiré ou imposé, en fonction non seulement des trajectoires singulières […] mais aussi du degré de légitimation inter et extra-professionnelle des processus d'écologisation » (Lamine, 2017). Cette homologie invite à mettre en débat l'argument de l'autonomie octroyée par les systèmes reposant sur l'écologisation et/ou la diversification des activités. Autonomie dans la conduite d'exploitation comme dans le choix des débouchés, autonomie à l'égard du reste de la profession comme des autres acteurs des filières agro-alimentaires, celle-ci étant revendiquée par un segment émergent de la profession agricole. Or, ce segment correspond aux exploitants qui, en raison de déterminants préalables, tirent le meilleur parti de ces stratégies en termes de revenus mais également de reconnaissance sociale, tandis que certains s'y trouvent malmenés dans leur organisation de travail et leur identité professionnelle. De plus en plus plébiscitée par l'encadrement politique et technique du monde agricole, l'autonomie en question peut être vécue comme un nouveau lot de contraintes et l'insertion forcée dans un environnement économique qui, bien que reconfiguré, n'en est pas moins normatif. En témoigne l'émergence d'acteurs non-agricoles cherchant à se positionner dans les interstices d'une interface producteurs-consommateurs en reconstruction. En effet, de manière paradoxale, le développement des circuits courts produit des intermédiaires (Paranthoën, 2016) se spécialisant dans les compétences qui font défaut aux agriculteurs, comme la mise en relation et le support logistique. L'activité de ces acteurs, si elle accrédite la thèse d'une professionnalisation du secteur des filières courtes et relocalisées, conteste en partie la légitimité des agriculteurs à organiser ce marché en expansion, car cela représente pour eux un important pas de côté par rapport à leur cœur de métier, pour toutes les raisons techniques, économiques, organisationnelles et identitaires que nous avons évoquées. Les solutions qui leur sont proposées en retour ont cependant pour effet de fixer de façon plus ou moins rigide la morphologie des filières et la qualité des biens commercialisés. Dès lors, assistera-t-on à des effets similaires à ceux décriés dans les filières longues, à savoir une dépendance et un verrouillage par l'aval des stratégies d'exploitations et du contenu des activités agricoles et para-agricoles ?

Références bibliographiques

Annes A. et Wright W., 2017 – Agricultrices et diversification agricole : l'*empowerment* pour comprendre l'évolution des rapports de pouvoir sur les exploitations en France et aux États-Unis, *Cahiers du Genre*, Vol. 63, n° 2, 99.

Arrignon M. et Bosc C., 2015 – La transition agroécologique française : réenchanter l'objectif de performance dans l'agriculture ?, Congrès AFSP Aix 2015, 55.

Brand C., 2015 – *Alimentation et métropolisation : repenser le territoire à l'aune d'une problématique vitale oubliée.* Thèse de géographie, laboratoire PACTE, Université de Grenoble.

Cardona A., 2014 – Acteurs non-agricoles et changements de pratiques agricoles, *in* Cardona A., Chrétien F., Leroux B., Ripoll F. et Thivet D., *Dynamiques des agricultures biologiques.* Versailles, Quæ, 225235.

Chaffotte L. et Chiffoleau Y., 2007 – Vente directe et circuits courts : évaluations, définitions et typologie, *Les Cahiers de l'Observatoire CROC*, n° 1, 8.

Boutry O. et Ferru M., 2016 – Apports de la méthode mixte pour une analyse globale de la durabilité des circuits courts, *Développement durable et territoires*, juillet, Vol. 7, n° 2.

Deverre C. et Lamine C., 2010 – Les systèmes agroalimentaires alternatifs. Une revue de travaux anglophones en sciences sociales, Économie rurale, n° 317, 57-73.

Dubuisson-Quellier S., 2009 – *La Consommation Engagée*, Paris, Presses de Sciences Po, coll. « Contester ».

Giraud C. et Rémy J., 2013 – Division conjugale du travail et légitimité professionnelle : Le cas des activités de diversification agricole en France, *Travail, genre et sociétés*, Vol. n° 30, n° 2, 155.

Goulet F., 2008 – Des tensions épistémiques et professionnelles en agriculture. Dynamiques autour des techniques sans labour et de leur évaluation environnementale, *Revue d'anthropologie des connaissances*, Vol. 2, n°2, 291-310.

Grignon C., 1982 – Professionnalisation et transformation de la hiérarchie sociale des agriculteurs, Économie rurale, Vol. 152, n° 1, 6166.

Guillou M. *et al.*, 2013 – *Vers des agricultures doublement performantes pour concilier compétitivité et respect de l'environnement*, Proposition pour le ministre, Agreenium-INRA, mai (https://agriculture.gouv.fr/sites/minagri/files/documents//rapport_marion_guillou_cle05bdf5.pdf).

Hughes E. C., 1996 (1ère édition américaine 1971) – *Le regard sociologique. Essais choisis*, Textes rassemblés et présentés par J.-M. Chapoulie, Paris, Éd. de l'EHESS.

Lamine C., 2008 – *Les intermittents du bio. Pour une sociologie pragmatique des choix alimentaires émergents*, Versailles, Quae coll. « Natures sociales ».

Lamine C., 2017 – *La fabrique sociale de l'écologisation de l'agriculture*, Marseille, Éd. La Discussion.

Le Velly R., 2017 – Dynamiques des systèmes alimentaires alternatifs, *in* Lubello P. *et al.*, *Systèmes agroalimentaires en transition*, Versailles, Quae, 149-158.

Maréchal G. (dir.), 2008 – *Les circuits courts alimentaires. Bien manger dans les territoires,* Dijon, Educagri. 105-112.

Paranthoën J.-B., 2016 – *L'organisation des circuits courts par les intermédiaires : la construction sociale de la proximité dans les marchés agroalimentaires,* Thèse de sociologie, INRA-Dijon.

Rémy J., 1987 – La crise de professionnalisation en agriculture : les enjeux de la lutte pour le contrôle du titre d'agriculteur, *Sociologie du travail*, Vol. 29, n° 4, 415-441.

Samak M., 2016 – La politisation variable des alternatives agricoles, *Savoir/Agir,* 2016. Vol. 38, n° 4, 2935.

Strauss A., 1992 – *La Trame de la Négociation : Sociologie Qualitative et Interactionnisme*, textes réunis et présentés par I. Baszanger, Paris, L'Harmattan.

Zarca B., 2009 – L'ethos professionnel des mathématiciens, *Revue française de sociologie*, Vol.50, n° 2, 351-384.

Rapports, Bulletins

2013-2018, Bilan de la mandature des Chambres d'agriculture, sept. 2018.

Testez-vous avant de vous installer ! - réfléchir, quantifier et anticiper votre temps de travail, document de travail interne en vue de la publication d'un guide, Chambre d'Agriculture des Hauts-de-France, sept. 2018.

Valorisons !, n°22, Chambre d'Agriculture des Hauts-de-France, août 2018.

Je diversifie mon activité agricole – Guide du porteur de projet, Chambre d'Agriculture Nord-Pas-de-Calais, nov. 2015.

Les activités para-agricoles dans les exploitations des Hauts-de-France, *Agreste Chiffres & Données*, n° 4, janv. 2019.

RGA 2010 : diversification des activités, *Agreste Primeur*, n° 302, juin 2013.

RGA 2010 : commercialisation des produits agricoles, *Agreste Primeur*, n° 275, janv. 2012.

RGA 2010 : premières tendances Nord-Pas-de-Calais, *Agreste*, sept. 2011.

Rapport sur la diversification et la valorisation des activités agricoles au travers des services participant au développement rural, 2008. Rapport de mission parlementaire, Ministère de l'Agriculture et de la Pêche.

Rapport du groupe de travail « circuits courts de commercialisation », 2009.

Rapport de mission parlementaire, Ministère de l'Agriculture et de la Pêche.

Chapitre 11

Rencontre concrète avec l'agroécologie : entre horizon idéologique et réalité des pratiques

A Concrete Meet With Agroecology, Between Ideological Meanings And Material Reality

Michel Streith*

Résumé : En dépit d'une utilisation croissante du mot agroécologie dans la littérature scientifique et les projets de développement, sa mention au sein du monde des producteurs agricoles français demeure anecdotique, y compris parmi les systèmes les plus impliqués dans les questions environnementales. La volonté d'analyser ce phénomène part du constat étonnant d'un seul cas d'agriculteur bio engagé explicitement et en pratique dans l'agroécologie, parmi près de 80 de ses collègues bio rencontrés au cours d'enquêtes de terrain. À partir de la présentation des choix productifs et des façons de penser de cet agriculteur, nous discuterons les enjeux sociaux et humains de la notion d'agroécologie, notamment les déséquilibres entre ses significations idéologiques et sa réalité matérielle.

Abstract: Despite a growing use of the word agroecology in the scientific literature and development projects, its mention in the world of agricultural producers remains anecdotal. The willingness to analyze this phenomenon is based on the astonishing observation of a single case of organic farmer formally engaged in agroecology, among nearly 80 of his colleagues encountered during field works. From the presentation of productive choices and ways of thinking of this farmer, we will discuss social and human issues of the concept of agroecology, including the imbalance between its ideological meanings and its material reality.

Mes recherches sur les motivations à la conversion, la construction des savoirs et les modalités d'action au sein de collectifs d'agriculteurs biologiques m'ont amené à rencontrer nombre d'entre eux répartis dans différentes régions[1]. Une posture méthodologique a guidé la rédaction de ce chapitre. Faisant mien le conseil

---

1 – Environ 80 agriculteurs bio ont été interviewés dans les régions Alsace et Auvergne (recherches personnelles), en Haute-Normandie (programmes ethnologie de patrimoine du ministère de la Culture, 2007-2008) et dans le Languedoc (ANR Patermed, 2010-2013).

* Anthropologue, Directeur de recherche CNRS, Laboratoire psychologie sociale et cognitive UMR 6024 CNRS-Université Clermont Auvergne, Directeur adjoint de la Maison des Sciences de l'Homme de Clermont-Ferrand.

de la philosophe Jeanne Hersch (1999) d'accorder une grande attention à l'étonnement, j'ai pris très au sérieux le phénomène suivant : parmi toutes mes rencontres avec des agriculteurs bio, un seul m'avait parlé spontanément d'agroécologie. Il est vrai que je n'avais pas explicitement intégré cette notion dans mes questionnaires, mais le déroulement des entretiens laissait beaucoup de place aux préoccupations environnementales de mes interlocuteurs. En dépit de cela, ni le mot, ni l'idée d'agroécologie ne furent évoqués.

La rencontre concrète avec cette notion se fit donc sous la forme d'une analyse d'un « cas » singulier, celui d'André, viticulteur et viniculteur dans un village alsacien du piémont vosgien, à trente-cinq kilomètres au sud-ouest de Strasbourg. La pratique inductive de l'étude de cas a longtemps eu mauvaise presse dans le monde scientifique. Les critiques qui lui étaient adressées stigmatisaient l'impossibilité de prétendre à une généralisation, la naturalisation de « l'objet » étudié, l'exclusion de toute expérimentation ou manipulation de variables. En contrepoint, Passeron et Revel (2005) ont redonné sa lettre de noblesse au « penser par cas », un exercice scientifique issu d'une longue histoire, depuis la casuistique morale jusqu'à la démarche clinique. Dans le cas de ma recherche, la méthode s'est imposée. Penser par cas, c'est tout d'abord « raisonner à partir de singularités » (Passeron, Revel, 2005) et, dans ce domaine, la réalité m'apportait « une » singularité. La démarche d'André s'est présentée comme un obstacle à une évidence criante à laquelle je n'avais pas réfléchi. Pourquoi les agriculteurs bio que j'avais rencontrés, dans des contextes très différents, ne mobilisaient-ils pas l'agroécologie, sous forme idéelle ou réelle, alors qu'ils représentaient le fer de lance d'une agriculture soucieuse de l'environnement ? L'analyse des pratiques et discours d'André allait me donner des réponses au prix d'un cheminement qui est retracé dans ce chapitre.

Il fallut tout d'abord décrire la réalité de l'agroécologie mise en œuvre par André au sein et autour de son exploitation. Il s'agissait de donner à voir la définition de l'agroécologie par un viticulteur non pour généraliser un exemple, mais pour monter en réflexion. En effet, dans la suite de ce terrain, il m'apparut opportun de comprendre comment l'agroécologie était étudiée en France et au sein du champ agricole. Ce sont des travaux agronomiques et sociologiques qui ont été dès lors convoqués pour comprendre la spécificité de la pensée de l'agroécologie. Dans l'esprit de l'étude de cas, un retour vers le terrain s'est ensuite imposé, mais avec un questionnement sur la façon dont André s'est approprié, au fil des années, l'agroécologie. Les résultats qu'il a produits m'ont amené à interroger, dans la dernière section du chapitre, la place très particulière qu'occupe l'agroécologie en France et les perspectives que cela implique.

Une pratique de l'agroécologie

André possède une exploitation viticole de huit hectares dans un village alsacien[2]. Il exerce la profession de vigneron depuis 1979 et a commencé sa conver-

---

2 – J'ai rencontré André à plusieurs reprises. Trois entretiens ont été menés en 2008, 2012 et 2018, complétés par une visite de son exploitation et de ses vignes. Ma connaissance du contexte a été facilitée par le fait qu'une partie de ma famille réside dans le village.

sion à l'agriculture biologique[3] en 1998. Comme l'indique le logo AB sur sa porte d'entrée, il cultive le raisin en bio. Mais, il ne diffère pas, en cela, de deux autres viticulteurs voisins. En fait, ce qui indique sa spécificité s'observe tout d'abord une fois franchi le seuil de l'exploitation. Nous remarquons aisément que ce vigneron-là ne ressemble en rien à ses onze collègues du village. En effet, un four solaire où, suivant l'heure, mijote le repas, capte le regard et augure de commentaires à fournir et de questions à poser. Puis, au fur et à mesure de l'avancée dans la cour, des odeurs de foin et de bois sec et, suivant la saison, de pommes et de raisins nous renvoient aux produits de la nature et, pour ma part, à des souvenirs familiaux. Une fois la porte de la cave poussée, c'est encore un autre monde visuel et olfactif qui nous surprend. L'odeur un peu âcre des tonneaux de bois mêlés à celle, plus neutre, de la graisse du pressoir domine. Les effluves de vins et d'alcools dégustés lors de visites d'acheteurs emplissent l'atmosphère. De la porte d'entrée de la ferme à la cave, les sens s'activent.

Cette impression se confirme très nettement lorsque nous visitons ce qu'il appelle sa « parcelle expérimentale » située à quelques trois cents mètres plus haut, en bordure de la forêt où cohabitent résineux et feuillus. Tout ici tranche avec les vignes ordonnées des alentours, résultats de taille et de palissage standardisés. Le port de la vigne est en cornet, c'est-à-dire en forme de « Y ». Les feuilles et les raisins croissent sur deux pans ouverts. Selon André, cette pratique ancienne offre l'avantage de laisser circuler l'air et diminue le développement des moisissures et des maladies cryptogamiques. Les rangs sont espacés de 3,20 m et couverts d'une bande enherbée qui limite l'érosion pluviale et fournit un apport organique au sol. L'herbe est pâturée l'hiver et tout au début du printemps par une dizaine de brebis et un bélier qui sont déplacés en été vers la prairie voisine. Six ruches sont disposées au point le plus haut de la parcelle.

Des arbres d'une trentaine d'années se dressent sur les pourtours de la vigne et, depuis 2013, entre les rangs. C'est en décrivant leur présence qu'André se montre le plus loquace. Selon lui, les arbres agissent en contrepoint du réchauffement climatique. Grâce à l'ombre répandue lors des fortes chaleurs, ils entretiennent une relative fraîcheur et une humidité qui permet de prolonger d'une quinzaine de jours la maturation naturelle des raisins. Ainsi, André a toujours conservé les mêmes dates de vendange, donc le même cycle de croissance de la plante, en dépit d'étés de plus en plus chauds qui obligent ses collègues à couper le raisin au moins quinze jours plus tôt que ne le faisaient leurs parents. D'autre part, il expérimente sur le tronc de ces arbres la pousse d'une vigne en liane, imitant en cela, selon ses dires, « la vigne sauvage ». Il souhaite tester l'influence de ce mode de culture sur le goût du vin. D'une manière générale, André a très tôt développé un intérêt pour l'agroforesterie qui l'a amené ensuite à étendre sa réflexion à l'agroécologie. Il estime ne rien inventer : « je me souviens que, dans mon enfance, il y avait des arbres dans les vignes ». Ceux qu'il a plantés autour de la parcelle lui fournissent des noix, des

---

3 – Le label AB (Agriculture Biologique) s'applique uniquement à l'activité viticole (culture du raisin) dans la mesure où le vigneron est autorisé à utiliser des sulfites d'origine chimique en complément de ceux produits naturellement lors de la fermentation du raisin. Cependant, André recourt à des procédés non chimiques de conservation du vin.

cerises pour le kirsch, des pommes pour le jus. Entre les rangs s'élèvent quelques robiniers taillés haut, afin de faciliter le passage d'engins de culture.

Cet espace est le théâtre de multiples actions de lien social. André reçoit des publics scolaires qui, par le biais d'activités ludiques et de nombreuses situations d'observation, découvrent la vie du sol, le mécanisme de la photosynthèse, la transformation de la laine, les vendanges, l'histoire de la vigne. Il organise des visites pour ses clients, participe à des projets de recherche en sciences agronomiques et en sciences sociales.

André communique autour de l'agroécologie. Son site internet fait explicitement référence à ce terme qu'il a découvert à l'occasion des échanges avec les chercheurs de l'INRA qui se sont également intéressés à la qualité de son sol. André a cultivé cette parcelle en bio dès la reprise de la ferme familiale en 1979, soit près de vingt ans avant la conversion de l'ensemble de son exploitation. Un autre mot prédomine dans le descriptif de son exploitation et revient souvent dans les entretiens : le soleil. De multiples activités concourent à nous rappeler l'importance de l'astre : le four solaire, les panneaux solaires, le projet d'un distillateur d'eau-de-vie à l'énergie solaire, la maîtrise de l'ensoleillement au sol, par l'herbe, et dans les airs, par l'arbre.

André milite activement dans le syndicat « Confédération paysanne » depuis 2004. Son engagement est lié à un conflit avec les chasseurs. Ses parcelles, situées pour la plupart à flanc de colline, bordent la forêt. Dès 1992, des sangliers retournent et arrachent herbes et pieds de vigne. Il signale ces incidents à la société de chasse. L'absence de compromis avec ses interlocuteurs le décide à mener son enquête. Il affirme avoir découvert « des bennes de betteraves et de maïs déversées dans la forêt pour nourrir les sangliers », ce qui provoque une surpopulation des bêtes et un besoin pour elles d'agrandir leur périmètre de vie. Il a toutes les difficultés du monde avec l'administration départementale et communale pour faire changer les choses. Le conflit s'envenime. Après de vives tensions, André décide de clôturer ses parcelles en contact direct avec la forêt. Cet épisode douloureux lui a permis d'acquérir des connaissances cynégétiques. Il devient responsable du groupe de réflexion « chasse » au sein de la Confédération paysanne. Il est toujours actif dans cette structure et participe de tous les combats nationaux importants. C'est aussi au nom de préoccupations environnementales et sociales qu'il se présente aux élections municipales de 2008. Son cheval de bataille est la question énergétique. Considérant que la part des budgets familiaux consacrés à l'énergie électrique est très élevée, il plaide pour des alternatives visant à une autonomie élaborée à l'échelle villageoise. Il défend l'idée plus générale selon laquelle les sommes trop importantes affectées à ce poste par les ménages en milieu rural expliqueraient les retards en matière d'équipements et d'infrastructures.

André différencie très nettement le bio de l'agroécologie. Le label AB signale une production de raisin sans utilisation de produits chimiques de synthèse. L'agroécologie concerne l'ensemble des actions écologiques qui se surajoute au bio : cuire des aliments, se chauffer avec le solaire, introduire de la biodiversité animale et végétale au sein des parcelles, pratiquer l'agroforesterie, militer pour une chasse responsable, se présenter aux élections locales pour défendre des principes écologiques. Cette expérience de terrain nécessite d'être confrontée à des définitions de l'agroécologie portées par des experts, car nous percevons l'importance des aspects humains et sociaux « extra-agricoles » dans le système proposé par André.

Une science partagée ?

L'agroécologie fait l'objet d'une définition officielle dans le Code rural, sous l'intitulé « Loi d'avenir du 13 octobre 2014 ». La phrase introductive de l'article est la suivante : « L'agroécologie en France est l'ambition d'une transition du secteur agricole vers des systèmes qui, en s'appuyant sur la valorisation des processus naturels, combinent simultanément la performance économique, la performance environnementale et sanitaire et la performance sociale » (Loi d'avenir pour l'agriculture, l'alimentation et la forêt, 2014). Le document détaille ensuite les différentes facettes du projet. Nous trouvons, dans l'ordre, le rappel de l'aspect innovant de l'agroécologie pour l'agriculture, la nécessité de produire « plus et mieux avec moins », l'approche systémique des exploitations et les différents leviers sur lesquels s'appuient les systèmes agroécologiques. Chose étonnante, alors que sont avancés des objectifs agronomiques et environnementaux très précis, il n'est aucunement fait mention de projet social. Tout au plus apparaît-il sous la forme d'une expression sibylline dans la dernière phrase du document : « L'agroécologie repose sur une adaptation fine aux conditions de chaque situation, sans recette toute faite, mais en cherchant, grâce notamment à l'intelligence collective, les solutions les mieux adaptées à chaque contexte » (Loi d'avenir pour l'agriculture, l'alimentation et la forêt, 2014). Cette recommandation générale laisse entendre qu'il ne faut pas envisager de pratiques homogènes, de type labellisation ou certification, réplicables sur l'ensemble du territoire national, mais plutôt des approches situées et co-construites. L'intelligence collective comme seule référence du texte à la dimension sociale de l'agroécologie demeure très vague et pose bien des questions. À quelles échelles territoriales se mettent en place les collectifs, sachant que les enjeux sont différents suivant le niveau local, régional ou national ? Qui intervient au sein de ces collectifs ? Comment s'arbitreront les inévitables conflits ?

Un bref rappel historique s'impose. La notion d'agroécologie émerge dans les années 1980 aux États-Unis sous l'impulsion des travaux d'Altiéri[4]. Celui-ci publie, en 1983, un texte majeur qui va faire autorité à l'échelle internationale : *Agroecology. The scientific basis of alternative agricultural*[5]. Dans cet écrit, l'auteur démontre comment l'application des principes de l'écologie à l'agriculture constitue un changement de paradigme productif, sur fond de crise et de remise en cause du modèle dominant. L'approche d'Altiéri est agrosystémique et politique, c'est-à-dire qu'elle pense conjointement différents objectifs agricoles et écologiques (recyclage de la biomasse, restructuration organique des sols, gestion microclimatique, biodiversité) appliqués à un territoire local et protégeant les savoirs endogènes des paysans.

---

4 – Miguel A. Altiéri, né à Santiago du Chili, titulaire d'un doctorat d'entomologie, est professeur d'agroécologie à l'Université de Berkeley, Californie.

5 – La version française, *Agroécologie. Les bases scientifiques d'une agriculture alternative,* a été publiée en 1986 aux éditions Debard.

L'objet de ce chapitre n'est pas de retracer les évolutions théoriques de la notion d'agroécologie depuis les années 1980. De manière très condensée, nous pouvons cependant affirmer que l'agroécologie se définit aujourd'hui comme un courant de recherche qui applique les principes de l'écologie aux domaines de l'agriculture et de l'alimentation. Elle repose sur une pratique scientifique pluridisciplinaire associant l'écologie, les sciences agronomiques et les sciences sociales. Il convient cependant de rappeler que les usages et la définition de l'agroécologie ne sont pas univoques et homogènes, mais qu'ils ont subi des inflexions et des appropriations locale, régionale ou nationale.

Deux articles importants rédigés par le même collectif d'auteurs (Wezel *et al.*, 2009 ; David *et al.*, 2011) apportent un éclairage nécessaire sur la conception française de l'agroécologie. Le premier, chronologiquement, démontre que l'agroécologie n'est ni une science, ni un mouvement social, ni une pratique, mais un concept articulant les trois dimensions (Wezel *et al.*, 2009). Le second est beaucoup plus explicite sur le primat de la science. Les auteurs, appartenant tous à l'INRA, rappellent à juste titre que la « confusion » sémantique qui entoure le concept d'agroécologie tient à « l'absence de définition partagée par la communauté scientifique » (David *et al.*, 2011). L'appel à la constitution d'un champ scientifique interdisciplinaire est l'élément central des deux textes. Mais, force est de constater l'échec de la réalisation concrète de ce vœu. Une expérience personnelle et une revue de la littérature fournissent des éclairages sur cette lacune. En dépit de la publication d'un ouvrage sur l'agroécologie (Van Dam *et al.*, 2012) coordonnée par quatre chercheurs, dont moi-même, de disciplines différentes (sociologie, psychologie-sociologie, anthropologie et sociologie-agronomie) ni le sociologue, ni la psychologue sociale, ni l'anthropologue n'ont été sollicités dans des projets de recherche sur l'agroécologie depuis la sortie du livre. Et pourtant, nous avons publié plusieurs livres et articles sur les questions agricoles bio, nous possédons une solide expérience des enquêtes qualitatives auprès d'agriculteurs et un outillage théorique permettant d'analyser les dimensions sociales et humaines de l'agriculture. Dans le même ordre d'idée, le passage en revue de la littérature française sur l'agroécologie confirme le resserrement autour de travaux disciplinaires, au détriment d'une réflexion élaborée dans la suite de recherches pluridisciplinaires. Les sciences humaines et sociales abordent la question de l'agroécologie par le biais d'entrées thématiques spécifiques : le paysage, la question paysanne, les nouvelles relations consommateurs/producteurs, le changement climatique, la recomposition des territoires ruraux. D'une manière générale, l'échec de la pluridisciplinarité aboutit à une fragmentation des savoirs sur l'agroécologie. Dès lors s'observent deux phénomènes structurants. D'une part, une distribution inégalitaire des recherches, la très grande majorité des travaux relevant du domaine de l'agronomique ; d'autre part, la formation de niches scientifiques qui rend caduque l'émergence d'une activité scientifique partagée.

Les sociologues québécois Audet et Gendron (2012) proposent une alternative aux impasses énoncées précédemment en mettant sur un pied d'égalité les trois dimensions de l'agroécologie, à partir de la nécessaire complémentarité des épistémologies. Ils distinguent ainsi une agroécologie systémique qui englobe rait les savoirs positivistes, une agroécologie politique pour les savoirs critiques, et une agroécologie humaine pour les savoirs interactionnistes. Selon les auteurs, « le caractère interdisciplinaire de l'agroécologie, s'il assume la diversité épistémologique qui lui est inhérente, peut être porteur d'une perspective holiste des transformations et leur fournir un cadre programmatique unificateur » (Audet, Gendron 2012 : 291).

La conception systémique s'appuie sur la notion d'écosystème. L'agroécologie « propose l'adaptation au milieu, le stockage d'énergie et de matière dans les sols, les espèces végétales de permaculture, l'augmentation de la biodiversité comme mode de contrôle des espèces nuisibles… » (Audet et Gendron 2012 : 283)

La dimension politique de l'agroécologie s'analyse à partir de la question de l'inégalité sociale. Audet et Gendron (2012 : 285) rappellent que le concept « d'écologie politique » est central pour comprendre les conflits, luttes et compromis qui parcourent les projets de développement de l'agroécologie portés par les agriculteurs : accès aux ressources, captages des biens et services écosystémiques par des groupes sociaux insérés dans des logiques mercantiles, échanges inégaux, appropriation des territoires par des groupes concurrents. Comme en réponse à ce risque, Reboud et Hainzelin (2017) rappellent que la prise en compte de la dimension politique est indispensable pour « réguler » et opérer des médiations dans les phases de changements importants que nécessite le passage à l'agroécologie. Ils s'appuient, entre autres, sur des études concernant la sécurité alimentaire mondiale qui montrent la nécessité d'arbitrages politiques lorsque les antagonismes entre des objectifs de productivité agricole accrue et les exigences de durabilité environnementale et sociale menacent la survie même des sociétés.

Enfin, l'agroécologie dans sa dimension humaine s'intéresse « aux représentations sociales qui structurent les relations entre les individus, les groupes sociaux, leurs pratiques et leur environnement » (Audet et Gendron 2012 : 288). La littérature, précisent les deux auteurs, mobilise les concepts de « résilience », « d'adaptabilité » pour rendre compte des interactions entre les hommes et les écosystèmes. Du côté plus précisément humain, l'analyse cherche à « comprendre les valeurs et les motivations qui orientent les pratiques et les actions des individus et des collectivités dans leurs rapports à l'environnement » (Audet et Gendron 2012 : 288).

La définition que nous proposent Audet et Gendron rétablit des équilibres quant à la dimension scientifique de l'agroécologique. Les volets politiques et sociaux ont toute leur place au côté de l'agronomie et de l'écologie. Cette présence à part entière des sciences sociales jusque-là anecdotique voire inexistante en France est rendue possible au prix d'une séparation préalable des compétences. Des projets de recherche peuvent être développés à partir d'épistémologies très éloignées les unes des autres. Il reste ensuite à construire une grille de lecture apte à rendre compte des perspectives holistes rassemblant les différentes facettes de l'agroécologie telle qu'elle est pratiquée en réalité.

Une réalité agroécologique ici appropriée

Les épistémologies proposées par Audet et Gendron (positivistes, critiques et interactionnistes) peuvent, pour rendre compte de la caractérisation holiste de l'agroécologie, être mobilisées à l'échelle locale à partir d'expériences individuelles. Ainsi, à partir de préoccupations qui lui sont personnelles, André recourt aux agroécologies scientifiques, politiques et humaines définies par les deux auteurs (Audet, Gendron, 2012).

L'intérêt d'André pour l'agroécologie est venu d'une rencontre avec des agronomes. Le choix de conduire sa vigne en « lyre » plutôt que sous la forme majoritairement adoptée localement a été pris en considération comme objet d'étude par une équipe de l'INRA de Bordeaux. Une tentative a été faite sur une parcelle appartenant à André et cultivée en bio depuis près de vingt ans. À l'occasion d'un entretien effectué en 2012, André m'affirma avoir trouvé un écho favorable auprès des chercheurs qui, au-delà de l'essai d'une nouvelle conduite de culture de la vigne en Alsace, étudièrent également la qualité du sol, car ils avaient sous la main une parcelle ayant le recul historique nécessaire pour comprendre les mécanismes de formation de la matière organique. Sa connaissance de l'agroécologie est venue suite à des discussions avec ces chercheurs. Au fil du temps, André a régulièrement fait part de ses choix personnels de conduite de la parcelle auprès d'agronomes. Il a développé, au sein de cet espace restreint, une juxtaposition de strates végétatives complémentaires (herbe, vigne, arbustes, arbres) qui favorise la vie organique du sol et la circulation d'espèces animales annexes à la croissance de la vigne. Celles-ci participent d'une diversification des ressources économiques (les abeilles, les moutons et, plus récemment, les poules). Outre, les sciences agronomiques, André reçoit également la visite de chercheurs en sciences sociales qui s'intéressent à sa vision holiste de l'agriculture et aux motivations qui orientent ses choix. Cette collaboration avec le monde de la recherche est informelle, elle s'appuie sur des visites régulières de sociologues ou anthropologues et sur des échanges de connaissances.

La dimension politique de l'agroécologie est prépondérante chez André. Ses convictions syndicales et écologiques s'organisent autour de deux pôles complémentaires. D'une part, la contestation du modèle agricole productiviste dominant qui capte, selon lui, la majorité des ressources financières et techniques. « Au début des années 2000, les Chambres d'agriculture n'ont pas cru au bio. Pourtant, elles collectent l'argent public pour le développement agricole. Finalement, ce sont les producteurs bios qui ont dû s'organiser eux-mêmes ». D'autre part, l'extension des luttes écologiques à des échelles différentes incluant le territoire local, le cadre régional (la lutte contre l'obligation de vacciner les troupeaux contre la fièvre catarrhale ovine par exemple) ou national et international (la lutte contre les OGM). Nous avons également mentionné précédemment la création d'une liste lors des élections municipales. Son engagement syndical lui vaut également d'être reconnu au sein de la profession agricole à l'échelle régionale. Sa conception politique de l'agroécologie repose sur une synthèse entre la défense du bio comme alternative agronomique et les expériences tirées des luttes qui traversent le monde agricole et justifient, selon lui, les activités qu'il mène au sein de la Confédération paysanne qui existe depuis 1987.

La dimension humaine qu'il attribue à l'agroécologie est perceptible à travers les liens qu'il tisse avec les consommateurs qui viennent s'approvisionner à sa cave et les conférences, journées « portes ouvertes » ou visites qu'il organise pour faire connaître son système de production. Les entretiens et les observations effectués chez André m'ont permis de mettre en évidence les traits distinctifs d'un *ethos*[6] lié à l'exercice de son métier de « paysan bio[7] ». Nous retiendrons les idées d'une relation apaisée avec la nature, « avec tous les niveaux de végétation, on va avoir tous les insectes qui veulent bien vivre ici et ils vont contrôler les insectes spécialistes de la vigne » ; de l'importance des héritages techniques, « pour les arbres dans la vigne, je n'ai rien inventé, ma grand-mère le faisait » ; d'une réappropriation du métier, « en 1981, j'ai commencé l'enherbement, jusque-là je faisais comme tout le monde, je mettais des herbicides, puis je me suis aperçu que la vie du sol baissait, qu'on commençait à avoir de l'érosion même quand il y avait une faible pente » ; d'un souci de la qualité de ce que l'on vend, « le fait que ce soit bio permet de dire qu'il y a un plus grand respect pour le consommateur ». André cultive une approche holiste, intériorisée et réflexive de l'agroécologie.

Les choix agronomiques, politiques et humains d'André permettent d'interroger la validité des deux définitions de l'agroécologie que nous avons retenues dans l'article : soit le « ni science, ni mouvement social, ni pratique, mais concept fédérateur entre les trois » (Wezel *et al.*, 2009) ; soit « les dimensions systémique, politique et humaine rassemblées dans une perspective holiste » (Audet, Gendron, 2012). La conception pragmatique tirée du discours d'André ne retient qu'une partie de chacune d'entre elles, la pratique dans le cas de la définition de Wezel, le systémique dans le cas d'Audet et Gendron. L'étude des conceptions et des pratiques d'André nous fait prendre conscience de l'intérêt à connaître la diversité des savoirs que possèdent les agriculteurs sur l'agroécologie, toutes filières confondues. L'exposition du « cas » singulier qui a été présentée dans ce chapitre invite à enquêter auprès d'un plus grand nombre d'agriculteurs. Sans ce passage quantitatif, le risque est grand de produire un discours sur l'idée d'agroécologie et non sur sa réalité, autrement dit de construire une idéologie.

L'agroécologie comme idéologie ?

Il convient de revenir à l'étonnement issu de l'absence de références spontanées à cette notion par les nombreux agriculteurs bio que j'ai rencontrés. Cela peut reposer sur une méconnaissance de la notion ou une incertitude quant à son contenu sémantique. L'agriculture française nous donne à voir une pluralité de systèmes de production qui, à des degrés très divers, insèrent des objectifs écologiques. Citons les agricultures biologique, paysanne, raisonnée, intégrée, de précision. L'agroécologie occupe une place particulière dans ce paysage. Elle se présente comme une approche multidimensionnelle de l'activité agricole replacée dans le débat politique des choix de production. Son récit est celui d'une prise de position très nette pour une vision alternative au modèle dominant. Mais, la spécificité de l'agroécologie dans ce paysage agronomique est loin d'être évidente pour les agriculteurs, y compris les bio (Streith, De Gaultier, 2012).

---

6 – Nous renvoyons au sens que Bourdieu donne à ce concept, « un ensemble objectivement systématique de dispositions à dimension éthique, de principes pratiques » (Bourdieu, 1984, p. 228).

7 – André se présente ainsi.

Passé le moment de l'étonnement, ma première analyse a été de considérer que les agriculteurs ne citaient pas l'agroécologie parce que cela n'avait pas d'antériorité dans leurs pratiques et dans leur vision du monde agricole. J'ai ensuite fait la relation avec une lecture ancienne, datant de ma formation philosophique, de l'ouvrage d'Althusser « Positions » qui consacre un chapitre aux « Appareils idéologiques d'État » où l'on trouve notamment une section intitulée « à propos de l'idéologie ». Dans la définition qu'il propose, sur laquelle nous reviendrons dans les lignes qui suivent, il énonce la prémisse suivante : « l'idéologie n'a pas d'histoire ». Un élément de réflexion s'est imposé pour moi : si les agriculteurs bio ne mentionnent pas l'agroécologie, c'est que celle-ci n'a pas d'histoire pour eux. En cela, elle se présente comme une idéologie. Ce dernier point allait devenir le centre de mon questionnement. Il me fallait d'abord me distancer des nombreux clichés et préjugés qui accompagnent cette notion. L'idéologie est souvent mobilisée dans les discours courants pour dire le sectarisme intellectuel, le totalistarisme politique, l'intolérance, l'intransigeance. Le retour à une définition générique et ouverte me parut indispensable. Pour cela, Althusser (1976) invite à revenir au texte fondateur du 2 floréal an IV (21 avril 1796) d'Antoine Destutt de Tracy qui considère que l'idéologie a pour objet la théorie des idées. Un autre « écueil », producteur lui aussi de stéréotypes dans les milieux scientifiques, était de ne pas réduire la pensée d'Althusser à une discussion du marxisme et, en particulier les débats sur les différences conceptuelles et politiques entre le « jeune » Marx d'avant 1848 et le Marx du Capital. Les éléments théoriques mobilisés par Althusser pour penser le concept d'idéologie se réfèrent et mobilisent aussi bien Aristote, Spinoza, Feuerbach, Hegel, Freud et des écrits religieux (les deux Testaments) que les textes de Marx. L'idéologie religieuse chrétienne est d'ailleurs l'exemple choisi par Althusser pour mettre à jour les mécanismes de son fonctionnement. J'ai estimé que l'agroécologie représentait, pour reprendre une terminologie hégélienne, un universel concret, c'est-à-dire que sa réalité se pensa à une échelle mondiale et qu'elle se pratique diversement à des échelles plus réduites, et que, à ce titre, elle méritait une approche conceptuelle réservée aux grands enjeux de société.

Pour approfondir ce phénomène, nous pouvons nous appuyer sur une conception de l'idéologie qui prend en compte le manque de consistance matérielle et historique d'une notion. Selon Althusser, l'idéologie possède trois dimensions complémentaires : « elle n'a pas d'histoire » (1976 : 100) ; elle est « une représentation du rapport imaginaire des individus à leur condition réelle d'existence » (1976 : 101) ; elle procède d'une « mise en scène de l'interpellation » (1976 : 116)[8].

Dans le cas français, l'agroécologie n'a pas d'histoire à elle. Au plan scientifique, elle emprunte des notions, des méthodologies et des exemples venus du monde sud- et nord-américain. Les connaissances théoriques viennent en très grande partie de la littérature anglo-saxonne (voir, par exemple, les travaux fondateurs d'Altieri,

---

8 – Althusser affirme utiliser le mot dans le sens très trivial de l'expression « hé, vous, là-bas » qui fait qu'un individu interpellé se retourne de 180 degés et devient sujet. Dans le cas de l'agroécologie, il est possible de définir l'interpellation comme une injonction ou un message d'action, provenant généralement d'une institution, qui transforme l'individu en « acteur » de la préservation de l'environnement.

1983, 1989). Les recherches publiées en langue française sont en grande majorité d'ordre agronomique. Wezel *et al.* (2009) précisent cette spécificité en rappelant que « l'agronomie s'est enrichie au cours du temps en assimilant des concepts issus des sciences sociales (par exemple les notions de décision d'acteurs, de pratiques *versus* techniques agricoles) et des sciences biologiques y compris l'écologie. » L'histoire de l'agroécologie française est une histoire scientifique, celle d'une intégration progressive par l'agronomie d'épistémologies issues des sciences sociales et de l'écologie. Sans discuter les modalités et la validité de ce choix, il convient de pointer l'absence, dans ce projet, des logiques et stratégies propres aux agriculteurs et non « retranscrites » par la recherche. En France, l'agroécologie est encore peu ou mal connue des agriculteurs. Mais, ce constat est à nuancer, car nous ne disposons pas d'études fines de l'influence des modules d'enseignement du bio mis en œuvre après le Grenelle de l'environnement de 2007 et des dynamiques impulsées dans la suite du Plan de S. Le Foll pour l'agroécologie de 2012.

L'idéologie comme « représentation du rapport imaginaire des individus à leurs conditions réelles d'existence » trouve toute sa pertinence et permet de mieux comprendre le silence des agriculteurs rencontrés à propos de l'agroécologie. En effet, l'écart conséquent entre l'élaboration conceptuelle de l'agroécologie et sa faible présence dans la réalité des changements vers des agricultures plus écologiques participe à la constitution d'une agroécologie « en devenir ». Une enquête produite par le ministère de l'Agriculture et de la forêt (2017) sur la perception de l'agroécologie par les agriculteurs nous éclaire à ce sujet. Un panel représentatif de 800 agriculteurs a été interrogé entre le 12 décembre 2016 et le 16 janvier 2017. Ceux-ci affirmaient à 83 % avoir entendu parler d'agroécologie. S'en suivait un classement hiérarchisé des niveaux d'engagement dans au moins une des six démarches suivantes : limiter l'utilisation d'intrants (73 %), améliorer la qualité des sols et limiter l'érosion (71 %), préserver les ressources en eau (62 %), favoriser le rôle de la faune auxiliaire (57 %), rechercher l'autonomie en limitant les achats extérieurs (43 %), apporter plus de valeurs ajoutées aux productions (43 %). Le fait d'induire explicitement les solutions agroécologiques pose problème. Les agriculteurs classent des démarches d'ordre écologique et socio-économiques très largement diffusées au sein du monde agricole et dans la société en général. Rien ne permet de distinguer ces items de ceux employés par exemple dans l'évaluation des agricultures conventionnelle, raisonnée, paysanne, durable et bio. L'agroécologie, telle que présentée dans ce sondage, est pré-définie, sans que l'on sache comment les 83 % d'agriculteurs se sont appropriés ce dont ils ont « entendu parler ».

L'idéologie comme « mise en scène de l'interpellation » est présente dans la Loi d'avenir de l'agriculture sous la forme de « l'intelligence collective ». Il s'agit de créer les conditions d'une co-construction d'un projet agricole territorialisé entre « acteurs » concernés, par exemple des agriculteurs, des élus, des consommateurs, des écologues. Les exemples ne manquent pas qui montrent l'effectivité de cette pratique collective de la production de connaissance et de la prise de décision. Stassart *et al.* (2012 : 28) montre que l'essor de l'agroécologie se développe sous l'impulsion de « publics » nouveaux (associations, citoyens et consommateurs) qui « peuvent suggérer ou transformer des problématiques, modifier les méthodologies et contribuer à des résultats en intégrant des savoirs et pratiques profanes et des savoirs savants. » Mais, ce mode de fonctionnement peut se révéler insuffisant quand les enjeux politiques et économiques imposent des rapports de force défavorables à l'un ou l'autre des groupes sociaux en présence dans les collectifs. Comme l'ont montré les expériences sur d'autres continents, par exemple en Amérique du Sud, la dimension « mouvement social » de l'agroécologie peut donner lieu à des conflits de classe, du type petits paysans contre grands propriétaires fonciers par exemple, incompatibles avec les processus apaisés de co-construction ou de négociation qu'exige la mise en place d'une intelligence collective.

Perspective

La rencontre concrète avec l'agroécologie, telle que proposée dans le chapitre, s'est avérée plus abstraite qu'il n'y parait. L'articulation évidente énoncée par André entre une collaboration scientifique avec des chercheurs en agronomie et en sciences sociales, des pratiques agroécologiques intégrées au système productif et un engagement politique et syndical en faveur de l'écologie se trouve fortement questionnée une fois transférée à un contexte national. Faute de données produites à cette échelle, nous ne pouvons pas savoir si ces trois dimensions se rencontrent chez les agriculteurs sensibilisés à l'agroécologie. Si, dans l'esprit d'une de ses définitions théoriques, l'agroécologie n'est effectivement ni une science, ni un mouvement social, ni une pratique, nous devons néanmoins reconnaître un déséquilibre effectif entre les trois dimensions. En fait, l'agroécologie en France, en l'état actuel, est beaucoup plus une science qu'un mouvement social ou une pratique. La dimension « mouvement social » est portée par des agricultures alternatives telles que l'agriculture paysanne ou l'agriculture bio et nous ne savons rien de la façon dont les savoirs agroécologiques circulent au sein des agricultures conventionnelles ou raisonnées. L'aspect « pratique » n'est pas visible faute de connaissance des conditions réelles d'exercice de l'agroécologie. Ces lacunes dévalorisent les connaissances pratiques au profit d'approches théoriques et idéalisées. Elles participent de la caractérisation idéologique de l'agroéocologie, une idéologie entendue comme « abstraction et inversion du réel » (Balibar, 2005).

L'appropriation de la question de l'agroécologie effectuée par André n'a pas vocation à être exemplarité. Sa singularité nous rappelle qu'un recensement et une analyse des expériences concrètes menées par les agriculteurs restent à faire. Dans le champ de la recherche française, la priorité est, pour l'heure, donnée aux pratiques du sens et aux configurations théoriques, au détriment du sens des pratiques et des configurations réelles.

Références bibliographiques

Altiéri M.-A., 1983 – Agroecology. *The scientific basis of alternative agriculture*, Berkeley, Division of biological control, University of California, 162 p.

Altieri M.-A., 1989 – Agroecology: a new research and development paradigme for world agriculture, *Agriculture Ecosystems and Environment*, 27 (1-4), 37-46.

Althusser L., 1976 – *Positions*, Paris, Éditions sociales, 172 p.

Audet R., Gendron C., 2012 – Agroécologie systémique, agroécologie politique et agroécologie humaine, *in* Van Dam D., Streith M., Nizet J., Stassart P.-M., (éd.), *Agroécologie. Entre pratiques et sciences sociales*, Dijon, Educagri éd., 281-293.

Balibar E., 2005 – *La philosophie de Marx*, Paris, La Découverte, Collection Repères, 126 p.

Bourdieu P., 1984 – *Questions de sociologie*, Paris, Éditions de Minuit, 277 p.

David C., Wezel A., Bellon S., Doré T., Malézieux E., 2011 – Agroécologie, *in* Morlon P., *Les mots de l'agronomie. Histoire et critique*, INRA. <https://lorexplor.istex.fr/Wicri/Europe/France/InraMotsAgro/fr/index.php?title=Accueil&oldid=2023>.

Hersch J., 1999 – *L'étonnement philosophique*, Paris, Gallimard, 460 p.

Légifrance, 2014 – Loi n° 2014-1170 du 13 octobre 2014 pour l'agriculture, l'alimentation et la forêt, *Journal officiel de la République française*, n° 238, 14 octobre 2014, p. 16601. <https://www.legifrance.gouv.fr/eli/loi/2014/10/13/AGRX1324417L/jo/texte>

Passeron J.C., Revel J., 2005 – *Penser par cas*, Paris, Éditions de l'École des hautes études en sciences sociales, 292 p.

Stassart P.-M., Baret P.-V., Grégoire J.-C., Hance T., Mormont M., Reheul D., Stilmant D., Vanloqueren G., Visser M., 2012 – L'agroécologie : trajectoire et potentiel. Pour une transition vers des systèmes alimentaires durables, *in* Van Dam D., Streith M., Nizet J., Stassart P.-M., (éd.) *Agroécologie. Entre pratiques et sciences sociales*, Dijon, Educagri éditions, 5-51.

Reboud X., Hainzelin E., 2017 – L'agroécologie, une discipline aux confins de la science et du politique, *Natures, Sciences, Sociétés*, 25, S64-S71.

Streith M., De Gaultier F., 2012 – La construction collective des savoirs en agriculture bio : modèle pour l'agroécologie ?, *in* Van Dam D., Streith M., Nizet J., Stassart P.-M., (éd.), *Agroécologie. Entre pratiques et sciences sociales*, Dijon, Educagri éditions, 203-218.

Wezel A., Bellon S., Doré T., Vallod D., David C., 2009 –Agroecology as a science, a movement or a practice, *Agronomy for Sustainable Development*, 29, 503-515.

Chapitre 12

L'agroécologie, une science « normâle » ?
Sous les écrits scientifiques, l'androcentrisme

Agroecology, A 'Normale' Science?
Under Scientific Literature, The Androcentrism

Résumé : « Le féminisme a été un courant important de la pensée agroécologique » (Altieri et Rosset, 2018) mais semble pourtant être resté aux marges du tournant politique impulsé par les textes scientifiques agroécologiques. Il est question, dans ce chapitre, d'analyser sous l'angle du genre la littérature scientifique d'auteurs « leaders » en identifiant aussi bien l'androcentrisme du sujet-auteur (ses pratiques scientifiques) que l'androcentrisme des textes (les représentations véhiculées, les invisibilisations). Au moyen d'une sociologie des absences, nous étudions, dans un premier temps, la production de genèses historiques de l'agroécologie par les « leaders » afin de saisir les logiques de visibilité et d'invisibilité d'auteur·es. Pour cela, nous analysons cinq listes indiquant (selon les auteur·es) les « travaux importants de l'Histoire de l'agroécologie ». Ensuite, nous nous plongeons dans les écrits des « leaders » afin de saisir les représentations des femmes rurales et leurs effets en termes d'invisibilisation de celles-ci comme actrices agroécologiques, sujets sachantes et sujets politiques. Nous citons en miroir des exemples de littérature fournissant une représentation alternative.

Abstract: *"Feminism has been an important school of thought of agroecological thinking" (Altieri and Rosset, 2018) but seems to have remained on the margins of the political shift in agroecological scientific texts. This chapter aims to analyse the scientific literature of "leading authors" from a gender perspective by identifying both the androcentrism of the subject-author (his scientific practices) as well as the androcentrism of texts (the representations of women, the invisibilizations). and the androcentrism of the texts. By means of a sociology of absences, we first study the production of historical geneses of agroecology by "leaders" in order to understand the logic of visibility and invisibility of authors. To do this, we analyse five lists presenting (according to the authors) "important works in the history of agroecology". Then, we dive into the writings of the "leaders" in order to understand the representations of rural women and their effects in terms of invisibility as agroecologists,*

* Doctorante en sociologie, Lisst, Université Toulouse Jean-Jaurès.

subjects ok knowledge and political subjects. We present examples of literature with an alternative representation.

L'agroécologie est un « territoire en dispute » (Giraldo et Rosset, 2016). Les conflits sont multiples ; entre autres, sa définition, sa qualité de « science » qui produit les savoirs (les scientifiques et/ou les paysan·nes et indigènes), sa visée transformative technique, écologique, sociale et/ou politique. Initialement issus de l'agronomie et de l'écologie à partir des années 1930 (Gliessman, 2007), les écrits scientifiques s'ouvrent à d'autres disciplines à la fin des années 1970 : sociologie rurale, études en développement, économie écologique (Hecht, 1995). Ces dernières décennies, de nouvelles dimensions y sont intégrées : environnementale, sociale, économique, éthique (Wezel *et al.*, 2009). Les trois « leaders actuels en agroécologie » (Wezel et Soldat, 2009) – du fait de leur taux de publications – relèvent des premières disciplines : Miguel Altieri, agroécologue formé en entomologie ; Charles Francis, agronome et Stephen Gliessman, agroécologue formé en écologie des plantes. Tous trois ont défini l'agroécologie comme « l'écologie des systèmes alimentaires » (Francis *et al.*, 2003), puis ont validé sa qualification comme « une science, un mouvement, une pratique » (Altieri et Rosset, 2018a ; Francis et Wezel, 2017 ; Gliessman, 2014 ; Wezel *et al.*, 2009). Cependant, la nécessité d'une appréhension politique s'affirme dans la littérature scientifique. Cette dimension est d'abord portée – pour les plus reconnu·es dans le champ scientifique – par Gloria Isabel Guzmán Casado, Manuel González de Molina et Eduardo Sevilla Guzmán. Pour Guzmán, l'équité de l'agroécologie relève d'une « conscience agroécologique » qui se fonde sur les consciences de classe, de genre[1], d'identité issues des formes d'actions sociales collectives de la société civile (Sevilla Guzmán, 2011). Il s'agit d'une « stratégie méthodologique de transformation sociale » (Sevilla Guzmán, 2006). Les mouvements sociaux ou les réseaux d'agroécologie affirment explicitement la visée transformative, comme l'illustre la déclaration du Forum International sur l'agroécologie (2015) coordonné par *La Vía Campesina* : « L'agroécologie est politique ; elle nous demande de remettre en cause et de transformer les structures de pouvoir de nos sociétés[2]. »

Ce tournant politique de l'agroécologie est adopté par les « leaders[3] ». Gliessman (2014 : xii) souligne le besoin d'une « voix politique en lien étroit avec les mouvements sociaux ». La dimension éthique est défendue par Altieri dès 1980. Son dernier ouvrage avec Peter Rosset affirme l'agroécologie comme « science

---

1 – Le genre désigne un système d'organisation sociale qui bicatégorise et hiérarchise le groupe social des personnes assignées hommes et le groupe social des personnes assignées femmes (voir Isabelle Clair, *Sociologie du genre : Sociologies contemporaines,* Armand Colin, 2012), en leur assignant des rôles et en instituant des normes, dans un ordre hétérosexuel. Il s'agit d'une construction sociale, d'un processus relationnel et d'un rapport de pouvoir imbriqué à d'autres rapports de pouvoir (voir Sébastien Chauvin *et al.*, *Introduction aux Gender Studies: Manuel des études sur le genre.* De Boeck Supérieur, 2008).
2 – http://www.pfsa.be/spip.php?article1188
3 – Sur la proposition de Soldat et Wezel, *op. cit.*, nous utilisons le terme de « leader » dans la suite du texte pour désigner Altieri, Francis et Gliessman.

dotée d'une éthique sociale et écologique […] visant à réaliser des systèmes de production respectueux de la nature et socialement équitables » (Altieri et Rosset, 2018a). L'agroécologie est donc présentée comme une science alternative, distincte et critique de la science conventionnelle (Altieri et Rosset, 2018a ; Sevilla Guzmán, 2011), qui valorise les « multiples formes de savoirs des groupes historiquement subordonnés » (*ibid.* p. 14).

Il existe donc un lien central entre une « vision politique et une vision de l'avenir (le mouvement), une application technologique (les pratiques) pour atteindre les objectifs, et les moyens de produire la connaissance (la science) » (Wezel *et al.*, 2009 : 511). Pourtant, la « conscience de genre » (Sevilla Guzmán, 2011) énoncée par les auteurs peine à être intégrée, notamment dans les espaces et pratiques scientifiques. Lors du VIe Congrès international de la SOCLA (Société Scientifique Latino-américaine d'Agroécologie) à Brasília en 2017, une tribune sur l'histoire de l'agroécologie est tenue exclusivement par des hommes et ne fait aucune mention de la contribution des femmes. La protestation des participantes est si vigoureuse que la Déclaration Politique de clôture du Congrès annonce l'engagement de l'organisation à lutter pour « démanteler le patriarcat, le racisme et autres formes d'exclusion présentes au sein du système alimentaire »[4]. Qu'en est-il au sein des espaces de promotion scientifique de l'agroécologie ? Dernièrement, Altieri et Rosset affirment que « le féminisme a été un courant important de la pensée agroécologique et peut devenir un élément essentiel des processus agroécologiques, tandis que ces processus peuvent contribuer à renforcer le féminisme » (Altieri et Rosset, 2018a). Le féminisme est-il resté aux marges de ce tournant politique de l'agroécologie, notamment dans sa dimension réflexive ? Démontrer le caractère androcentrique des sciences est une tâche ardue (Connell, 1992-2) du fait du mythe de la neutralité des sciences. Le regard réflexif sur les espaces scientifiques hégémoniques et sur la construction des savoirs reste aux marges des travaux scientifiques majoritaires. *A contrario*, il est constitutif des études féministes, post/décoloniales[5]. Dès les années 1980, des analyses détaillent les biais de genre des différentes disciplines et des espaces scientifiques.

L'androcentrisme[6] souvent récurrent des sciences qui se pensent au masculin en définissant la pensée comme neutre ou universelle est-il à l'œuvre dans la science alternative proposée par l'agroécologie ? Comment le champ scientifique s'emploie-t-il à construire la dimension politique, éthique, transformative qu'il annonce ? Dans quelle mesure la « conscience de genre » est-elle intégrée ? Si nombre d'articles ont questionné l'agroécologie en tant que science, ce chapitre vient l'étudier en tant que « science normâle » (Chabaud-Rychter *et al.*, 2010) à travers l'analyse de

---

4 – Communiqué SOCLA disponible à https://www.socla.co/blog/carta-de-cierre-de-la-presidenta-de-socla-del-vi-congreso/, consulté le 20/01/2018.

5 – Voir, à titre d'exemple, les travaux de Yuderkys Espinosa Miñoso, Rita Segato, Brendy Mendoza, María Lugones, Ochy Curiel, Arturo Escobar, Catherine Walsh, etc.

6 – L'androcentrisme est « un biais théorique et idéologique qui se centre principalement et parfois exclusivement sur les sujets hommes et sur les rapports qui sont établis entre eux. Dans les sciences sociales, cela signifie la tendance à exclure les femmes des études historiques et sociologiques et à accorder une attention inadéquate aux rapports sociaux dans lesquels elles sont situées » (Pascale Molyneux, 1977 ; citée par Mathieu (1991_2013).

l'androcentrisme présent ou dépassé par les scientifiques. Nous allons questionner aussi bien la représentativité portée que les conceptualisations de genre déployées par le champ scientifique. Pour cela, nous mobilisons la sociologie des absences (Santos, 2002) alimentée des apports scientifiques féministes qui démontrent que ce qui n'existe pas est, en réalité, activement produit comme tel : les absences sont socialement construites. Par l'analyse de la littérature scientifique des leaders, nous allons, d'un côté, sonder les logiques de visibilisation hégémonique qui produisent et légitiment des formes sociales de non-existence ; de l'autre, nous allons mettre en lumière les absent·es et disqualifié·es. Il s'agit de s'intéresser aux pratiques scientifiques reflétées par les écrits mais aussi au contenu des écrits. Nous étudions dans un premier temps la production de genèses historiques de l'agroécologie par les leaders afin de saisir les logiques de visibilité et d'invisibilité d'auteur·es. Qui est présenté·e comme partie de l'histoire ? Pour cela, nous analysons ci-dessous cinq listes présentant des « travaux importants de l'Histoire de l'agroécologie », publiées entre 1998 et 2014 par les trois « principaux auteurs publiant[7] », Altieri, Francis et Gliessman. Nous mettons en parallèle ces résultats avec deux chapitres d'ouvrages sur l'histoire de la pensée agroécologique, publiés en 1995 et 2018. Dans un deuxième temps, nous nous plongeons dans les écrits des leaders afin de saisir les représentations des femmes rurales et leurs effets possibles sur les agricultrices et sur les lectrices. Nous citons en miroir des exemples de littérature scientifique féminine et féministe en agroécologie fournissant une représentation alternative.

Les sujets légitimes de l'agroécologie : la production des leaders

« La science de qui, le savoir de qui ? » demande Sandra Harding (1991). Dans cette première partie, nous identifions la place faite/prise aux femmes en agroécologie à partir de la production des « généalogies » de la pensée agroécologique.

Agroécologie : où sont les femmes ? La visibilité scientifique et ses logiques

Entre 1998 et 2014, des listes des travaux « importants » ont été publiées par les leaders ainsi que dans l'article de Wezel *et al.*, devenu incontournable. Ces références permettent de saisir les éventuelles évolutions de légitimité conférée aux textes. Les listes sont :

1 – *Travaux Importants dans l'Histoire de l'Agroécologie*, Gliessman, 1998.

2 – *Publications phares utilisant le mot ou concept d'agroécologie*, Francis *et al.* (2003) avec Gliessman et Altieri en co-auteurs et qui est une modification de la publication de 1998.

---

7 – Soldat et Wezel (2009) indiquent Altieri, Francis et Gliessman comme les trois premiers noms de la liste des « principaux auteurs publiant », soit ceux enregistrant le plus de publications scientifiques où les termes « d'agroécologie » ou « agroécologique » apparaissent dans le titre ou dans les mots-clefs de l'auteur.

3 – T*ravaux Importants dans l'Histoire de l'Agroécologie*, Gliessman (2007).

4 – *Travaux Importants dans l'Histoire de l'Agroécologie*, Wezel *et al.* (2009) avec Francis en co-auteur et qui est une adaptation de la publication de Gliessman de 2007.

5 – *Travaux Importants dans l'Histoire de l'Agroécologie*, Gliessman (2014).

Premier élément incontournable : toutes ces listes se fondent sur le travail de Gliessman. Non pas qu'il n'en n'existe pas d'autres : Susan Hecht publie en 1995 un chapitre d'ouvrage dédié. Mais la centralité de l'auteur dans ce champ scientifique fait prévaloir son unicité. Les listes publiées par Gliessman ne font pourtant aucune mention des critères de sélection des « travaux importants dans l'Histoire de l'Agroécologie ». Francis *et al.* ont ciblé uniquement les publications utilisant le terme « agroécologie » sans expliciter les critères de sélection. Les choix opérés pour « adapter » la liste de Gliessman (2007) ne sont pas indiqués par Wezel *et al.*

Combien de femmes auteures figurent dans ces listes ? C'est au moyen de recherches sur Internet (consultation des pages universitaires de chaque auteur·e, des profils sur le réseau social académique *Research Gate*) que les prénoms et l'identité de genre des personnes peuvent être assigné·es[8]. La première recension de Gliessman (1998) ne comporte aucune femme. À la suite de cette liste, dix « Recommandations de lecture » (1998 : 16) sont proposées : aucune femme n'y figure. En 2007, une femme est citée : Diane Rickerl, co-auteure avec Francis (2004). De même que pour la précédente publication, treize « Recommandations de lecture » sont proposées dont deux ouvrages ayant une femme co-auteure : Sandra Postel, *Rivers for Life : Managing Water for People and Nature* (2003) et Diane Rickler, mentionné dans la liste, *Agroecosystem Analysis* (2004). Aucune mention n'explique le classement de l'ouvrage de Postel dans les lectures recommandées et son absence des « travaux importants ». À cette époque, Gliessman avait déjà co-écrit un article avec trois auteures : Patricia Allen, Debra Van Dusen et Jackelyn Lundy ; Altieri avait déjà publié avec Susan Hecht : des références que l'article de Francis *et al.* sont les seuls à qualifier de « publications phares ».

Certaines auteures apparaissent puis disparaissent au gré des listes. Cette comparaison met en avant qu'il ne s'agit pas d'une absence de travaux réalisés par les femmes scientifiques en agroécologie ou l'absence de femmes en agroécologie mais bien de pratiques portant à l'invisibilisation de celles-ci. Par exemple, l'article de Francis *et al.* recense davantage de femmes que les articles de Gliessman (1998, 2007) et Wezel *et al.*, alors même qu'il ne cite que les publications utilisant le terme « agroécologie ».

On serait en droit de se demander pourquoi les 65 articles scientifiques et 17 ouvrages de Susan Hecht publiés entre 1979 et 2016 n'ont pas retenu l'attention

---

8 – Afin de procéder à la démonstration d'une absence construite du groupe social des personnes assignées femmes, nous faisons une utilisation stratégique de l'essentialisme : nous effectuons une assignation méthodologique à une identité de genre selon un schéma binaire. Cette méthode ne dit rien de l'identité de genre propre aux personnes.

Tab. 1 – Représentation scientifique féminine dans les travaux relatant « l'Histoire » de l'agroécologie scientifique

Référence étudiée	1) Gliessman, 1998	2) Francis et al., 2003	3) Gliessman, 2007	4) Wezel et al., 2009	5) Gliessman, 2014
Période couverte	1928-1984 (56 ans)	1928-2002 (74 ans)	1928-2004 (76 ans)	1928-2007 (79 ans)	1928-2013 (85 ans)
Année d'apparition de contribution de femmes	/	1990	2004	2003	1999
- Nombre de références avec participation de femmes/nombre de références totales - Références avec participation de femmes	0/18	3/29 · Allen, Dussen, Lundy et Gliessman, 1990 · Altieri et Hecht, 1990 · Flora, 2001	1/24 · Rickerl et Francis, 2004	1/31 · Francis et al., 2014	5/37 · Guzman-Casado, González de Molina, Sevilla- Guzmán, 1999 · Francis et al., 2003 · Rickerl et Francis, 2004 · Wezel et al., 2009 · Mendez et al., 2013
Nombre de femmes co-auteures parmi les références citées et noms	0	4 · Patricia Allen · Debra Van Dusen · *Jackelyn Lundy* · *Susan Hecht*	1 ·*Diane Rickerl*	4 · Cornelia Flora · Mary Wiedenhoeft · Nancy Creamer · Diane Rickerl	7 · Gloria I. Guzmán-Casado · Cornelia Flora · Mary Wiedenhoeft · Nancy Creamer · Diane Rickerl · Dominique Vallod · Roseann Cohen
Nombre de femmes auteures (seule) et noms	0 /	1 · Cornelia Flora	0 /	0 /	0 /
Nombre de femmes sur l'ensemble des auteur·es cité·es *	0/20	5/35	1/25	4/42	7/56
Pourcentage de mention de femmes sur total des auteur·es cité·es	0 %	14 %	4 %	9,5 %	12,5 %
Nombre total de femmes apparaissant dans les différentes sources					11

*Noms des auteur·es apparaissant dans la liste.

des auteur·es de ces listes. Comment expliquer l'absence de Clara Nicholls, alors même qu'elle est une des plus fréquentes co-auteures d'Altieri[9] et que la troisième référence la plus citée d'Altieri est l'ouvrage co-écrit avec Clara Nicholls en 2004[10]. Le désintérêt pour les travaux de Ana Primavesi pose également question : elle a publié onze livres, 94 articles scientifiques au Brésil et dans des revues internationales. Elle a reçu le prix « One World Award » (2015) décerné par la Fédération internationale des mouvements de l'agriculture biologique (Ifoam) et a cofondé différentes organisations comme le Mouvement AgroÉcologique Latino-Américain (MAELA). Parmi ses ouvrages les plus connus, on peut citer : *Agroécologie : écosphère, techno-sphère et agriculture* (1997) et *Gestion écologique du sol* (1984). Elle est qualifiée de « pionnière de l'agroécologie au Brésil » dans *Brasil de Fato*[11]. Ces absences partielles ou totales sont produites par les auteur·es. Intéressons-nous aux mécanismes les provoquant.

Derrière chaque grand homme, se cache une femme : l'assignation des femmes aux seconds rôles

Comment analyser cette faible présence des femmes dans les travaux qualifiés d'importants en agroécologie ? Certes, les femmes publient moins du fait de mécanismes structurels de domination (obstacles dans l'accès à la formation, intériorisation des assignations sexuées, plafond de verre[12], sentiment d'isolement et d'exclusion au sein des groupes de recherche, inconfort avec la culture masculine des groupes de recherche, incompatibilité avec une conciliation travail-famille[13],

---

9 – Référencement « *Top co-authors* » sur leur page respective sur *Researchgate* (58 références).

10 – *Biodiversity and pest management in agroecosystems*, 1 166 citations référencées sur *Google Scholar* (accédé le 07/03/2019).

11 – https://www.brasildefato.com.br/2017/10/03/ana-maria-primavesi-pioneira-da-agroecologia-no-brasil-completa-97-anos/, consulté le 12/05/2018.

12 – Le plafond de verre désigne les obstacles visibles et invisibles qui séparent les femmes du sommet des hiérarchies professionnelles et organisationnelles. Même si la part des femmes dans les professions qualifiées a augmenté, il persiste un plafond de verre indépendant des critères objectifs de mérite comme le diplôme : « Les femmes continuent d'être de plus en plus rares à mesure que l'on s'élève dans la hiérarchie. […] Les organisations sont aussi des lieux où se développent des relations de pouvoir et des processus informels, souvent inégalitaires, qui déterminent l'accès aux postes de pouvoir. Un certain nombre de règles qui sont données comme neutres sont en fait des règles masculines, historiquement calquées sur des modèles masculins. » (Voir Laufer J., « La construction du plafond de verre : le cas des femmes cadres à potentiel » *Travail et Emploi*, n° 102, 31. À l'université, l'évaporation des femmes à chaque étape de la carrière universitaire (doctorat, post-doctorat, premier poste, postes à responsabilité) est un phénomène international (voir Latour E., « Le plafond de verre universitaire : pour en finir avec l'illusion méritocratique et l'autocensure », *Mouvements*, Vol. 55-56, n° 3, 2008 : 53).

13 – La charge, matérielle et mentale, de la sphère familiale est assignée prioritairement aux femmes. Encore aujourd'hui, les femmes effectuent la majorité des tâches ménagères et parentales - respectivement 71 % et 65 % en France (voir « Le temps domestique et parental des hommes et des femmes : quels facteurs d'évolutions en 25 ans ? », *Économie*

etc.)[14]. Cependant, la faible présence dans les listes étudiées constitue un indice de faible citation scientifique. Cette invisibilisation est provoquée par les logiques d'autocitation, les citations privilégiées des leaders et l'assignation des femmes à la co-écriture.

En premier lieu, les leaders mobilisent abondamment les autocitations. Pour Gliessman : 2 (auto)citations sur 20 auteurs en 1998, 3/25 en 2007, 7/56 en 2014, 6/35 dans l'article collectif de Francis *et al.* (2003) où Gliessman et Altieri sont co-auteurs. Dans l'article de Wezel *et al.*, Gliessman est cité six fois sur 42 auteur·es. Pour Altieri : 1/20 (1998), 3/35 (2003 : autocitation), 2/25 (2007), 3/42 (2009), 3/56 (2014). En considérant l'ensemble des listes, les citations de Gliessman et Altieri sont les plus nombreuses.

Dans la quasi-totalité des champs scientifiques, les hommes citent bien davantage leurs propres travaux que ne le font les femmes[15]. Cette logique s'applique également à l'agroécologie. Dans son étude généalogique, Susan Hecht (1995) se cite une seule fois sur 491 références. Dans son chapitre analogue (Altieri et Rosset, 2018b), Altieri se cite 17 fois sur 112 références en bibliographie. Certains ouvrages n'ont qu'un auteur unique mentionné alors que des femmes ont participé à l'écriture de l'ouvrage : à titre d'exemple, Hecht a participé à l'écriture de 13 des 18 chapitres de l'ouvrage « d'Altieri », *Agroecology: the scientific basis of alternative agriculture* (1990).

Au moyen des autocitations, les leaders réaffirment leur prédominance dans ce champ, constituant un collectif cognitif (Milard, 2012). Nombre et importance sont ici associé·es : Gliessman, Altieri et Francis sont les plus prolifiques et ils sont cités/se citent parmi les publications phares. Ce jeu de citations produit un « effet Matthieu », soit une sur-reconnaissance de ceux qui sont au centre de ce champ scientifique.

En second lieu, les femmes sont faiblement citées et assignées aux seconds rôles. L'hyper visibilité de ces quelques auteurs fonctionne en vases communicants avec l'invisibilisation d'autres auteur·es, générant une « sous-estimation systématique des contributions des femmes à la science », soit un « effet Mathilda » (Rossiter, 2003). Les femmes représentent entre 0 % et 12,5 % des citations dans les listes étudiées. Elles sont inexistantes en tant qu'auteure unique à une exception près : Cornelia Flora qui apparaît dans une recension (2003). À deux exceptions près, elles sont citées quand elles sont co-auteures des leaders. Pourtant, certaines d'entre elles ont écrit nombre d'ouvrages/d'articles en leur nom seul. Par exemple, Hecht a publié 44 articles évalués par des pair·es et sept ouvrages en

---

et statistique n° 478-479-480, 2015). Si la maternité représente quasi systématiquement un frein à la carrière des femmes, il en va différemment pour les pères : dans certaines professions à responsabilités, les hommes les plus féconds sont ceux atteignant les postes les plus élevés (voir Gadéa Charles, et Catherine Marry. « Les pères qui gagnent. Descendance et réussite professionnelle chez les ingénieurs », *Travail, genre et sociétés*, Vol. 3, n° 1, 2000, 109-135).

14 – Voir entre autres : Lober Newsome, 2008 ; Mason *et al.*, 2013 ; Muhs *et al.*, 2012 ; Williams *et al.*, 2014.

15 – Molly M. King *et al.*, Men Set Their Own Cites High: Gender and Self-Citation across Fields and over Time, *Socius*, n° 3, 2016, 122.

auteure seule[16]. Il s'agit d'un choix opéré par les auteur·es des listes qui présentent seulement les publications où les leaders sont privilégiés. Cela réaffirme la légitimité de ceux-ci tout en reléguant les femmes au statut de co-auteures des leaders. Il s'agit d'un processus « d'accumulation des avantages » : sont retenus les auteurs qui bénéficient déjà d'une certaine visibilité et légitimité. Ce jeu de cumul se fait au détriment des personnes moins visibles et visibilisées à leurs côtés, parfois dépourvues de statut et de légitimité (*ibid*.). La co-signature d'un travail scientifique avec un auteur reconnu comme important n'est donc pas nécessairement un avantage pour une scientifique mais reste un outil de visibilisation et de réaffirmation de notoriété pour le premier.

Les logiques d'invisibilisation de travaux de femmes scientifiques certifient la persistance et prégnance d'un « effet Mathilda ». En parallèle, cela construit une représentation des femmes comme incapables d'être leadeures scientifiques : leur inexistence sur ces listes comme auteure seule produit et renforce les « préjugés d'identité négative[17] ». Les hommes sont perçus comme acteurs des publications alors que les femmes sont perçues comme collaborant aux publications. Outre le fait d'alimenter ce stéréotype de genre, ce mécanisme produit des effets sur l'ensemble du groupe social des femmes : la capacité des locutrices à transmettre un savoir est sapée, leur représentation en tant que connaisseuses est dégradée (Fricker, 2007). L'absence de modèle positif provoque l'autocensure des autres femmes. Boulaine (1989) affirme qu'une bonne méthode pour illustrer l'évolution historique d'une discipline scientifique est d'analyser l'histoire des personnes impliquées (Wezel et Soldat, 2009). Or, l'histoire des personnes impliquées telle que construite par ces listes est une histoire de l'agroécologie sans femme. Il s'agit de la production d'un espace non mixte où celles-ci n'ont pas leur place, ne sont pas légitimes et ne produisent pas de savoir en la matière. Pourtant, d'autres histoires sont possibles.

Une approche décloisonnée des disciplines offre une autre représentation : un choix opéré par Hecht dans son analyse de l'évolution de la pensée agroécologique (1995). Dans une revue de la littérature fournie (491 références bibliographiques), elle cite des travaux centraux pour la compréhension d'une critique agroécologique : la philosophe écoféministe Carolyn Merchant ; l'ouvrage pionnier de Rachel Carson : *Printemps Silencieux ; les travaux incontournables de Carmen* Deere (1982), Lourdes Berenia (1984), Joyce Moock (1986) sur la division sexuelle du travail rural et ses effets ; le travail de l'anthropologue Audrey Richards (1939). Dans la partie d'étude de cas états-unien, Wezel *et al.* citent également l'ouvrage de Carson mais aussi les romans *Herland* de Charlotte Perkins Gilman (1915) et *Woman on the Edge of Time* Marge Piercy (1976). Cette démarche est adoptée récemment par Altieri et Rosset : la représentation féminine y plus

---

16 – CV en ligne : https://ucla.app.box.com/s/qcu7uo435rgymtt0gmi85v6c9a0kww39, consulté le 05/03/2019.

17 – Un « préjugé d'identité négative » désigne le fait qu'une personne locutrice soit discréditée dans sa capacité à fournir un savoir, en raison d'un préjugé identitaire détenu par la personne auditrice. Le préjugé altère le jugement de la personne auditrice quant à la crédibilité de la personne oratrice (voir Miranda Fricker, *Epistemic Injustice: Power and the Ethics of Knowing*, Oxford, Oxford Univ. Press, 2007).

importante. Ces exemples démontrent, en creux, l'occultation des travaux importants écrits par des femmes dans les listes bibliométriques supposées faire autorité.

Tab. 2 – Représentation scientifique féminine dans Altieri et Rosset (2018)

Référence	Altieri et Rosset 2018 – *Histoire et courants de la pensée agroécologique*	
Période couverte	1928-2016 - 88 ans	
Année d'apparition de contribution de femmes	1949	
- Nombre de références avec participation de femmes/nombre de références totales - Références	**32**/104 • Altieri, Letourneau, Davis 1983 • Altieri and Nicholls 2004 • *Astier et al. 2015* • *Balfour 1949* • *Carson 1962* • *Desmarais 2007* • *Francis et al. 2003* • *Guterres 2006* • *Guthman 2014* • *Hecht 1995* • *Holt Giménez, Shattuck 2011* • *Kremen 2015* • *Lappé, Collin, Rosset 1998* • *Letourneau et al. 2011* • *Machin Sosa et al. 2013*	• *Mader et al. 2002* • *Martinez-Torres, Rosset 2010, 2012, 2014* • *Méndez et al. 2013* • *Merchant 1981* • *Mies y Shiva 1993* • *Perfecto, Vandermeer, Wright 2009* • *Pingali, Hossain, Gerpacio 1997* • *Scherr, Mcneely 2003* • *Shiva 1991, 1993* • Siliprandi 2009, 2015 • *Siliprandi, Zuluaga 2014* • *Toledo et al. 1985* • *Wezel 2009*
Nombre de femmes co-auteures parmi les références citées et noms	**37** • *Julia Carabias* • *Elizabeth Jiménez Carmona* • *Roseann Cohen* • *Martha Constanza Daza* • *Nancy Creamer* • *Selene Escobar* • *Cornelia Flora* • *Roberta V. Gerpacio* • Ivani *Guterres** • *Maria V. González* • *Lucie Gunst* • *Catalina Gutiérrez* • *Adilén María Roque-Jaime* • *Maria Elena Martinez-Torres* • *Frances Moore Lappé* • *Deborah K. Letourneau* • *Dana Rocío Ávila Lozano* • *Cristina Mapes* • *Jessica López Mejía*	• *Maria Mies* • *Mirna Ambrosio Montoya* • *Helda Morales* • *Clara Nicholls* • *Ivette Perfecto* • *Janine Herrera Rangel* • *Aleyda Maritza Acosta Rangel* • *Diane Rickerl* • *Beatriz Salguero Rivera* • *Sara J. Scherr* • *Annie Shattuck* • *Vandana Shiva* • *Emma Siliprandi* • *Lorena Soto* • *Alba Marina Torres* • *Dominique Vallod* • *Mary Wiedenhoeft* • *Gloria Zuluaga*
Nombre de femmes auteures (seules) et noms	**9** • Eve Balfour • *Rachel Carson* • *Annette Aurélie Desmarais* • *Julie Guthman* • *Susanna Hecht*	• *Claire Kremen* • *Carolyn Merchant* • *Vandana Shiva* • *Emma Siliprandi*
Nombre de femmes sur l'ensemble des auteur·es cité·es et pourcentage	44/176 25 %	

• Ivani Guterres a finalisé des écrits de son mari décédé Enio Guterres et a coordonné la publication de l'ouvrage. Nous la comptons comme co-auteure.

La première référence d'auteure date de 1949 : *La tierra viviente* de Eve Balfour. 44 femmes sont présentes sur un total de 176 auteur·es, soit 25 %. Neuf femmes sont en auteure seule, 37 en co-auteures. Nicholls et Deborah K. Letourneau sont présentes. Cette dernière publie, depuis 1966, des analyses sur les agrosystèmes (152 publications référencées sur *Google Scholar*) : sa contribution apparaît enfin. Des auteures écoféministes sont citées : Merchant, Vandana Shiva, Maria Mara Mies. Enfin, l'important travail de la Brésilienne Emma Siliprandi sur la participation politique agroécologique des femmes rurales trouve sa place dans ce chapitre. En comptabilisant ces résultats avec ceux des précédentes listes, quarante-huit auteures sont mentionnées. Ainsi, pour construire une agroécologie éthique, un élément central est donc de rompre « l'effet Mathilda ». Cependant, l'invisibilisation construite à travers la valorisation de leaders n'est qu'une des dimensions d'une science transformative sur les questions de genre : les représentations portées dans les textes sont l'autre pendant de cette logique.

Les femmes dans les textes agroécologiques : la production des inexistantes

L'androcentrisme s'exprime de façon conscience ou inconsciente dans les pratiques scientifiques, comme dans les produits scientifiques : il « peut se concevoir comme un glissement idéologique de la part de l'auteur, mais ce glissement à des effets théoriques qui sont transférés aux textes. C'est pourquoi il est légitime de parler à la fois de l'androcentrisme du sujet-auteur et de l'androcentrisme de tel texte ou de telle théorie » (Molyneux, 1977 ; citée par Mathieu, 1991_2013). Porter le regard sur la conceptualisation genrée au sein d'écrits agroécologiques vise à cerner les mécanismes androcentriques à l'œuvre. Comment les rôles et les apports des femmes sont-ils appréhendés par les populations étudiées ? Comment les femmes sont-elles représentées dans les écrits ? Malgré un objectif d'équité inhérent au caractère de l'agroécologie, certains écrits peuvent provoquer une invisibilisation des femmes comme actrices de l'agroécologie, une invisibilisation des femmes comme agentes du savoir et une réification des assignations sexuées. Pour étayer notre démonstration, nous mettons en parallèle des exemples de travaux, notamment latino-américains, qui prennent le contre-pied de cette construction de non-existence (Santos, 2002)[18].

Invisibiliser les femmes actrices de l'agroécologie

L'androcentrisme peut s'exprimer sous des formes variées. En premier lieu, il peut se matérialiser par une disparition de la catégorie féminine comme sujet social au moyen d'une généralisation du masculin et d'une particularisation du féminin. En second lieu, les femmes peuvent être invisibilisées dans les faits. Il peut s'agir d'une non intégration de celles-ci par universalisation théorique abusive ; d'une invisibilisation comme travailleuses par la naturalisation de certaines tâches (et donc

---

18 – Les références latino-américaines sont ici privilégiées afin de mettre en avant l'existence de ces travaux souvent antérieurs à des références européennes mobilisées dans la littérature scientifique mais pourtant presque systématiquement ignorés par les « leaders ». Par ailleurs, la visibilisation de ces références relève de notre choix d'une « écologie des savoirs » comme posture scientifique.

leur non-prise en considération comme tâches de travail) ; d'une invisibilisation par simple inattention à leur rôle actif (Mathieu, 1991_2013).

Dans les travaux des leaders, différentes formes apparaissent. D'abord, les femmes sont, d'une manière générale, absentes, invisibles, non mentionnées. Dans les ouvrages de Gliessman, deux occurrences du mot « femme[s] » apparaissent en 1998[19], quatre en 2007 et en 2014. Aucune citation du mot « femme[s] » dans les articles de Francis (2003). Une mention dans Wezel *et al.* (2009) avec l'ouvrage de Marge Piercy (1976) : Woman *on the Edge of Time*. Le dernier ouvrage d'Altieri (2018) comporte dix occurrences : cinq sont concentrées sur la même page dans la partie sur l'écoféminisme, reprenant donc le travail des auteures féministes : Mies, Shiva, Siliprandi, Zuluaga ; mais aussi de l'auteur colombien O. Giraldo.

Par ailleurs, l'invisibilisation s'opère du fait de la généralisation du masculin pensé comme neutre. Les femmes sont présupposées incluses dans l'universalité qu'est censée représenter l'écriture au masculin. Dans Gliessman (1998), une note spécifie que l'usage du « il » ou « son » est motivé par des questions de « brièveté » mais que ceux-ci valent aussi bien pour les hommes que pour les femmes. Cette mention du masculin générique disparaît dans les rééditions de 2007 et 2014. Le « général et le masculin sont purement et simplement identifiés, et ce, inconsciemment, entraînant l'oblitération de la catégorie féminine comme sujet social » (Mathieu, 1991-2013). L'usage de ce masculin provoque une disparition simple des femmes comme actrices agroécologiques. Leur invisibilité dans les textes renvoie et renforce leur invisibilité sociale en tant que travailleuses rurales et citoyennes (Neves et Medeiros, 2013). Comme le souligne Maria I. Paulilo (1987), le manque d'études sur les femmes rurales explique la négligence avec laquelle elles sont traitées dans leur réalité sociale. L'individu considéré comme représentatif de l'institution familiale et communautaire est l'homme (mari, fils, frère) : il est le sujet politique et social (Galgani, 2011).

Pour autant, des contre-exemples existent de longue date, notamment parmi les auteures précitées. En 1978, Cornelia Flora et Sue Johnson publient *Discarding the distaff: new roles for rural women*. En 1985, dans *Women as food producers in developing countries* (Monson), Hecht dédie un chapitre à la participation des femmes dans le secteur de l'élevage en Amérique latine. En 1990, Hecht et Altieri expliquent *Qui sont les femmes agricultrices ? Facteurs différenciant la participation des femmes dans la production agricole* (1990). La documentation des femmes rurales comme actrices reste à la charge/est prise en charge par les femmes auteures. Le travail de visibilisation des femmes rurales est opéré par les femmes scientifiques souffrant elles-mêmes d'invisibilisation : qu'elles soient sujets ou qu'elles soient auteures, les femmes ne sont pas présentées comme légitimes ou « crédibles » dans les travaux majoritaires. La logique de l'universel produit un particularisme dans lequel sont relayées les femmes : une échelle qui les empêche d'être une alternative crédible (Santos, 2002).

---

19 – Recherche des termes : *woman, women, feminine, female* dans *Google books* pour les travaux de Gliessman. Les occurrences du terme *female* qui font référence à la végétation ont été écartées. Recherche par mots-clefs dans les autres articles, en espagnol pour l'ouvrage d'Altieri et Rosset.

Invisibiliser les femmes comme sujets sachantes

Déjà, en 1995, Hecht dénonçait les préjugés des chercheurs en agronomie en termes de genre mais aussi les stéréotypes liés aux facteurs sociaux, culturels et ethniques qui biaisent leur regard et leur appréhension des connaissances des populations paysannes. Les connaissances des femmes rurales ne sont pas intégrées aux ouvrages généraux sur l'agroécologie mais sont relayées à des travaux dédiés : ce qui les relèguent au statut de particularisme. En cela, les ouvrages généraux produisent une « monoculture du savoir » (Santos, 2002 ; Shiva, 1988) et des « ignorantes » (Santos, 2002).

Cette logique est fréquemment déployée dans les études de cas présentées dans les ouvrages : des projets portés par des ONG, par des coopératives et documentés par les publications scientifiques. Or, les représentations des femmes véhiculées dans ces (parfois uniques) exemples peuvent alimenter une stéréotypisation de celles-ci comme peu compétentes. Le cas d'un projet de souveraineté alimentaire au Nicaragua décrit dans Wezel (2017) illustre cette dimension : beaucoup de femmes disent ne pas savoir comment faire pousser des légumes du fait « de ne pas avoir fait ça depuis le temps de leur grand-mère » ; ces savoirs ont été développés par le projet. Elles ne savaient pas non plus comment conserver les semences : la production sur les plantes a été recentrée sur les graines que les femmes savent conserver et elles ont été formées à des techniques de conservation. Elles ne connaissaient pas beaucoup de façons de préparer la « nouvelle » variété de légumes issue de la production agroécologique de leur jardin : des ateliers leur ont permis d'échanger leurs recettes traditionnelles.

Cet exemple unique montre une participation passive des femmes. Les savoirs, les savoir-faire et les capacités organisationnelles des femmes sont nié·es. Cette représentation alimente un stéréotype d'incompétence, de non possession de savoirs, de nécessité d'intervention extérieure pour avancer. La narration est opérée à partir des intervenant·es extérieur·es (les membres de l'ONG ou de l'équipe de recherche). La position située de la narration construit une altérité qui renforce la représentation négative. L'absence d'autres mentions de participation des femmes rurales dans l'ouvrage construit une représentation unique de celles-ci comme agentes non sachantes. Cela provoque un « préjugé d'identité négative », l'affaiblissement des formes de savoirs des groupes mis sous silence et donc l'affaiblissement de leur autonomie épistémique.

Confiner les femmes dans leurs assignations sexuées

Enfin, le troisième biais identifié dans les publications est le confinement des femmes rurales dans les assignations sexuées, soit la représentation de celles-ci avec des préoccupations et des tâches uniquement liées à la sphère reproductive. Il n'est pas question de dire que celles-ci sont dépourvues de ces préoccupations ou n'endossent pas ce rôle. Il s'agit de mettre en lumière les effets d'une représentation unique des femmes rurales qui réalimentent des stéréotypes ou des assignations dans un ordre social inégalitaire.

Prenons l'exemple récent d'Altieri et Rosset. Ceux-ci soulignent l'invisibilité des femmes, prenant acte des dénonciations de féministes scientifiques et de la société civile. Cependant, leur mention de la participation des femmes réaffirme l'assignation. Les motivations des femmes sont interprétées de façon monosémique : si elles s'engagent en agroécologie, c'est pour des raisons de *care* vis-à-vis de leur famille :

« Plus récemment, de nombreux AUTEURS ont observé que les femmes paysannes et les agricultrices sont souvent les protagonistes visibles ou invisibles des processus de transformation agroécologique participant à un authentique « féminisme paysan et populaire », comme l'indique La Via Campesina (Siliprandi 2015 ; Siliprandi y Zuluaga 2014). Les femmes assument des rôles de leadership public dans un certain nombre de processus de mouvements sociaux, bien qu'elles soient souvent sous-représentées par rapport à leurs *compañeros* masculins. Cependant, même lorsque leur rôle n'est pas visible, si l'on regarde derrière les processus de transformation agroécologique réussis, ce sont généralement les femmes des ménages paysans qui ont encouragé l'arrêt des pesticides dangereux et ont promu la production d'aliments sains : LES FEMMES SONT SOUCIEUSES DE LA SANTÉ ET DE L'ALIMENTATION DE LEUR FAMILLE. » (Altieri et Rosset, 2018a : 98).

Nous avons mis en relief le terme « auteurs » au masculin alors que la référence citée ci-après provient de deux auteures, une généralisation au masculin même lors d'une désignation spécifique de femmes. Ces mêmes auteurEs ont d'ailleurs mis l'accent sur la participation politique des femmes paysannes en agroécologie, dimension ignorée par Altieri et Rosset. Pourtant, Carmen Deere documente depuis les années 1980 l'implication des femmes rurales dans la lutte pour la terre et la réforme agraire. Maria I. Paulilo écrit depuis quarante ans sur la situation et la participation des femmes rurales brésiliennes. Emma Siliprandi (2009) analyse la participation des femmes au mouvement agroécologique brésilien, leur construction de propositions stratégiques pour le développement durable et l'agriculture familiale. À cela peuvent s'ajouter, les travaux sur la constitution des femmes rurales en tant que sujets politiques/féministes (Galgani, 2013, 2014 ; Jalil, 2013 ; Zarzar Butto, 2017) ; leur mobilisation pour des politiques publiques agroécologiques (Butto et Dantas, 2011 ; Butto et Leite, 2010 ; Heredia et Cintrão, 2006) ; leur participation à des mouvements sociaux impliqués dans l'agroécologie comme la Marche des Margaridas (Aguiar, 2016), le MST (Furlin, 2013 ; Galgani, 2013 ; Zarzar Butto, 2017), le MMC (Boni, 2012 ; Cisne, 2014 ; Jalil, 2018 ; Menezes et Gaspareto, 2013 ; Zarzar Butto, 2017), dans des syndicats comme la Contag (Pimenta, 2013) ; leur usage stratégique de circuits de commercialisation (Burg, 2005).

L'absence, dans les travaux agroécologiques, de représentations féminines en tant que sujets politiques, leadeures, sujets sachantes et solutionnant par elles-mêmes les obstacles rencontrés produit des effets que le féminisme documente depuis longtemps. Cela provoque l'intériorisation d'une absence de capacités intellectuelles, de savoirs et savoir-faire. Invisibilisées comme actrices et sachantes, elles ne peuvent pas se penser comme capables, ce qui provoque une absence/perte de confiance en soi, une auto-censure dans la prise d'initiative, de l'auto-exclusion, une absence de participation et, par conséquent, une dépendance au groupe social des hommes et une réaffirmation des rapports de pouvoir et des assignations sexuées. Cette construction d'inexistence provoque une injustice épistémique.

Pour les lectrices, cette absence crée un « écart dans les ressources interprétatives collectives [qui] place quelqu'un dans une situation de désavantage injuste quand il s'agit de rendre compte de son expérience sociale » (Fricker, 2007 : 1). L'absence de représentation provoque l'absence de croyance en ce possible, le sentiment d'incapacité et de non pouvoir. Ne pas documenter les expériences des femmes, leurs savoirs, leur participation construit une absence de ressources interprétatives collectives mobilisables pour l'ensemble des femmes.

Conclusion

Malgré sa visée transformative de l'ordre social, l'agroécologie présente des risques d'être une science « normâle » dans ses pratiques scientifiques et dans les représentations des femmes véhiculées dans ses écrits. À partir d'une analyse de la littérature scientifique d'auteurs leaders, nous identifions la prégnance d'un « effet Mathilda » qui réifie quelques auteurs masculins comme les sujets légitimes de l'agroécologique tout en invisibilisant le travail des femmes scientifiques. Les logiques de citation scientifique et bibliométrique sont au cœur de ces mécanismes. Outre le fait de sous-estimer la contribution des femmes à la science, cela provoque un « préjugé d'identité négative » sur les femmes scientifiques qui entrave les capacités de l'ensemble du groupe social des femmes à transmettre des savoirs et à se représenter comme sachantes. Pourtant, certaines alternatives présentent la large contribution de femmes à la pensée agroécologique. Au-delà de ces pratiques scientifiques nuisant aux femmes scientifiques, les écrits agroécologiques peuvent participer à la production de catégories négatives pour les femmes rurales. Trois biais ont été identifiés dans les écrits : l'invisibilisation des femmes comme actrices agroécologiques, comme agentes de savoir et le confinement de celles-ci dans des assignations sexuées. Cependant, l'agroécologie possède un caractère mouvant, évolutif. Les leaders travaillent à davantage d'inclusion et portent une considération naissante mais croissante aux travaux des femmes scientifiques, des féministes et des femmes rurales. Il nous semble que, pour atteindre ces objectifs transformatifs, les travaux en agroécologie nécessitent de rompre avec les logiques de visibilisation hégémonique, traditionnelles dans les sciences conventionnelles, et requièrent de porter à la lumière les absent·es et disqualifié·es. Rappelons, pour conclure, que l'espace scientifique a un rôle central dans la construction d'alternatives : il est possible de faire une « science sociale émancipatrice » (Wright, 2017 : 29) visant à « produire une connaissance scientifique en rapport avec un projet collectif contestant les différentes formes d'oppression humaine », en mettant « fin [à] l'empire cognitif » (Santos, 2018).

Références bibliographiques

Aguiar V., 2016 – Mulheres rurais, movimento social e participação: reflexões a partir da Marcha das Margaridas, *Política & Sociedade*, *15*, 0, 261295.

Altieri M., Hecht S., 1990 – *Agroecology and small farm development*, CRC Press, 284 p.

Altieri M., Rosset P., 2018a – *Agroecologia ciencia y politica*, SOCLA, 205 p.

Altieri M., Rosset P., 2018b – Historia y corrientes del pensamiento agroecológico, *Agroecologia ciencia y politica*, SOCLA, 75110.

Boni V., 2012 – *De agricultoras a camponesas*, Thèse de doctorat en Sociologie politique, Universidade Federal de Santa Catarina, 253 p.

Burg I., 2005 – *As mulheres agricultoras na produção agroecológica e na comercialização em feiras do sudoeste Paranaense*, Thèse de doctorat, Universidade Federal de Santa Catarina, 147 p.

Butto A., Dantas I., 2011 – *Autonomia e cidadania: políticas de organização produtiva para as mulheres no meio rural*, MDA, Brasília, 192 p.

Butto A., Leite R., 2010 – *Politicas para as mulheres rurais no Brasil : avanços recentes e desafios*, VIII Congreso Latinoamericano de Sociología Rural.

Chabaud-Rychter, D., Descoutures, V., Devreux, A.-M., Verikas, E. (dirs.), 2010 – *Sous les sciences sociales, le genre : relectures critiques, de Max Weber à Bruno Latour*, Paris, Ed. La Découverte, 512 p.

Cisne M., 2014 – *Feminismo e consciência de classe no Brasil*, São Paulo, Cortez Editora, 276 p.

Connell R., 1992 – Review of Whose Science? Whose Knowledge? Thinking from Women's Lives, *Contemporary Sociology*, *21*, 4, p. 536537.

Francis C., Lieblein G., Gliessman S., Breland T.A., Creamer N., Harwood R., Salomonsson L., Helenius J., Rickerl D., Salvador R., Wiedenhoeft M., Simmons S., Allen P., Altieri M., Flora C., Poincelot R., 2003 – Agroecology: The Ecology of Food Systems, *Journal of Sustainable Agriculture*, *22*, 3, 99118.

Francis C., Wezel A., 2017 – Agroecological Practices: Potencials and Policies, *Agroecological Practices For Sustainable Agriculture: Principles, Applications, And Making The Transition*, World Scientific, 463481.

Fricker M., 2007 – *Epistemic injustice: power and the ethics of knowing*, Reprinted, Oxford, Oxford Univ. Press, 188 p.

Furlin N., 2013 – A perspectiva de gênero no MST: um estudo sobre o discurso e as práticas de participação das mulheres, *Mulheres camponesas: trabalho produtivo e engajamentos políticos*, Alternativa, Niteroi, 257282.

Galgani G., 2011 – Mulher Rural no Brasil: Estratégias para o Reconhecimento de Ofícios e Ação Politica, *Revista Latinoamericana Pacarina*, 2, 122138.

Galgani G., 2013 – O protagonismo político de mulheres rurais por seu reconhecimento econômico e social, *Mulheres camponesas: trabalho produtivo e engajamentos políticos*, Alternativa, Niteroi, 237256.

Galgani G., 2014 – Femmes en mouvement : la naissance d'une existence sociale, politique et professionnelle, *Féminin-Masculin*, Editions Quæ, 101.

Giraldo O., Rosset P., 2016 – La agroecología en una encrucijada : entre la institucionalidad y los movimientos sociales, *Guaju*, *2*, 1, 1437.

Gliessman S., 1998 – *Agroecology: Ecological Processes in Sustainable Agriculture*, CRC Press, 394 p.

Gliessman S., 2007 – *Agroecology: The Ecology of Sustainable Food Systems*, CRC Press, 420 p.

Gliessman S., 2014 – *Agroecology: The Ecology of Sustainable Food Systems - 3rd edition*, New York, Taylor & Francis (CRC Press), 384 p.

Harding S., 1991 – *Whose science? Whose knowledge? thinking from women's lives*, 2nd éd, Ithaca, NY, Cornell Univ. Press, 319 p.

Hecht S., 1995 – The evolution of agroecological thought, *Agroecology : the science of sustainable agriculture*, Westview Press, Boulder CLADES, 420.

Heredia B., Cintrão R., 2006 – Gênero e acesso a politicas publicas no meio rural brasileiro, *Revista nera*, *0*, 8, 128.

Jalil L., 2018 – Por que sem feminismo nao ha agroecologia?, *Fora da Curva*, 21 mai 2018.

Jalil L., 2013 – *As Flores e os Frutos da Luta : o significado da Organização e da Participação Política para as Mulheres Trabalhadoras Rurais*, Thèse de doctorat, Universidade Federal Rural do Rio de Janeiro, 207 p.

Mathieu N.-C., 1991_2013 – *L'anatomie politique : catégorisations et idéologies du sexe*, Donnemarie-Dontilly, Ed. IXe, 272 p.

Menezes M., Gaspareto S., 2013 – As jovens do Movimento de Mulheres Camponesas (MMC) em Santa Catarina, *Mulheres camponesas : trabalho produtivo e engajamentos políticos*, Alternativa, Niteroi, 303329.

Milard B., 2012 – Les autocitations en sciences humaines et sociales. Pour une analyse de la dynamique des collectifs cognitifs, *Langage et société*, 141, 119139.

Neves D., Medeiros L. DE, 2013 – *Mulheres camponesas : trabalho produtivo e engajamentos políticos*, Alternativa, Niteroi, 431 p.

Paulilo M.I., 1987 – O Peso do Trabalho Leve, *Ciência Hoje*, *5*, 28, 6470.

Pimenta S., 2013 – Participação, poder e democracia : mulheres trabalhadoras no sindicalismo rural, *Políticas Públicas e formas societárias de participação*, FACHIF/UFMG, Belo Horizonte, 55180.

Rossiter M., 2003 – L'effet ~~Matthieu~~ Mathilda en sciences, *Les cahiers du CEDREF,* 11, 2139.

Santos B. DE S., 2002 – Para uma sociologia das ausências e uma sociologia das emergências, *Revista Crítica de Ciências Sociais*, 63, 237280.

Santos B. DE S., 2018 – *O Fim do Império Cognitivo*, Almedina, 512 p.

Sevilla Guzmán E., 2006 – La agroecologia como estrategia metodologica de transformacion social, *Reforma Agraria & Meio Ambiente*, *1*, 2, 410.

Sevilla Guzmán E., 2011 – *Sobre los orígenes de la agroecología en el pensamiento marxista y libertario*, Plural editores, 168 p.

Shiva V., 1988 – *Staying Alive: Women, Ecology and Development*, Zed Books, 260 p.

Siliprandi E., 2009 – *Mulheres e agroecologia : a construção de novos sujeitos políticos na agricultura familiar*, Thèse de Doctorat, Universidade de Brasília.

Wezel A., Bellon S., Doré T., Francis C., Vallod D., David C., 2009 – Agroecology as a science, a movement and a practice. A review, *Agronomy for Sustainable Development*, 29, 4, 503515.

Wezel A., Soldat V., 2009 – A quantitative and qualitative historical analysis of the scientific discipline of agroecology, *International Journal of Agricultural Sustainability*, 7, 1, 318.

Wezel A., 2017 – *Agroecological Practices For Sustainable Agriculture: Principles, Applications, And Making The Transition*, World Scientific, 502 p.

Wright E.O., 2017 – *Utopies réelles*, La Découverte, 613 p.

Zarzar Butto A., 2017 – *Movimentos sociais de mulheres rurais no Brasil : a construção do sujeito feminista*, Universidade Federal de Pernambuco, 276 p.

Conclusion

Les contours actuels du changement agroécologique : tentative de synthèse

What's new in agroecological transitions? A try of overview

Christel Bosc* et Mehdi Arrignon**

Au terme de cette réflexion collective, il nous semble important, à présent, de souligner plusieurs résultats et points d'analyse qui tracent des ponts entre les différents chapitres et suscitent parfois des débats renouvelés entre les contributeurs de ce livre. Au-delà de la polysémie de l'agroécologie et de ses applications protéiformes, beaucoup d'auteurs s'accordent à souligner la multiplicité et l'interdépendance des enjeux en ce domaine : changement climatique, érosion de la biodiversité, sécurité et sûreté alimentaires, agriculture biologique, filières courtes et locales, bien-être animal, gestion de l'eau (Filippi *et al.*), diversification des activités agro-alimentaires et évolution afférente des métiers (Perrette). Plus globalement, il serait question aussi de nouvelles « manières de consommer, produire, travailler et vivre ensemble » (Scheromm et Laurens). M. Benoit et N. Sautereau s'intéressent prioritairement à l'objectif de réduction, voire de suppression des intrants (engrais et pesticides de synthèse), mais ils soulignent aussi toutes les « externalités positives » qui pourraient en découler : préservation de la biodiversité et des paysages, santé des populations avec, corollairement, réduction des coûts de santé publique et retour à une certaine équité sociale par accès plus large à des produits de bonne qualité.

Le défi semble donc vaste. Il est à la fois académique, pour penser ensemble tous ces enjeux, parvenir à un dialogue décloisonné entre approches disciplinaires et dépasser enfin la « fragmentation des savoirs sur l'agroécologie » (Streith). Mais il s'agit aussi d'un défi empirique puisqu'il ne faudrait pas, selon le ministère, de créer une niche supplémentaire juxtaposée à l'Agriculture Biologique, mais bien de fédérer

* Maîtresse de Conférences en Science Politique, VetAgroSup, Clermont-Ferrand ; chercheuse associée à l'UMR Territoires.
** Maître de Conférences en Science Politique, chercheur associé au laboratoire PACTE.

sans re-segmenter les différentes pratiques et modèles de développement agricole, les précédents programmes de réduction des intrants (Benoit et Sautereau) ou de paiements « verts » de la PAC (mesures agro-environnementales, principe d'éco-conditionnalité) ayant jusqu'à présent fourni de bien maigres résultats (Mesnel).

Les chapitres proposés ici ont permis de balayer de nombreuses facettes des transitions agroécologiques. Face à cette richesse et diversité, nous avons choisi, en tant que coordinateurs de l'ouvrage, trois angles de synthèse : le lien entre agroécologie et territoire ; la nature et la portée du changement ; la question des freins et leviers d'action.

L'interaction entre agroécologie et territoires

L'agroécologie fait le territoire : le retour valorisé aux expérimentations locales

De prime abord, l'agriculture – de par sa dépendance étroite envers les conditions pédologiques, le relief, le climat, la spécificité des ressources naturelles localement disponibles – semble d'emblée s'inscrire dans une proximité tautologique à l'espace appréhendé en tant que substrat de production. Ce qui ne veut pas dire pour autant que les pratiques et politiques de développement agricole intègrent le territoire dans sa dimension symbolique, historique, politique et institutionnelle. Les pratiques d'intensification de l'agriculture, de structuration nationale des marchés et filières et de course à l'agrandissement des exploitations ont, au contraire, entraîné depuis plusieurs décennies une déconnexion bien connue entre agriculture et territoire, la spatialisation de l'agriculture (au sens d'appropriation et affectation du sol) ne s'accompagnant pas forcément d'une territorialisation de celle-ci, c'est-à-dire de pratiques et représentations qui permettraient d'inscrire l'acte de production agricole dans la spécificité d'une histoire locale, de paysages, de terroirs sous-tendus par des savoir-faire et des réseaux collectifs d'acteurs et d'échanges.

En opposition à cette tendance à la spécialisation et à l'intensification agricoles, les discours officiels ou militants autour de l'agroécologie valorisent au contraire une re-territorialisation ou une relocalisation de l'agriculture et de l'alimentation (Vandenbroucke *et al.*, Lamine *et al.*) : en s'attachant à la particularité d'écosystèmes qu'il s'agit de comprendre et observer (Streith) ; en valorisant la proximité retrouvée auprès d'un public varié, qu'il s'agisse de consommateurs, citoyens, scolaires, chercheurs ou (éco)touristes (Streith, Perrette) ; en produisant de « nouvelles formes d'organisation spatiale » afin, par exemple, de mieux protéger les espaces agricoles (Scheromm et Laurens). D'une certaine façon, l'approche agroécologique façonne donc le territoire. Elle prend en compte et infléchit la spécificité des conditions locales de culture, d'élevage ou de commercialisation (Perrette) pour fournir des réponses agricoles qui restent adaptées à un « territoire local » et protègent les « savoirs indigènes » (Streith).

Le territoire fait l'agroécologie : volontarisme et négociations locales

De manière symétrique, les territoires, en tant qu'institutions décentralisées de gestion publique, contribuent à façonner et conditionner la mise en œuvre des transitions agroécologiques en impulsant des orientations et projets politiques explicitement dédiés ou proches d'un tel objectif. La territorialisation des politiques agroécologiques constitue en effet, pour une politique publique nationale pensée de façon essentiellement incitative, un prérequis nécessaire pour rendre « opérant » le changement tout en conférant aux politiques de développement territorial un « imaginaire » revisité de la « modernité », voire même une nouvelle dimension identitaire (Scheromm et Laurens). En se référant à l'idéal-type des territoires pionniers en agroécologie – ces « systèmes socioécologiques » qui repensent de façon locale et environnementale les questions agricoles et alimentaires –, les auteures dressent une typologie du volontarisme municipal en un domaine encore ouvert et peu balisé. La graduation des préoccupations agroécologiques au sein de petites communes du Gard et de l'Hérault leur permet de reposer la question de la bonne échelle. L'agroécologie et l'agriculture seraient-elles du ressort des communes ou de la responsabilité des professionnels agricoles, du département, des régions, de l'État ou de l'Union Européenne ? Comment animer à tous les niveaux le dialogue décloisonné entre les collectifs récents d'agriculteurs afin de réguler les conflits (Streith) et favoriser les transferts inter-territoriaux d'expérience ? Et comment organiser, au sein du millefeuille territorial complexe et d'une gouvernance multi-niveaux, l'enchâssement cohérent d'actions agroécologiques à portée et enjeux multiscalaires (Mesnel, Filippi *et al.*) ? L'initiative prise par certaines municipalités pour organiser des formes plus « inclusives » de gouvernance et animer de « nouvelles configurations d'acteurs qui contribuent à la gestion durable des ressources » fournit, à ce sujet, des perspectives d'apprentissage mutuel qui pourraient être reproductibles (Scheromm et Laurens).

Par ailleurs, certains territoires de projet comme les Parcs Naturels Régionaux ont pu trouver dans l'agroécologie prétexte à renforcer et légitimer leurs actions antérieures en faveur de l'environnement. En activant de nouveaux dispositifs d'aide ou d'accompagnement, le Parc du Pilat a ainsi permis de mobiliser des agriculteurs parfois historiquement réfractaires à ses interventions. Mais les actions menées à l'échelle de ces territoires de projet restent fragiles, assujetties à la grammaire politique locale, autrement dit à la fluctuation des volontés politiques, des alternances électorales et des cofinancements de la part de l'État, de l'Europe et des régions. Ces dernières, qui gèrent désormais les fonds structurels européens, ont pu, selon les cas, revoir à la baisse leur soutien financier aux territoires de projet ou leurs aides en faveur du maintien de l'Agriculture Biologique (Vandenbroucke *et al.*, Benoit et Sautereau), créant de fait certaines inégalités inter-régionales.

Mais, dans ce tour d'horizon des dynamiques territoriales, il ne faudrait pas oublier non plus le rôle crucial des négociations supra-locales, qu'elles s'effectuent au sein de l'administration centrale agricole ou avec d'autres instances de régulation, européennes ou, en arrière-plan, mondiales. De telles arènes politiques contribuent aussi à baliser et adapter en profondeur les cadres et contextes d'action, à dessiner une cartographie mouvante et contrastée des zones éligibles aux aides européennes agri-environnementales, au gré des traditions et modalités de gestion agricole propres à chaque pays (Mesnel). De même, les transactions et échanges entre le ministère de l'Agriculture et les représentants nationaux de la profession agricole, notamment avec le secteur coopératif (réseaux Coop de France et Fédération Nationale des Cuma) servent aussi à discuter les conditions locales d'implémentation et d'expérimentation de la politique agroécologique (Filippi *et al.*).

Un changement discret et incrémental de paradigme agricole ?

Face à ces initiatives combinées, peut-on caractériser l'ampleur et la spécificité des changements agroécologiques sans survaloriser ni mésestimer les tendances à l'œuvre ? Les contributions présentées dans cet ouvrage permettent de s'interroger sur un possible « changement de paradigme » (Vandenbroucke *et al.*, Scheromm et Laurens) ou une modification des « modèles » agricoles (Lamine *et al.*). Les évolutions en cours semblent s'arrimer en fait autour d'un paradoxe. L'affichage fortement personnalisé, comme on l'a vu, de la revendication d'une telle préoccupation politique (Arrignon et Bosc) contraste avec sa mise en œuvre pas toujours « lisible » (Filippi *et al.*) et que l'on pourrait même qualifier, parce qu'elle cherche à éviter conflits et stigmatisations réciproques, de flexible. Du côté de l'État, on peut en fait se demander si la mise sur agenda de l'agroécologie ne tient pas lieu, en tant que telle, de politique publique, l'encouragement des pouvoirs publics à la recherche ponctuelle et localisée de consensus autour d'une même visée générale (Filippi *et al.*, Mesnel) faisant songer au concept de « politique procédurale » qui ménage, au risque de la disparité, une grande liberté à ses protagonistes (Lamine *et al.*).

La reconnaissance de l'agroécologie en France semble donc obéir à des logiques contradictoires de politisation et de dépolitisation qui rendent flous les contours d'une telle politique publique. Le ministère a certes consenti des efforts pour mieux préciser l'enjeu, en formant des « référents agroécologiques » locaux et en lançant aussi un outil en ligne de « diagnostic agroécologique » des exploitations (Lamine *et al.*). Mais s'observent aussi d'autres logiques qui ménagent une part « d'indétermination » et de « discontinuité » dans l'action publique (Lamine *et al.*) : décentralisation des instruments d'action avec implication prépondérante des relais habituels de la cogestion et des chambres d'Agriculture, mais implication encore variable des conseils régionaux (Filippi *et al.*) ; obsolescence ou absence des outils adéquats en matière statistique (Lucas *et al.*), évaluative ou financière (Filippi *et al.*) ; refus de normativité et de coercition qui s'accompagne de faibles incitations économiques des acteurs et notamment des filières (Filippi *et al.*) ; maintien d'une certaine imprécision autour de la notion d'agroécologie pourtant consacrée juridiquement dans le code rural (Streith). Ce flottement cognitif a été pensé de façon fédératrice et, de fait, cette volonté de « non normativité » offre une opportunité de reconnaissance à certaines fractions plus minoritaires d'agriculture alternative, déclassant ainsi paradoxalement les représentants plus patentés de formes écologisées d'agriculture (Lamine *et al.*).

Il résulte de ces contradictions un périmètre de l'agroécologie qui semble difficile à circonscrire pour plusieurs raisons. Tout d'abord à cause de la faible appropriation sociale de ce mot d'ordre qui n'est pas toujours revendiqué comme tel (Lucas *et al.*), y compris par les représentants de l'agriculture biologique (Streith) ou même par les agriculteurs lauréats de l'appel à projet MCAE[1] (Lamine *et al.*). Ensuite, à cause de l'entretien délibéré de ce flou normatif qui disperse les initiatives et le sens qu'on pouvait leur imputer tout en stimulant certaines formes d'innovation (Filippi *et al.*, Lamine *et al.*), ce qui produit des effets à la fois fédérateurs comme dissuasifs (Vandenbroucke *et al.*). Cette souplesse des instruments d'action permet de dépasser les clivages habituels entre « bio » et « conventionnels » et autorise une agroécologie à la carte. L'indétermination relative de l'action publique semble ainsi ouvrir, de façon disruptive, des voies potentielles d'émancipation et d'autonomisation (Lucas *et al.*) qui brouillent les frontières préexistantes des mouvements, modèles et métiers agricoles (Perrette).

Le changement dans les modes de faire et de penser les politiques agricoles, s'il ne remet pas en cause l'impératif de productivité et de croissance, entraîne cependant la redistribution du rôle de l'État qui se fait incitatif dans un secteur régalien et longtemps autocentré. Certes, les contractualisations agri-environnementales avaient déjà promu une telle dynamique (Benoit et Sautereau, Lamine *et al.*) mais cela se faisait jusqu'alors au sein d'un contexte d'action publique normé par des conditions d'éligibilité et des cahiers des charges imposés au plan national et européen. Les mesures en faveur de la transition agroécologique inaugurent plutôt des appels à projet fortement médiatisés et adressés aux agriculteurs eux-mêmes (Lamine *et al.*). Cet encadrement d'un nouveau genre des pratiques agricoles par l'État suggère un répertoire d'action qui oscille entre la *softlaw* et la politique d'expérimentation par « essais-erreurs » (Filippi *et al.*), la prescription de « modèles techniques » et la possibilité offerte d'innover et construire *ad hoc* son « propre chemin de changement » (Lamine *et al.*).

Les leviers du changement

Plusieurs variables en faveur du changement ressortent des travaux présentés dans ce livre. Nous proposons ici de les réunir en quatre catégories.

Un flou agroécologique à double tranchant

Comme on l'a vu plus haut, le pari ministériel de promouvoir une notion ouverte et en chantier perpétuel produit des effets contrastés. Il peut stimuler des expérimentations individuelles et collectives, favoriser l'acculturation à la logique de projet pour les agriculteurs, mais il peut aussi freiner certaines bonnes volontés par manque de clarté et de certitude sur la conduite à adopter ou les résultats escomptés. Les injonctions à l'égard des agriculteurs peuvent en effet manquer parfois de cohérence, les priorités énoncées en agroécologie semblant bien s'opposer au dogme agricole promu il y a encore quelques années : amélioration des rendements

---

1 – Mobilisation Collective pour l'Agro-Écologie.

et course aux prix bas, standardisation des produits et priorisation à l'approvisionnement et à la sécurité alimentaire (Bonny).

L'effet d'entraînement des collectifs agricoles préconstitués

Au fil des chapitres, il ressort aussi que « l'agriculture de groupe » (Filippi *et al.*), autrement dit la structuration préalable des exploitants autour de réseaux d'acteurs et de formes d'organisation professionnelle et collective (Cuma, coopératives, réseaux militants associatifs – BASE, Terre de liens, CIVAM –, comités de développement agricole, initiatives en faveur de circuits courts ou de vente directe promues par des associations de citoyens et/ou des collectivités territoriales) constitue un facteur favorable au changement agroécologique. La structuration collective des exploitants génère des dynamiques d'interconnaissance, de solidarité et d'apprentissage (Vandenbroucke *et al.*, Lucas *et al.*, Perrette, Streith), crée les conditions idoines à l'échange entre pairs, à l'amortissement mutualisé des risques et des coûts tout en facilitant la prise en compte, dans les décisions productives, de facteurs systémiques tels que le paysage, le territoire ou la filière (Filippi *et al.*). Si ces dynamiques de mobilisation collective agricole peuvent revêtir des formes endogamiques, confortant parfois un entre-soi professionnel (Lamine *et al.*), elles peuvent aussi révéler, de façon plus novatrice, des formes d'ouverture désectorisée : à d'autres enjeux connexes comme la Responsabilité Sociale des Entreprises (Filippi *et al.*) ou à d'autres acteurs, suscitant des formes hybrides d'engagement entre agriculteurs et consommateurs (Perrette).

Pour enrôler dans le changement agroécologique un plus grand nombre d'agriculteurs, demeurent toutefois plusieurs défis d'organisation collective : la nécessité d'essaimer la démarche et d'éviter « tout enfermement technologique des innovateurs » (Filippi *et al.*) ; la nécessité d'organiser le dialogue au sein et entre ces collectifs à différentes échelles (Streith) ; le besoin de réorganiser, et peut-être financer, les possibilités de dialogue entre filières et gestionnaires des territoires (Benoit et Sautereau, Filippi *et al.*).

La convergence entre intérêts économiques et écologiques

Au-delà de l'effet levier des collectifs préexistants, d'autres variables de mobilisation sont également observables. La compatibilité ou la divergence entre enjeux économiques et écologiques constitue un facteur bien connu de mise en œuvre des politiques environnementales (Lascoumes, 2012). De la même façon, la transition agroécologique semble facilitée par certaines fenêtres d'opportunité : la croissance de la demande en lait biologique dans un contexte de crise du revenu des éleveurs et de redéfinition de la stratégie d'entreprise de la coopérative récoltante en fournit un bon exemple (Vandenbroucke *et al.*). Mais le changement agroécologique n'est pas toujours volontaire, il peut s'expérimenter sous contrainte économique, le recours à la diversification et à la vente directe permettant de dégager des revenus supplémentaires pour des exploitations en crise (Perrette).

En sus du contexte macro et micro-économique et des stratégies individuelles ou collectives de développement, il faut aussi s'intéresser à l'effet levier potentiel des politiques publiques. Plusieurs auteurs insistent sur le besoin de veiller à la complémentarité des outils et instruments d'action publique. M. Benoit et N. Sautereau examinent ainsi les solutions qui pourraient permettre aux producteurs de grandes cultures de renoncer aux intrants tout en maintenant leurs revenus. Face à la baisse estimée des rendements imputable à ce changement de pratiques, ces derniers envisagent de combiner réponses publiques et privées, à la fois contraignantes (taxations) et incitatives (Paiements pour Services Environnementaux, aides et soutiens divers, contractualisations proposées aux agriculteurs par des entreprises privées).

Enrichir la panoplie des dispositifs publics ne serait toutefois pas suffisant, et il faudrait aussi veiller à la mise en cohérence plus globale des échelles d'action et de tous les partenaires. M. Benoit et N. Sautereau rappellent ainsi le rôle déterminant des choix agricoles : la rotation et la diversification des cultures permettent ainsi de limiter les baisses de rendement en cas d'abandon des produits chimiques de fertilisation ou de lutte phytosanitaire. Ils rappellent aussi la nécessité de redéployer bien plus significativement le volet environnemental de la PAC et de réorganiser la complémentarité entre les filières, notamment entre élevage et grandes cultures qui restent encore gérées de façon trop sectorisée et verticale. D'autres auteurs font également remonter le besoin ressenti sur le terrain de retrouver, d'une certaine manière, la panoplie plus habituelle des politiques publiques : en clarifiant et hiérarchisant les urgences et priorités, en se dotant de véritables instruments de conduite, de suivi et d'évaluation du changement (Filippi *et al.*).

Au plan local, la mise en œuvre de politiques agroécologiques nécessite et impulse à la fois un surcroît de cohérence systémique au sein des politiques antérieures de développement territorial durable. Les élus peuvent puiser dans ce nouveau registre d'action des formes renouvelées d'interventionnisme économique en combinant une grande diversité de mesures pédagogiques ou de formation, foncières ou financières : acquisitions ou rachats de terres, réhabilitations avec prêts de terrains ou de bâtiments, dégrèvements d'impôts fonciers, incitations à s'installer en agriculture biologique, conseils et accompagnement d'agriculteurs… (Scheromm et Laurens).

La quête identitaire d'autonomisation professionnelle

La recherche d'une plus grande liberté de décision et d'un intérêt renouvelé des tâches qui n'exclut pas d'ailleurs celle d'une plus grande viabilité économique (Lucas *et al.*, Streith, Perrette), favorise également les expérimentations en agroécologie, qu'elles soient ou non revendiquées comme telles, qu'elles soient jugées gratifiantes ou en marge du métier. L'autonomie agricole, ce mot d'ordre syndical générique, revêt en agroécologie une portée variable. Rapportée à la « conduite d'exploitation », au « choix de débouchés » ou aux relations avec les filières et autres opérateurs agricoles (Perrette), la quête d'autonomie peut aussi désigner la « volonté de réduire les dépendances vis-à-vis des marchés (en particulier d'intrants) » (Lucas *et al.*). Mais les trajectoires sociales et les ressources de chaque exploitant sont déterminantes à maints égards. M. Streith montre ainsi l'imbrication des formes sociales et politiques d'engagement qui peuvent conduire un agriculteur à devenir un agroécologiste revendiqué.

On note toutefois que cette quête d'autonomisation agricole à connotation technique, économique, socio-politique ou culturelle, ne favorise pas toujours une véritable émancipation professionnelle. Comme le constate L. Perrette, l'apparition de marchés émergents comme les circuits courts entraîne le positionnement paradoxal de nouveaux intermédiaires qui pourraient à nouveau, dans les années à venir, « verrouiller » et normer fortement les activités agricoles.

Les freins au changement

Les variables qui pourraient freiner ou empêcher les transitions agroécologiques sont nombreuses et impossibles, comme les leviers, à envisager toutes ici. Des points spécifiques soulevés dans cet ouvrage méritent toutefois d'être soulignés ; nous proposons de les regrouper en trois catégories.

Les effets déformants de la gouvernance multiniveaux et de la cogestion agricole

Si la complémentarité nécessaire des dispositifs et échelles d'action a été évoquée plus haut, on peut relever, de manière symétrique, les risques de dispersion des initiatives. Filippi *et al.* soulignent ainsi l'enchevêtrement des projets, l'éparpillement des sources de financement (la transition agroécologique étant insuffisamment intégrée dans les Programmes de Développement Ruraux Régionaux) et la difficile coordination de dispositifs enchâssés en « silos ». De son côté, B. Mesnel montre comment la grande latitude conférée aux États-membres de l'Union Européenne dans l'instruction et le paiement des Surfaces d'Intérêt Écologique révèle, pour les cas espagnol et français, de fortes disparités de mise en œuvre qui s'avèrent, en fin de compte, éloignées de l'objectif environnemental initial. En France par exemple, la faible coordination administrative couplée à la prégnance de la cogestion a conduit à privilégier une vision faiblement engagée de préservation de la biodiversité, qui épouse largement les pratiques agricoles préexistantes et contredit finalement l'ambition affichée de transition agroécologique.

Les divergences entre enjeux économiques, politiques et agroécologiques :

Certaines logiques économiques peuvent par ailleurs retarder ou empêcher le changement agroécologique des pratiques. Parmi les freins au changement, on peut noter l'absence de débouchés pérennes (Filippi *et al.*), la rentabilité déjà bien établie d'une filière – à l'instar des vins prisés du Pilat qui bénéficiaient déjà d'une solide image de marque (Vandenbroucke *et al.*) ou encore le coût et l'incertitude du changement pour les agriculteurs (Bonny).

À cet égard, on peut souligner deux points de débat qui alimentent encore les réflexions des chercheurs comme des praticiens, témoignant de la confrontation entre une « vision plus normative et formatée » et une « vision plus ouverte » de l'agroécologie (Lamine *et al.*) :

• Concernant l'avenir de ces transitions, faudrait-il clarifier ou non la notion d'agroécologie afin de garantir une meilleure efficacité de l'action publique et faciliter son appropriation sociale plus large ? Faudrait-il en préciser davantage le contenu pour construire des « indicateurs partagés » (Filippi *et al.*) ou, au contraire, poursuivre cette logique d'appel à l'expérimentation en ménageant des possibilités plurielles d'innover, chacun à son rythme et à sa façon (Lamine *et al.*) ?

• On pourrait aussi s'interroger sur les priorités éventuelles des transitions agroécologiques : faudrait-il mieux « intégrer les attentes des clients » et des filières (Filippi *et al.*), éduquer le consommateur (Perrette), proposer des outils adaptés en repensant la PAC et les cloisonnements entre filières (Benoit et Sautereau) ? Certains objectifs sont-ils plus urgents que d'autres ou s'agit-il de continuer à mener de front tous ces chantiers ?

Inégalités sociales, inégalités de genre... Les angles morts de l'agroécologie ?

La comparaison entre la France et l'Amérique latine, l'un des berceaux historiques des mouvements agroécologiques, s'avère éclairante à cet égard. En Amérique latine, l'agroécologie suscite des revendications égalitaristes fortes, à visée « transformative », afin de tenter de subvertir la répartition et l'organisation du pouvoir dans la société (Prévost), cristallisant ainsi les conflits entre petits paysans et gros propriétaires terriens (Streith), mais structurant aussi les luttes sociales fondées sur les « consciences de classe, de genre et d'identité » (Prévost). La saillance, dans le cas américain, de ces revendications sociopolitiques contraste d'autant plus avec les pratiques androcentrées encore prévalantes au sein du champ de l'agroécologie scientifique comme le montre l'étude bibliométrique d'Héloïse Prévost qui épluche la littérature dominante en ce domaine.

L'étude des modalités de citation scientifique révèle en effet, malgré la reconnaissance et le rappel récurrent du féminisme comme élément déterminant des mouvements sociaux agroécologiques, la persistance d'un processus de disqualification des femmes en tant qu'auteures scientifiques comme en tant qu'agricultrices détentrices de pratiques et savoirs propres. Cette reproduction, au sein de l'espace scientifique, des stéréotypes de genre contribue à maintenir, en définitive, l'ordre social préexistant, limitant la portée alternative et égalitariste des mouvements agroécologiques, notamment en Amérique du Sud : par une assignation sexuée des rôles, mais aussi par une interprétation dépolitisante de l'investissement militant des femmes analysé le plus souvent à partir de seules motivations domestiques.

En France, cette dimension égalitariste et revendicative de l'agroécologie semble avoir été évincée des politiques agricoles qui n'ont connu qu'un rajout vague et tardif de l'enjeu de « performance sociale » (Lamine *et al.*, Filippi *et al.*, Streith). L'importation en politique d'une agroécologie privée d'une partie de sa dimension contestataire (Perrette) pourrait même faire penser, dans le cas français, qu'une telle agroécologie n'aurait « pas d'histoire à elle » (Streith). En France ou ailleurs, les inégalités agricoles se posent pourtant avec toujours autant d'acuité en termes d'échanges, « d'accès aux ressources », de captation de « biens et services écosystémiques par des groupes sociaux insérés dans des logiques mercantiles » ou « d'appropriation » concurrentielle des territoires (Streith). Cette dimension sociale, si elle est peu portée dans le référentiel des politiques agroécologiques, reste pourtant un vecteur déterminant d'appartenance et d'identité pour les agriculteurs qui cherchent à établir un lien social autour de leurs productions (Streith, Perrette). Certaines associations comme le réseau « Fermes d'avenir » déclinent aussi à leur manière ce versant social en proposant de mettre en relation agriculteurs agroécologiques en quête de main-d'œuvre et demandeurs d'asile ou réfugiés afin de faciliter leur insertion professionnelle et leur apprentissage du français (Schmit, 2019 : 69). On note toutefois que certains élus locaux, sensibles aux interdépendances entre politiques environnementales, agricoles et alimentaires, fournissent une interprétation intégratrice et militante de l'agroécologie, pourvoyeuse d'emplois mais aussi de « lien social et de vie culturelle », de « pédagogie et sensibilisation » auprès des habitants (Scheromm et Laurens).

***

Les réflexions plurielles que nous vous avons proposées tout au long de ces pages ne sauraient bien sûr clore la discussion autour d'un processus encore protéiforme. Nous espérons juste que la diversité des analyses proposées ici aura permis au lecteur de se forger une opinion personnelle tout en donnant envie de poursuivre ou rejoindre le travail collectif et les recherches à venir autour des pratiques et politiques liées aux transitions agroécologiques. Un enjeu sociétal d'importance qui s'avère, somme toute, riche de paradoxes. Sujet en France à un récent et fort investissement symbolique, tant scientifique que politique (Filippi *et al.*), il s'avère, au plan social, doté d'une portée inégalement mobilisatrice. Dépourvues de leur charge subversive, les transitions agroécologiques promues par les politiques publiques françaises peinent, au-delà des cercles militants, à fédérer tous les agriculteurs et à imposer une vision stabilisée de la réconciliation entre agriculture et environnement. Elles réussissent pourtant parfois à dépasser les clivages qui avaient jusqu'alors compartimenté, et peut-être freiné, l'essor des diverses formes de production agricole tout en renouvelant les modalités d'autonomisation, de diversification et d'expérimentation des agriculteurs.

Reste toutefois en suspens la question de l'ampleur et du rythme des changements à venir. Les transitions agroécologiques resteront-elles, en France, inscrites dans la perspective d'une évolution lente et progressive en phase avec les orientations écologiques actuelles du gouvernement[2] ? Ou bien peut-on envisager qu'elles conduiront un jour, fidèles à « l'esprit de l'époque » dépeint par Pascal Chabot à propos des transitions en cours (2015), à promouvoir une nécessaire remise en

---

2 – Selon Emmanuelle Wargon, secrétaire d'État auprès de la ministre chargée de la transition écologique et solidaire, « l'idée même de la transition écologique, c'est d'y aller progressivement » parce que les « changements profonds de politiques publiques prennent du temps » (*Le Monde*, 26 août 2019), propos qui contrastent avec la politique des « petits pas » dénoncée lors de sa démission par Nicolas Hulot (*Libération*, 28 août 2018).

cause des fondements même de notre façon de produire et de consommer (Bourg *et al.*, 2016 : 9) ? Entre prudente ouverture à de nouvelles pratiques et reconception structurelle des systèmes d'exploitation, s'ouvre en tout cas un vaste chantier d'adaptations et de défis agricoles.

Références bibliographiques

Références communes au Chapitre 1 et à la Conclusion de cet ouvrage.

• *Articles scientifiques et ouvrages*

Allaire G., 2002 – L'économie de la qualité, en ses secteurs, ses territoires et ses mythes, *Géographie, Économie et Société*, n° 4.

Altieri M. A., 1983 – *Agroecology, the Scientific Basis of Alternative Agriculture*, U.C. Berkeley, Cléo's Duplication Services.

Andreff W. (eds), 2002 – *Analyses économiques de la transition postsocialiste*, Coll. recherches, La Découverte, 338 p.

Arrignon J., 1987 – *Agro-écologie des zones arides et sub-humides*, Maisonneuve & Larose / ACCT, 283 p.

Arrignon M. et Bosc C., 2015 – *La transition* agroécologique *française : réenchanter l'objectif de performance dans l'agriculture ?*, Congrès de l'Association française de science politique, Aix-en-Provence, 22-24 juin.

Arrignon M. et Bosc C., 2017 – Le plan français de transition agroécologique et ses modes de justification politique. La biodiversité au secours de la performance agricole ? », *in* D. Compagnon et E. Rodary (eds), *Les politiques de biodiversité*, Presses de Sciences Po, 253 p.

Austin J., 1970 – *Quand dire c'est faire*, Paris, Le Seuil (1ère éd. 1962).

Baret P. et Léger F., 2018 – Au-delà des ruptures, quels horizons ? Dialogue entre deux agroécologistes, *Pour*, Vol. 234-235, n° 2, 313-322.

Barone S., Mayaux P.-L., et Guerrin J., 2018 – Introduction. Que fait le *New Public Management* aux politiques environnementales ?, *Pôle Sud*, Vol. 48, n° 1, 5-25.

Beau R. et Larrère C. (dir.), 2018 – *Penser l'Anthropocène*, Presses de Sciences Po.

Bellon S. et Ollivier G., 2011 – L'agro-écologie en France : une notion émergente entre radicalité utopique et verdissement des institutions, *in* Albaladejo C., (dir), Séminaire *Actividad agropecuaria y desarrollo sustentable : que nuevos paradigmas para una agricultura "agroecologica"?* , Buenos Aires, 27.

Benoit M., Tchamitchian M., Penvern S., Savini I., Bellon S., 2015 – *Le Bio peut-il nourrir le monde ?*, Conférence pour l'Exposition universelle, Milan.

Bertrand M. *et al.*, 2018 – À Grignon, 300 acteurs de la recherche en agroécologie... jusqu'en 2021, *Pour*, Vol. 236, no. 4, 11-29.

Biteau B., 2018 – L'agro-écologie : clef d'une rupture vertueuse en agriculture, *Pour*, Vol. 234-235, n° 2, 53-62.

Bourdieu P., 1982 – *Ce que parler veut dire*, Paris, Fayard.

Bourg D., Kaufmann A., Méda D. (eds.), 2016 – *L'âge de la transition. En route pour la reconversion écologique,* Paris, Les Petits Matins, Institut Veblen, 236 p.

Bensin B.M., 1928 – *Agroecological characteristics description and classication of the local corn varieties chorotypes.* Publisher unknown.

Bruneau I., 2013 – L'érosion d'un pouvoir de représentation, *Politix*, Vol. 26, n° 103, 9-29.

Brunier S., 2015 – Le travail des conseillers agricoles entre prescription technique et mobilisation politique (1950-1990), *Sociologie du Travail,* Vol. 57, n° 1, 104–125.

Buttel F.H., 2007 – *Envisioning the future development of farming in the USA: agroecology between extinction and multifunctionality*, disponible sur http://www.agroecology.wisc.edu/downloads/buttel.pdf.

Byé P., 1983 – Les innovations dans l'agro-fourniture : contexte et évolution, *Économie rurale*, n° 158, 11-17.

Byé P., 1979 – Mécanisation de l'agriculture et industrie du machinisme agricole : le cas du marché français, *Économie rurale*, n° 130, 46-59.

Calame M., 2013 – L'agroécologie envoie paître l'industrie, *Revue Projet*, Vol. 332, n° 1, 50-57.

Caron P., 2016/2 – Climate smart agriculture : émergence d'un concept, mise en politique, mise en sciences et controverses, EDP Sciences, *Nature Sciences Sociétés*, Vol. 24, 47-150.

Cassin B., 2018 – *Quand dire, c'est vraiment faire*, Paris, Fayard éd., coll. Sciences Humaines, 260 p.

Cayre P., 2013 – *Former «au» métier, former «le» métier. La médiation pédagogique pour accompagner la recomposition du métier d'agriculteur dans l'enseignement agricole*, Thèse de sociologie dirigée par Bruno Lemery et Claude Compagnone, AgroParisTech.

Chabot P., 2015 – *L'âge des transitions*, PUF.

Compagnone D., 2014 – Les viticulteurs bourguignons et le respect de l'environnement. Quelle posture du sociologue face à l'agronome, *Sciences de la Société*, 96, 119-136.

Compagnone D., Lamine C., Dupré L., 2018/2 – La production et la circulation des connaissances en agriculture interrogées par l'agro-écologie, *Revue d'anthropologie des connaissances*, Vol. 12, n° 2, 111-138.

Compère P. Poupart A., et Purseigle F., 2013 – L'agroécologie, une ambition pour les coopératives, *Revue Projet*, Vol. 333, n° 2, 76-83.

Conway G.R., 1987– The properties of agroecosystems, *Agricultural Systems*, n° 24.

Cottin-Marx S. et al., 2013/3 – La transition, une utopie concrète ?, *Revue Mouvements,* n° 75, 7-12.

Coutrot T., Flacher D., Méda D., 2010 – *Pour sortir de ce vieux monde. Les chemins de la transition*, Utopia.

Daniel F.J., 2012 – La recomposition des solidarités entre agriculteurs aux Pays-Bas : écologisation des pratiques ou transformations managériales ?, *Revue d'Études en Agriculture et Environnement*, 93 (1), 31-47.

David C., Wezel A., Bellon S., Doré T. et Malézieux E., Agro-écologie, 2011 – *Les mots d'agronomie* [Disponible en ligne sur : *mots-agronomie.inra.fr*].

Delcourt L., 2014 – Agroécologie, enjeux et défis, *Alternatives Sud,* Vol. 21-7.

Doré T. et Bellon S., 2019 – *Les mondes de l'agroécologie*, éd. Quae, coll. Enjeux sciences, août, 176 p.

Duru M., 2009 – Renouveler paradigme et objet de recherche sur le pâturage par la recherche en partenariat, *in* De Turckheim E. (ed.), *Concevoir et construire la décision*, Editions Quæ, 223-240.

Duru M., Justes E., Sarthou J.-P., Therond O., Deconchat M. *et al.***, 2014** – *L'agroforesterie à l'Inra : des recherches ancrées dans l'agroécologie, aux cœurs d'enjeux sociétaux*, 8 p.

Fallot A., 2016/2 – Témoignage sur la conférence Climate smart agriculture 2015, EDP Sciences, *Natures Sciences Sociétés*, Vol. 24, 51-153.

Flipo F., 2013/3 – Les mouvements de la transition ou l'importance de la complémentarité, *Revue Mouvements*, n° 75.

Francis C.A. *et al.***, 1976** – Adapting varieties for intercropped systems in the tropics, Multiple Cropping Symposium, *American Society of Agronomy*, Madison, Wisconsin.

Friederichs K., 1930 – *Die Grundfragen und Gesetzmäßigkeiten der landund forstwirtschaftlichen Zoologie*, Berlin, Paul Parey.

Garraud P., 1990 – Politiques nationales : l'élaboration de l'agenda, *L'Année sociologique*, 17-41.

Gaborieau I., Peltier C. et Blanchard C., 2018 – Positionner des projets éducatifs dans l'enseignement agricole en lien avec la transition agro-écologique. Conception et expérimentation d'un outil, *Pour*, Vol. 234-235, n° 2, 171-181.

Geels F.W., 2002 – Technological transitions as evolutionary reconfiguration processes: A multi-level perspective and a case-study, *Research Policy*, 31(8-9), 1257-1274.

Gilbert C. et Henry E., 2009 – *Au-delà de la mise sur agenda. Les processus de définition : enjeux clefs pour l'analyse de l'action publique*, Communication au Xe congrès de l'Association française de science politique, Grenoble.

Girard N., 2014 – Quels sont les nouveaux enjeux de gestion des connaissances ? L'exemple de la transition écologique des systèmes agricoles, *Revue internationale de psychosociologie et de gestion des comportements organisationnels*, 49, Vol. XIX, 51-78.

Gliessman S.R., Garcia R.E., Amador M.A., 1981 – The ecological basis for the application of traditional agricultural technology in the management of tropical agro-ecosystems, Agro-Ecosystems, n° 7.

Gliessman S.R., (dir.), 1990 – *Agroecology: researching the ecological basis for sustainable agriculture*, New York, Springer.

Goodman D., Sorj B., Wilkinson J., 1987 – *From Farming to Biotechnology*, Brasil Blackwell.

Goulet F., Magda D., Girard N., Hernandez V., 2012 – *L'agroécologie en Argentine et en France,* Paris, L'Harmattan.

Gouju A., 2018 – La prise en charge de la biodiversité entre absence, instrumentalisation économique et biopolitique des comportements : les plans de paysage au prisme du néolibéralisme », *Développement durable et territoires*, Vol. 9, n° 3, nov.

Griffon M., 2014 – L'agro-écologie, un nouvel horizon pour l'agriculture, Études, Vol. 12, 31-39.

Guimont C., Petitimbert R., Villalba B., 2018 – *La crise de biodiversité à l'épreuve de l'action publique néolibérale*, Vol. 9, n° 3, nov.

Hassenteufel P., 2010/1 – Les processus de mise sur agenda : sélection et construction des problèmes publics, *Informations sociales*, n° 157, 50-58.

Hébrard O., 2018 – La formation de paysans à paysans, une des clés actuelles de la transition agroécologique ?, *Pour*, Vol. 234-235, n° 2, 193-200.

Hénin S., 1967 – Les acquisitions techniques en production végétale et leurs applications, Économie Rurale, 31-44.

Hermon C., 2015 – L'agroécologie en droit : état et perspective, *Revue juridique de l'environnement*, Vol. 40, n° 3, 407-422.

Hermon C., 2015 – L'agroécologie en droit : état et perspective, *Revue juridique de l'environnement*, Vol. 40, n° 3, 407-422.

Hervieu B., Mayer N., Muller P., Purseigle F. et Rémy J., 2010 – *Les mondes agricoles en politique*, Presses de Sciences Po.

Hopkins R., 2006 – *Energy Descent Pathways: evaluating potential responses to Peak Oil.*

Hopkins R., 2010 – *Manuel de transition*, Écosociété/Silence, Montréal/Lyon, 82.

Hubert B., 2010 – Une troisième frontière agraire à explorer ?, *in* Gaudin T. et Faroult E. (eds.), *Comment les techniques transforment les sociétés*, 139-150.

Hubert B. et Ronzon T., 2010 – Options pour l'intensification écologique : changements techniques, sociaux et territoriaux, *in* Paillard S., Treyer S. et Dorin B. (éd.), *Agrimonde. Scénarios et défis pour nourrir le monde en 2050*, QUAE éd.

Jonet C. et Servigne P., 2013/3 – La transition, une utopie concrète ?, dossier coordonné par S. Cottin-Marx, F. Flipo et A. Lagneau, Revue *Mouvements*, n° 75.

Kalaora B., 2001 – La conquête de la pleine nature, *Ethnologie française* XXXVII (2), 591-597.

Keyfitz N., 1995 – Le remplacement des générations dans une période de transition, *Population*, 6.

Klages K.H.W., 1928 – Crop ecology and ecological crop geography in the agronomic curriculum, *Journal of. American Society of Agronomy*, n° 10, 336–353.

Kraus A., 2014 – Les villes en transition, l'ambition d'une alternative urbaine, *Métropolitiques.eu*, 1er déc. (http://www.metropolitiques.eu/Les-villes-en-transition-l.html).

Kuhn T.S., 1962 – *La structure des révolutions scientifiques*, Paris, Flammarion (1ère éd. 1962).

Lacey H., 2015 – Agroécologie : la science et les valeurs de la justice sociale, de la démocratie et de la durabilité, *Ecologie & politique*, Vol. 51, n° 2, 27-39.

Lacombe C., Couix N., Hazard L. et Gressier, E., 2018 – L'accompagnement de la transition agroécologique : un objet en construction. Retour d'expérience d'une recherche-action avec une association d'éleveurs et de conseillers dans le Sud-Aveyron, *Pour*, 234-235(2).

Lascoumes P., 2012 – *Action publique et environnement,* Paris, PUF.

Lagroye J., 1991 – *Sociologie politique*, Paris, Dalloz et Presses de la FNSP.

Lagroye J. (ed.), 2003 – *La politisation*, Paris, Belin.

Lanata Ricard X., 2013 – L'agroécologie : noyau dur d'une alternative au capitalisme », *Revue Projet*, Vol. 332, n° 1, 2013, 63-70.

de Lombardon A. et Grimonprez B., 2018 – Les freins juridiques à la transition agro-écologique, *Pour*, Vol. 234-235, n° 2, 279-285.

Lucas V. et Gasselin P., 2018 – Gagner en autonomie grâce à la Cuma. Expériences d'éleveurs laitiers français à l'ère de la dérégulation et de l'agroécologie, *Économie rurale*, Vol. 364, n° 2, 73-89.

Lucas V., 2013 – L'agriculteur, premier acteur de l'agroécologie, *Revue Projet*, Vol. 335, n° 4, 76-81.

Lugen M., 2019/1 – Le rôle des services climatiques dans l'adaptation de l'agriculture : perspectives avec le cas du Burkina Faso, De Boeck Supérieur, *Mondes en développement*, n° 185, 149-164.

Marshall E., 26/01/2011 – *Capitalisation en agro-écologie*, Présentation au groupe de travail AFA sur « Capitalisation et transmission des savoirs agronomiques ».

Monnoyer-Smith L., 2017 – Transition numérique et transition écologique, *Annales des Mines-Responsabilité et Environnement*, n° 87, 5-7.

Mormont M., 2013 – Écologisation : entre sciences, conventions et pratiques, *Natures Sciences Sociétés*, Vol. 21, n° 2, 159-160.

Muller P., 1984 – *Le technocrate et le paysan*, L'Harmattan, coll. Logiques Politiques, rééd. en 2014.

Muller P. et Surel Y., 1998 – *L'analyse des politiques publiques*, Paris, Clefs Montchrestien, 153 p.

Muller P., 2009 – Les changements d'échelles des politiques agricoles, *in* Hervieu B. *et al.*, *Les mondes agricoles en politique*, Paris, Presses de Sciences Po, 339-350.

Ollivier G., Bellon S., 2013 – Dynamiques paradigmatiques des agricultures écologisées dans les communautés scientifiques internationales, *Natures Sciences Sociétés*, 21, 166-181.

Polge M.C., 2012 – *Petit vocabulaire de l'agroécologie,* Maire Richard et Jean-Marc Quitte, *Les Cahiers d'Outre-Mer*.

Purseigle F., Nguyen F. et Blanc P. (eds), 2017 – *Le nouveau capitalisme agricole. De la ferme à la firme,* Presses de Sciences Po.

Reboud X. et Hainzelin E., 2017 – L'agroécologie, une discipline aux confins de la science et du politique, *Natures Sciences Sociétés*, Vol. 4, 64-71.

Rémy J., 2013 – L'exploitation agricole : une institution en mouvement, *Demeter*, 57-384.

Rowell A., 2010 – *Communities, councils & a low-carbon future. What we can do if governments won't?,* Transition Books.

Samak M., 2013 – Quand la bio rebat les cartes de la représentation des agriculteurs, *Politix*, Vol. 26, n° 103, 125-148.

Schmit M., 2019 – *Acteurs publics et acteurs privés : une complémentarité nécessaire pour réussir la transition agroécologique ?*, Mémoire de fin d'études, Master 2 en Analyse des Politiques publiques, IEP de Lyon, Le Naour G. (dir.), 106 p.

Soussana J.-F., 2013 –« L'agroécologie » est d'abord une science, *Revue Projet*, Vol. 332, n° 1, 58-62.

Stassart P., 2012 – L'agro-écologie : trajectoire et potentiel, *in* Van Dam D., Streith M., Nizet J., Stassart P.M. (eds), *Agro-écologie* : entre pratiques et sciences sociales, Éducagri éd., 25-51.

Stengers I., 2013 – *Au temps des catastrophes. Résister à la barbarie qui vient,* La Découverte.

Streith M., De Gaultier F., 2012 – La construction collective des savoirs en agriculture bio : modèle pour l'agro-écologie ?, *in* Van Dam D. *et al.*, *précit.*, 203-218.

Thivet. D., 2014 – La Vía Campesina et l'appropriation de l'agroécologie, *in* Cardona A., Chrétien F., Leroux B., Ripoll F., Thivet D. (eds.), *Dynamiques des agricultures biologiques. Effets de contexte et appropriations*, Quae/Educagri, Sciences en partage.

Thomas V.G. et Kevan P.G., 1993 – Basic principles of agroecology and sustainable agriculture, *Journal of Agricultural and Environmental Ethics*, Vol. 6, 1-19.

Tilman D. *et al.*, 2002 – Agricultural sustainability and intensive production practices, *Nature*, 418, 671–677.

Tischler W., 1965 – *Agraökologie*, G. Fischer Verlag, Jena, Germany.

Van Dam D., Streith M., Nizet J. et Stassart P.M., 2012 – *Agro-écologie* : entre pratiques et sciences sociales, Éducagri éd., 309 p.

Vandermeer J.H.*et al.*, 1990 – *Agroécology*, New York, McGraw Hill Publishing Company.

Vanloqueren G. et Baret Ph. V., 2009 – How agricultural research systems shape a technological regime that develops genetic engineering but locks out agroecological innovations, *Research Policy*, 38, 971-983.

Vaughan C., Dessai S., 2014 – Climate services for society: origins, institutional arrangements, and design elements for an evaluation framework, *WIREs Climate Change*, Vol. 5, n° 5, 587-603.

Vissot P.V. *et al.*, 2012 – Perceptions et stratégies d'adaptation aux changements climatiques : le cas des communes d'Adjohoun et de Dangbo au Sud-Est Bénin, *Revue de géographie de Bordeaux*, 260.

Warner K., 2007 – *Agroecology in Action: Social Networks Extending Alternative Agriculture*, Cambridge, MIT Press, 304 p.

Wezel A., Bellon S., Dore T., Francis C., Vallod D. et David C., 2009 –Agroecology as a science, a movement and a practice, *Agronomy for Sustainable Development*, 29, 503-515.

Wezel A, Brives H., Casagrande M., Clément C., Dufour A. et Vandenbroucke P., 2016 – Agroecology territories: places for sustainable agricultural and food systems and biodiversity conservation, *Agroecol Sustain Food Syst* 40(2), 132–144.

Williams N. et Yang J., 2011 – Agroecology: A Review from a Global-Change Perspective, *Annual Review of Environment and Resources*, Vol. 36, 193-222.

Zaccaï E., 2019 – *Deux degrés,* Presses de Sciences Po.

Zask J., 2019 – *Quand la forêt brûle. Penser la nouvelle catastrophe écologique*, Premier Parallèle (éd.).

• *Rapports officiels, expertises*

Bardon E., Domallain D., Reichert P., 2016 – *Mobilisation des partenaires du projet agroécologique,* Rapport d'audit CGAAER, Ministère de l'agriculture, n° 15034.

Bureaux d'étude Epices, Blezat consulting et ASCA, 2018 – *Mobilisation des filières agricoles en faveur de la transition agro-écologique, état des lieux et perspectives*, 164 p.

Bureau d'étude Oréade-Brèche, 2017 – *État des lieux de la mobilisation des Programmes de Développement Rural Régionaux en faveur de la politique agro-écologique*, rapport final, 192 p.

Centre d'études et de prospective, 2013a – *L'agro-écologie* : des définitions variées, des principes communs, n° 59.

Centre d'études et de prospective, 2013b – *Transitions vers la double performance : quelques approches sociologiques de la diffusion des pratiques agroécologiques*, n° 63, septembre.

Duchemin B., 2017 – *La transition écologique et solidaire à l'échelon local*, Conseil économique, social et environnemental, nov.

Guillou M. et Guyomard H. (eds.), 2013 – *Le projet agro-écologique : vers des agricultures doublement performantes pour concilier compétitivité et respect de l'environnement. Propositions pour le Ministre*, INRA, mai.

Potier D., 2014 – *Pesticides et agroécologie, les champs du possible*, Rapport au Premier Ministre M. Valls, https://agriculture.gouv.fr/rapport-de-dominique-potier-pesticides-et-agro-ecologie-les-champs-du-possible.

Soussana F. et Côte F., 2016 – *Agro-écologie : le positionnement des recherches de l'Inra et du Cirad*, note longue, oct.

Lasbleiz R., Stokking D. (éd.), 2015 – *L'agroécologie : inscrire l'agriculture dans la transition, Pour la Solidarité (european think and do tank)*, Notes d'analyse, oct.

• *Articles de presse*

Aubert P.-M. et Béjean B., 2019 – *Avec l'agroécologie, ce qui est bon pour la biodiversité l'est pour le climat*, Reporterre, 30 avril.

Cochet Y., Servigne P. et Sinaï A., 22/07/2019 – Face à l'effondrement, il faut mettre en œuvre une nouvelle organisation sociale et culturelle, *Le Monde*.

Collado J., 17/01/2016 – *La « transition » : un mouvement hors-parti veut faire son trou pour 2017* (https://www.marianne.net/politique/la-transition-un-mouvement-hors-parti-veut-faire-son-trou-pour-2017).

Maris V., 26/07/2019 – Un autre monde semble disparaître, cette part que nous n'avons pas créée : celui de la nature sauvage », *Le Monde*.

Les transitions agroécologiques en France – Enjeux, conditions et modalités du changement
Presses Universitaires Blaise-Pascal, Territoires 2, 2020, p. 247-248

Table des matières

Achevé d'imprimer en mars 2020
sur les presses de PRINT CONSEIL
28 avenue Jean-Moulin
63540 ROMAGNAT